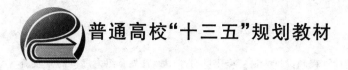
普通高校"十三五"规划教材

内燃机设计

张 翼 苏铁熊 主编

北京航空航天大学出版社

内容简介

本书系统地阐述内燃机的设计过程和设计方法。全书共分 12 章，首先介绍内燃机的开发流程，然后从内燃机的工作情况、设计要求和设计指标入手，讲述内燃机的总体设计方法；通过曲柄连杆机构的受力分析，获取机构零部件运动状态和载荷，并阐述曲柄连杆机构零部件及机体组零部件的设计；讲述配气机构的形式、动力学分析方法及零件设计；介绍包括涡轮增压系统的进排气系、冷却系、润滑系和启动系统的选型设计。在系统和零部件的设计过程中，穿插介绍传统分析校核方法和现代分析校核方法。

本书可作为高等学校能源与动力工程专业内燃机方向的本科教材，也可供相关学科的同学及从事内燃机设计、生产的工程技术人员参考。

图书在版编目(CIP)数据

内燃机设计 / 张翼，苏铁熊主编. -- 北京：北京航空航天大学出版社，2016.8
　ISBN 978-7-5124-2227-8

　Ⅰ. ①内… Ⅱ. ①张… ②苏… Ⅲ. ①内燃机－设计
Ⅳ. ①TK402

中国版本图书馆 CIP 数据核字(2016)第 200995 号

版权所有，侵权必究。

内燃机设计

张　翼　苏铁熊　主编

责任编辑　张艳学

*

北京航空航天大学出版社出版发行

北京市海淀区学院路 37 号(邮编 100191)　http://www.buaapress.com.cn
发行部电话：(010)82317024　传真：(010)82328026
读者信箱：goodtextbook@126.com　邮购电话：(010)82316936
涿州市新华印刷有限公司印装　各地书店经销

*

开本：710×1 000　1/16　印张：18.25　字数：389 千字
2016 年 8 月第 1 版　2016 年 8 月第 1 次印刷　印数：2 000 册
ISBN 978-7-5124-2227-8　定价：38.00 元

若本书有倒页、脱页、缺页等印装质量问题，请与本社发行部联系调换。联系电话：(010)82317024

前　言

作为一种高效、便捷的动力机械，内燃机在汽车、工程机械、船舶、农用机械、铁路机车和小型电站等领域被广泛应用。内燃机在人类活动中占有重要的位置，其保有量在动力机械中居于首位，特别是随着我国汽车工业的高速发展和各个行业对动力需求的增加，国内内燃机的需求量和相关的整机和零部件设计、生产需求大大增加，使其重要性更加突出。

本书根据能源与动力工程专业"内燃机设计"课程教学大纲的基本要求，结合近几年来内燃机行业的最新发展和10余年来的专业教学实践编写而成。内容包括内燃机的开发流程、设计要求与设计指标；内燃机的总体设计方法；曲柄连杆机构的受力分析；活塞组、连杆组、曲轴组与轴承、机体组零部件的设计；配气机构的形式、动力学分析方法及零件设计；进排气系与涡轮增压系统、冷却系、润滑系和启动系统的选型设计。内容的编排遵循"自顶向下"的设计规律，从"方案设计"到"详细设计"的设计思路入手，注重引导，讲述基本结构，兼顾结构的多样性。在结构设计的阐述中，编入了新结构，丰富了设计结构实例；在分析过程的阐述中，既介绍了传统的分析校核方法，又融入了新的现代设计理论、方法及手段，使本书在学生课堂学习和完成相关课程设计时具有较好的参考性。由于课时限制，内容概括性较强，进一步的深入学习和应用还需要参考设计手册和相关资料。

本书在编写过程中参考了大量的相关著作、教材和论文，在此向相关文献的作者表示真诚的感谢。

本书第1章、第3章由中北大学苏铁熊编写，其余章节由张翼编写，王英、范存黎参与了图表的收集与整理。

由于编者水平有限，书中可能存在疏漏和不足之处，衷心欢迎广大读者批评指正。

编　者
2016年5月

目 录

第1章 内燃机的开发流程、设计要求与设计指标 ………………………… 1

1.1 内燃机的开发流程 ……………………………………………………… 1
1.1.1 产品规划阶段 ……………………………………………………… 1
1.1.2 样机方案设计和先期研究阶段 …………………………………… 2
1.1.3 样机施工设计和试制阶段 ………………………………………… 3
1.1.4 投产阶段 …………………………………………………………… 3

1.2 内燃机的设计要求 ……………………………………………………… 3
1.2.1 车用内燃机的设计要求 …………………………………………… 4
1.2.2 船用内燃机的设计要求 …………………………………………… 4
1.2.3 工程机械内燃机的设计要求 ……………………………………… 5
1.2.4 农用内燃机的设计要求 …………………………………………… 5

1.3 内燃机的设计指标 ……………………………………………………… 6
1.3.1 动力性指标 ………………………………………………………… 6
1.3.2 经济性指标 ………………………………………………………… 8
1.3.3 结构紧凑性指标 …………………………………………………… 10
1.3.4 运转性指标 ………………………………………………………… 11
1.3.5 适应性指标 ………………………………………………………… 12
1.3.6 强化指标 …………………………………………………………… 12

思考题 ……………………………………………………………………… 13

第2章 内燃机的总体设计 …………………………………………………… 14

2.1 总体设计的任务与方法 ………………………………………………… 14
2.2 内燃机的选型 …………………………………………………………… 16
2.2.1 汽油机、柴油机与多燃料内燃机 ………………………………… 16
2.2.2 二冲程与四冲程内燃机 …………………………………………… 17
2.2.3 增压与非增压内燃机 ……………………………………………… 18
2.2.4 风冷式与水冷式内燃机 …………………………………………… 19
2.2.5 气缸数及气缸排列形式 …………………………………………… 20

2.3 内燃机主要结构参数的选择 …………………………………………… 22
2.3.1 活塞行程 S 与气缸直径 D 的比值 ……………………………… 23

2.3.2 曲柄半径 R 与连杆长度 L 的比值 λ ……………………………… 23
　　2.3.3 气缸中心距 L_0 与气缸直径 D 的比值 ……………………………… 24
2.4 总体布置 ……………………………………………………………………… 24
思考题 …………………………………………………………………………… 28

第3章 曲柄连杆机构受力分析 …………………………………………………… 29

3.1 曲柄连杆机构运动学 …………………………………………………………… 29
　　3.1.1 中心式曲柄连杆机构运动学 ……………………………………………… 29
　　3.1.2 主副连杆式曲柄连杆机构运动学 ………………………………………… 31
3.2 曲柄连杆机构中的作用力和力矩 ……………………………………………… 35
　　3.2.1 曲柄连杆机构运动件的质量换算 ………………………………………… 35
　　3.2.2 中心曲柄连杆机构中的作用力和力矩 …………………………………… 37
　　3.2.3 主副连杆式曲柄连杆机构中的作用力和力矩 …………………………… 41
思考题 …………………………………………………………………………… 43

第4章 活塞组设计 ………………………………………………………………… 44

4.1 活塞设计 ………………………………………………………………………… 45
　　4.1.1 活塞的基本结构 …………………………………………………………… 45
　　4.1.2 活塞材料及制造工艺 ……………………………………………………… 47
　　4.1.3 活塞各部位结构的确定 …………………………………………………… 49
　　4.1.4 活塞的计算 ………………………………………………………………… 60
4.2 活塞销设计 ……………………………………………………………………… 68
　　4.2.1 结构设计 …………………………………………………………………… 68
　　4.2.2 材料与强化工艺 …………………………………………………………… 69
　　4.2.3 活塞销的计算 ……………………………………………………………… 70
4.3 活塞环设计 ……………………………………………………………………… 72
　　4.3.1 活塞环的工作情况与设计要求 …………………………………………… 72
　　4.3.2 活塞环的结构 ……………………………………………………………… 73
　　4.3.3 活塞环的材料、表面处理及成形方法 …………………………………… 78
　　4.3.4 活塞环强度计算 …………………………………………………………… 80
思考题 …………………………………………………………………………… 80

第5章 连杆组设计 ………………………………………………………………… 82

5.1 连杆的结构设计 ………………………………………………………………… 83
　　5.1.1 连杆小头 …………………………………………………………………… 83
　　5.1.2 连杆杆身 …………………………………………………………………… 85

  5.1.3 连杆大头 ··· 85
  5.1.4 V形内燃机的连杆大头结构 ··································· 87
  5.1.5 连杆的毛坯成形与材料 ·· 88
 5.2 连杆强度计算 ··· 88
  5.2.1 采用公式计算 ··· 88
  5.2.2 采用有限元法计算 ·· 92
 5.3 连杆螺栓设计 ·· 96
  5.3.1 基本结构与材料 ·· 96
  5.3.2 连杆螺栓的载荷 ·· 96
  5.3.3 连杆螺栓的直径和预紧 ·· 98
  5.3.4 提高连杆螺栓疲劳强度的措施 ··································· 98
  5.3.5 连杆螺栓的校核 ··· 98
 思考题 ·· 99

第6章 曲轴组与轴承 ·· 100

 6.1 曲轴的结构设计 ·· 101
  6.1.1 曲拐单元结构 ··· 102
  6.1.2 曲拐单元的排列与发火次序 ··································· 106
  6.1.3 曲轴的前后端与密封 ·· 109
  6.1.4 曲轴的轴向止推 ·· 110
  6.1.5 曲轴的平衡及平衡重 ·· 111
  6.1.6 飞 轮 ·· 112
  6.1.7 曲轴的材料 ··· 114
  6.1.8 提高曲轴疲劳强度的工艺措施 ··································· 115
 6.2 曲轴的疲劳强度计算 ·· 116
  6.2.1 采用公式计算 ··· 116
  6.2.2 采用有限元法计算 ·· 122
 6.3 曲轴滑动轴承设计 ··· 125
  6.3.1 曲轴轴承的工作情况与设计要求 ······························ 125
  6.3.2 曲轴轴承的结构 ·· 125
  6.3.3 曲轴轴承的材料 ·· 127
  6.3.4 薄壁轴瓦过盈量的确定 ·· 128
  6.3.5 轴承的轴心轨迹 ·· 130
 思考题 ··· 134

第7章 机体组 ··· 135

7.1 机体设计 ·· 135
7.1.1 工作情况与设计要求 ································ 135
7.1.2 机体的结构设计 ···································· 136
7.1.3 主轴承盖 ·· 146
7.1.4 机体支座 ·· 147
7.1.5 机体的材料 ·· 147

7.2 气缸套设计 ·· 148
7.2.1 工作情况与设计要求 ································ 148
7.2.2 气缸套的结构设计 ·································· 149
7.2.3 提高气缸套使用寿命的措施 ·························· 153
7.2.4 气缸套的材料和表面处理 ···························· 154

7.3 气缸盖设计 ·· 155
7.3.1 工作情况与设计要求 ································ 155
7.3.2 气缸盖的结构设计 ·································· 156
7.3.3 气缸盖的材料 ······································ 168

7.4 气缸垫设计 ·· 168
7.4.1 工作情况与设计要求 ································ 168
7.4.2 气缸垫的结构和材料 ································ 169

7.5 气缸盖罩和下曲轴箱设计 ································ 170
7.5.1 工作条件和设计要求 ································ 170
7.5.2 基本结构和材料 ···································· 171

7.6 机体组的计算 ·· 173
7.6.1 气缸套的校核估算 ·································· 173
7.6.2 机体组的有限元计算 ································ 174
7.6.3 计算结果 ·· 178

思考题 ·· 179

第8章 配气机构与驱动机构 ··································· 180

8.1 配气机构的形式 ·· 182
8.1.1 凸轮轴下置式配气机构 ······························ 182
8.1.2 凸轮轴中置式配气机构 ······························ 183
8.1.3 凸轮轴顶置式配气机构 ······························ 183

8.2 凸轮型线设计 ·· 185
8.2.1 凸轮过渡段 ·· 186

    8.2.2 圆弧凸轮工作段 …………………………………… 188
    8.2.3 复合摆线凸轮工作段 ………………………………… 191
    8.2.4 高次多项式凸轮工作段 ……………………………… 193
    8.2.5 凸轮的校核 …………………………………………… 195
  8.3 配气机构动力学 ……………………………………………… 196
    8.3.1 刚体假设理论升程与实际升程 ……………………… 196
    8.3.2 单质量动力学计算模型 ……………………………… 197
    8.3.3 原始数据的确定 ……………………………………… 198
    8.3.4 计算及结果分析 ……………………………………… 201
    8.3.5 多项动力凸轮 ………………………………………… 202
  8.4 配气机构零件结构设计 ……………………………………… 202
    8.4.1 气门 …………………………………………………… 202
    8.4.2 气门座圈 ……………………………………………… 205
    8.4.3 气门导管 ……………………………………………… 205
    8.4.4 气门弹簧 ……………………………………………… 206
    8.4.5 凸轮轴 ………………………………………………… 210
    8.4.6 挺柱 …………………………………………………… 212
    8.4.7 推杆 …………………………………………………… 215
    8.4.8 摇臂 …………………………………………………… 216
    8.4.9 可变配气机构 ………………………………………… 216
  8.5 驱动机构 ……………………………………………………… 222
    8.5.1 工作情况与设计要求 ………………………………… 222
    8.5.2 驱动机构结构 ………………………………………… 223
  思考题 ……………………………………………………………… 226

第9章 进、排气系统与增压 …………………………………… 227
  9.1 进、排气系与增压器的布置 ………………………………… 227
  9.2 进、排气系主要部件的选择 ………………………………… 230
    9.2.1 空气滤清器 …………………………………………… 230
    9.2.2 进气管 ………………………………………………… 231
    9.2.3 排气管 ………………………………………………… 235
    9.2.4 消声器 ………………………………………………… 236
    9.2.5 排气净化装置 ………………………………………… 237
  9.3 增压系统 ……………………………………………………… 240
    9.3.1 增压系统的形式 ……………………………………… 240
    9.3.2 涡轮增压器 …………………………………………… 243

思考题·· 253

第 10 章 冷却系·· 254

10.1 冷却系的形式与布置······································ 254
   10.1.1 水冷系统·· 254
   10.1.2 风冷系统·· 256
10.2 冷却系主要部件的选择与设计···························· 258
   10.2.1 水散热器·· 258
   10.2.2 水 泵·· 259
   10.2.3 风 扇·· 260
   10.2.4 导流罩·· 262
   10.2.5 冷却系温度调节装置···································· 263
思考题·· 263

第 11 章 润滑系·· 264

11.1 润滑系的形式与布置······································ 264
11.2 润滑系主要机件的选择与设计···························· 268
   11.2.1 机油泵·· 268
   11.2.2 机油滤清器·· 269
   11.2.3 机油散热器与机油恒温装置···························· 270
   11.2.4 储油量·· 270
思考题·· 271

第 12 章 启动系统·· 272

12.1 启动系形式的选择与设计参数···························· 272
   12.1.1 启动系的形式·· 272
   12.1.2 启动系的设计参数······································ 274
12.2 辅助启动装置·· 276
   12.2.1 减小启动阻力矩的方法·································· 276
   12.2.2 改善启动工作条件的方法······························ 277
思考题·· 278

参考文献·· 279

第1章　内燃机的开发流程、设计要求与设计指标

1.1　内燃机的开发流程

内燃机的种类和用途不同,其主要设计要求、设计指标及生产批量等也不相同,因此具体的设计过程也各不相同。对于全新设计的大批量生产内燃机,设计的过程大体分为产品规划阶段、样机方案设计和先期研究阶段、样机施工设计和试制阶段、投产阶段。这些阶段中的许多工作内容同样适用于小批量生产的内燃机设计和内燃机的改进设计。

1.1.1　产品规划阶段

产品规划要在集约信息、调研预测的基础上,识别社会的真正需求,进行可行性分析,完成市场调研报告和新产品研制生产可行性论证报告,拟定产品设计技术任务书,提出合理的设计要求和设计参数项目表。

集约信息是情报、设计、制造、销售到社会服务等所有业务部门的共同任务,要从市场、技术、社会环境、企业内部四个方面进行。调研预测要按科学的技术预测理论方法识别需求的可行性,应由所有业务部门组成的并行设计组和用户共同完成。

1) 市场调研　调查用户、同行和外购材料供应等,了解用户需求、市场购买力、品种规格、新老产品情况、市场满足率、产品寿命周期、竞争对手情况、相关原材料和元器件的供应情况等,广泛听取他们对内燃机的性能、操纵使用、维护保养等方面的意见、经验和要求等。

2) 技术调研　广泛收集国内外现有产品的技术指标、结构方案、系列、使用情况、存在的问题和解决方案等;收集有关的新材料、新工艺、新技术的发展水平、动态与趋势;收集适用的相关科技成果、标准、法规、专利和情报,必要时可选择适当内燃机作为设计原准机。

3) 社会环境调研　了解国家的计划与政策、产品使用环境、用户的社会心理与需求等。

4) 企业内部调研　包括开发能力的调查,如:各级管理人员的素质与管理方法、已开发产品的水平与经验教训,技术人员的开发能力,开发的组织管理方法与经验教训,掌握情报资料的能力和手段,情报、试验研究、设计人员的素质与数量等;生产能力的调查,如:制造工艺水平、设备能力、生产协作能力等;供应能力的调查,如:供货

条件的能力,选择材料、外购件和协作单位的能力等;销售能力的调查,如:开辟市场的能力与经验,服务用户的能力,信息收集的能力等。这些能力的提升能使新产品设计更符合企业实际。

在调查研究的基础上,确定产品需求,完成市场调研报告和新产品生产可行性论证报告,拟定产品设计技术任务书。技术任务书一般要包括以下内容:

① 产品设计的目的、主要用途和适用范围;
② 产品的主要技术指标和经济指标;
③ 内燃机系列化情况和进一步强化的可能性;
④ 新产品与国内外同类先进产品主要指标的比较和分析;
⑤ 产品的经济效益分析;
⑥ 进度计划与经费等。

设计一种具有先进水平的系列化内燃机一般要 3~10 年,所以在拟定技术任务书时应考虑到这段时间里国内外内燃机的发展动向,并使新内燃机的指标留有进一步提高的余地,以保持其先进性和发展潜力,同时要考虑系列化与变型的可能性以扩大其用途。

1.1.2 样机方案设计和先期研究阶段

技术任务书通过审批后,即可开始进行样机总体方案设计工作。

总体方案设计包括内燃机的选型、主要结构参数的估算与选择以及主要工作系统的总体布置,初步完成内燃机的热力学、动力学计算,完成曲柄连杆机构零件和机体、缸盖等主要零件的设计方案,完成辅助系统的初步选型与布置,绘制出内燃机纵、横剖面图和外形图,编制各主要零部件和系统的设计技术任务书。在总体方案设计时,应同时进行实用化设计和商品化设计,通常要拟定多种方案,得到若干个结构和外观方案,经过必要的原理试验,通过评价与决策,得到最优结构方案和外观方案,最后完成的图纸所表示的是最优结构方案和最优外观方案统一的新产品。在此基础上绘制系列产品和各种变型产品的总布置图,以便统一考虑产品的系列化和变型等问题。

先期研究工作的目的是:充分利用各种手段进行相互校核,提高研究的准确性,迅速而经济地进行多方案比较,避免在多缸内燃机上进行研究时带来的调整困难,避免由于个别零件的损坏引起的整机故障,使内燃机达到预定指标。先期研究工作中需要进行发动机的工作性能研究和主要零部件的设计,可以采用计算机仿真和单缸机试验等技术。

在设计的单缸试验机上,可以进行下面几项试验研究工作:

① 工作过程试验,包括燃油系统、燃烧室、进排气道、配气机构等参数的调整和压缩比试验。
② 增压模拟试验。

③ 二冲程内燃机的扫气系统试验。
④ 主要零部件的温度场和应力测量。
⑤ 主要零部件机械负荷、热负荷的可靠性和耐久性试验。

通过先期研究工作,可最后确定零部件的最佳结构方案,以及工作过程有关参数的最佳调整范围,使内燃机达到预定的指标。

1.1.3 样机施工设计和试制阶段

样机的施工设计是把样机方案设计和先期研究的结果变成施工的技术文件。通过主要零部件的先期研究与单缸试验机的先期试验研究,基本上确定了燃烧室、进气道、燃油系统、配气机构等的各项参数,以及主要零部件的结构和尺寸,然后修改原来的总体方案,进行样机的施工设计。主要内容包括:全部零件的工程图、毛坯设计图、部件的装配图;全部零件的设计和工艺文件;制定内燃机整机及各部件的试验方法、技术条件等;制定整机的安装、使用及维护保养技术条件。

样机试制在样机施工设计完成后进行。通过样机试制考核结构的工艺性及设计的正确性,及时发现存在的问题。通常要对若干台样机进行性能试验、可靠性试验、耐久性试验以及配套试验等,以考核所生产的内燃机的各项指标是否达到技术任务书中规定的要求。如达不到预期指标或出现故障,应提出相应的改进方案,直到样机达到规定的设计指标。新产品通过耐久性试验后,可以生产一定数量的样机提供给用户进行扩大试验,以考虑在用户使用条件下内燃机的可靠性和动力指标的稳定性。

1.1.4 投产阶段

在扩大用户使用试验中证实了样机达到设计指标后,设计单位即可将完备的设计试制资料、生产图纸和技术文件进行归纳、整理与审查鉴定,经有关部门批准后,该内燃机即可投入小批量生产,由此检验产品设计的工艺性及工艺装备的性能,然后可转入大批量生产。

此后,设计人员还应不断地对内燃机在使用中所暴露出来的问题进行调查研究,并从结构、材料和工艺等方面不断加以改进。

1.2 内燃机的设计要求

内燃机的设计应该满足使用和制造方面的一系列要求。这些要求是:动力性能满足使用要求;燃油及机油消耗率要低;工作应安全可靠,寿命要长;外形尺寸要小,质量应轻;工作适应性好,启动应迅速可靠,使用维修简便;排放污染小,噪声小;工艺性好,制造方便;造价低廉等。事实上,一台内燃机要满足上述所有要求是很困难的,因为其中有些要求是相互矛盾的。例如,要求内燃机质量轻,就与要求内燃机使用寿命长是有矛盾的。因为要内燃机质量轻,必须提高内燃机的工作强度,这样必然加速了零件的磨损,降低了使用寿命。又如,为了设计质量轻的内燃机,就必须采用优质材料及提高制造精度,这样就增加了制造成本,提高了造价。同时随着内燃机具体用途的不同,这些要求的重要性也不相同。因此,必须根据内燃机的具体用途,在保证主要设计要求的前提下,尽量满足其他要求。下面分别讨论对于车用、船用、工程机械用及农用内燃机的主要设计要求。

1.2.1 车用内燃机的设计要求

车辆性能的好坏,在很大程度上取决于内燃机的性能。汽车内燃机经常需要在较大的范围内变速和变负荷,并且启动和加速频繁。因此,在要求具有良好的动力性能的前提下,启动应迅速可靠。为了增大汽车车厢内体积的利用率,要求内燃机的外廓尺寸和质量尽可能小。由于除小轿车外的一般汽车是长期工作的,为了考虑运转的经济性,必须考虑包括初次成本、燃油和机油支出、保养、配件、修理、折旧等一切费用的整个使用寿命的总支出。其中燃油支出项目最大,其次是维修费用,最小的项目是内燃机的制造成本。因此,对汽车内燃机来说不能片面追求造价低,必须尽可能降低各种负荷下的燃油消耗率,提高可靠性,降低维修费用,在边远地区行驶的汽车,其内燃机可靠性的要求尤为重要。经常在城市行驶的公共汽车、小轿车以及小型载重汽车等,则对内燃机的振动、噪声、排放污染等要求较高。另外,对汽车内燃机的使用寿命要求尽量长,零部件结构的工艺性要好,制造应方便,并适于大量生产。

对于城市公共汽车内燃机的设计首先应节省燃料,可靠性高,维修简便,有害排放少,振动和噪声小;其次应质量轻、体积小,寿命长;然后应考虑制造成本。对于长途客货车内燃机的设计首先应省燃料,可靠性高,维修简便;其次应质量轻,体积小,寿命长,有害排放物少,振动和噪声小;然后应考虑制造成本。对于轿车内燃机的设计首先应变工况范围宽、有害排放少,振动噪声小,可靠性高,维修简便,制造成本低;其次应省油,重量轻,体积小;然后应考虑寿命长。对于拖拉机内燃机,由于经常在大负荷下工作,而且常短期超载,经常在野外流动作业,环境条件较差,因此对它的设计首先应具有一定的功率储备,结构刚度大,耐振动,能防水,防尘;其次应燃料和机油消耗率小、所用油料价格低,操作维修简便,使用寿命长;然后应考虑结构上适于大量生产、制造费用低。对于摩托车内燃机的设计首先应质量轻,体积小,制造成本低;其次应噪声小,有害排放物少,可靠性高,维修简便;然后应考虑省油,寿命长,振动小。

对于其他用途的越野车辆内燃机,出了应具有良好的动力性、体积小、质量轻、燃油及机油的消耗率低外,一般要求在前后倾斜20°~30°、侧向倾斜20°的条件下能正常使用。高寒地带工作的发动机应能在-40 ℃的情况下良好启动,高温环境工作的发动机应能在40 ℃的情况下良好工作,在高原、沙漠环境下应有专用机型。

1.2.2 船用内燃机的设计要求

船用内燃机是轮船的动力保障,其可靠性和寿命至关重要。一般,高速机(转速在

1 000 r/min 以上)的寿命应达到 10 000~25 000 h,中速机(转速在 300~1 000 r/min)的寿命应达到 20 000~50 000 h,低速机(转速在 300 r/min 以下)的寿命应达到 50 000~100 000 h;经济性好;质量、体积小,便于维修;启动方便;曲轴可直接反转的内燃机,其换向时间不大于 15 s,台架上测得的倒车功率不小于正车功率的 75%;曲轴回转不均匀度低,常用转速范围内无禁区;在船舶纵、横摇摆条件下能正常运转。

对舰用内燃机,最重要的要求就是运转可靠,生命力强;具有抗冲击能力;振动、噪声小;排气中的火花、热量少。其中,对于登陆舰用内燃机,要求其最低稳定转速小,倒车功率大;对于扫雷舰用内燃机,要求其能在最低转速和最低负荷下稳定运转,内燃机的磁场强度小,超负荷能力大,振动和噪声小;对于潜艇用内燃机,要求其能在一定的真空度与背压环境下运转并发出要求的功率,能适应航行、充电等多种工作要求,内燃机功率范围宽广;对于快艇用内燃机,要求其功率大,且内燃机的功率特性能适应滑行艇或水翼艇的推进特性,比质量小,常用强载度大的高速强载型大功率柴油机,加速性好;对于渔船用内燃机,要求其能燃用劣质燃料,能一机多用,在自由端有功率输出装置,以驱动起重机、起网机、发电机、空压机、水泵等,能在最大倾斜度下工作,有较小的最低稳定转速;对于拖船用内燃机,要求其能在航速不变时,推进轴转矩随着拖载的增加而增加;对于船舶电站用内燃机,要求其转速波动小,回转不均匀度通常要求为直流发电 1/100~1/150,交流发电 1/150~1/300,有负荷限制装置,能适应并车运行,保持稳定的转速与负荷分配。

1.2.3 工程机械内燃机的设计要求

工程机械种类繁多,通常分为挖掘机械、铲土运输机械、工程起重机械、压实机械、钢筋混凝土机械、路面机械、凿岩机械及风动机械等 8 类。这些机械使用地域广阔,气候差异甚大,使用条件随着配套的机械各有不同。对于工作环境恶劣、承受冲击力和急剧的变速、变负荷以及经常超负荷下工作的挖掘机械、铲土运输机械等,一般采用专门设计的内燃机,对于其他工作条件较好的压路机等工程机械,多数可将汽车、拖拉机内燃机经变型后使用。

对专用的工程机械内燃机的主要要求,除了与拖拉机内燃机相同的要求之外,还要求能够在斜坡上安全作业,在寒带工作应能保证启动,在热带工作应不产生过热,并能适应高原工作。在城市作业,特别是在坑道作业的工程机械的内燃机,还要求其排放污染少,噪声小。

1.2.4 农用内燃机的设计要求

农用内燃机的用途广泛,常与排灌机械(水泵、喷灌机、深井泵)、水田作业机械(插秧机、拔秧机、机耕船)、田间作业机械(收割机、播种机、联合收割机)、农副产品加工机械(饲料粉碎机、碾米机、磨面机)、植保机械(喷粉机、喷雾机)、场上作业机械(脱粒机、扬场机)以及农田基本建设机械(开沟机、打井机)等配套使用。除了与农副产品加工机械配套使用的内燃机以及一些与深井泵配套使用的内燃机在室内使用外,与其他农用机械配套的内燃机大多在扬尘、雨淋、日晒或泥水冲溅等恶劣条件下工作,有些是在负荷经常变化,甚至经常短期超负荷下工作。因此,农用内燃机的主要设计要求也随着配套机械的不同而不同。一般要求是:结构简单,使用维修方便,适合农村使用条件;造价低廉,使用寿命长,燃油及机油消耗率低,并能使用低质燃料以降低使用成本;机体刚性好,外露部件应紧固牢靠,以防止在频繁移动中碰撞损坏;对于在灰尘大的条件下使用的农用内燃机,要求有高效率的滤清器;对于经常短期超载情况下使用的农用内燃机,要有一定的功率储备。

因此,各种内燃机有共同的设计要求,也有各自不同的主要设计要求,在设计时既要考虑共同的设计要求,也要根据所设计内燃机的具体用途考虑其不同的要求。

1.3 内燃机的设计指标

内燃机的主要设计指标通常有下列几项。

1.3.1 动力性指标

内燃机的动力性指标是表征内燃机做功能力大小的指标,一般用内燃机的标定功率、标定转速、转矩、活塞平均速度和平均有效压力等表征,这些指标是根据使用要求而确定的。

1. 标定功率

根据内燃机的特性、用途和使用特点而确定的有效功率的最大使用界限叫做内燃机的标定功率。根据我国国家标准规定,标定功率分为下述4种,在给定标定功率的同时,必须给出其相应的标定转速。

1) 十五分钟功率 指内燃机允许连续运转 15 min 的最大有效功率。适用于需要有短时良好的超负荷和加速性能的汽车、摩托车、快艇等用途的内燃机功率标定。

2) 一小时功率 指内燃机允许连续运转 1 h 的最大有效功率。适用于需要一定功率储备以克服突增负荷的工程机械、重型汽车、内燃机车及船舶等内燃机的功率标定。

3) 十二小时功率 指内燃机允许连续运转 12 h 的最大有效功率。适用于需要在 12 h 内连续运转而又需要充分发挥功率的拖拉机、工程机械、铁道牵引及内河船舶等内燃机的功率标定。

4) 持续功率 指内燃机允许长期连续运转的最大有效功率。适用于需要长期持续运转的排灌机械、电站、内燃机车、远洋船舶内燃机的功率标定。

由此,汽车内燃机功率是按照十五分钟功率标定,工程机械内燃机功率是按照一小时功率或十二小时功率标定,拖拉机用柴油机功率是按照十二小时功率标定,而农用内燃机则随具体配套机械的不同,按照十二小时功率或持续功率标定。

现代汽车内燃机,为了满足在较大的范围内变速、变负荷以及要求具备良好的加速性,一般汽车吨功率为4~90 kW,其中总重大于20 t的重型货车,自卸车吨功率一般为4~7 kW;而汽车总重为5~19 t的中型货车吨功率一般为7~13 kW;汽车总重小于4 t的轻型货车吨功率一般为10~22 kW,有的轻型货车达50 kW;轿车吨功率可高达50~90 kW。汽车内燃机的标定功率一般在15~370 kW,个别矿山用载重汽车内燃机的标定功率达到900 kW以上。

2. 标定转速和活塞平均速度

标定转速 n 是内燃机在标定功率时的转速;活塞平均速度 c_m 是内燃机在标定功率时的活塞平均速度。即

$$c_m = \frac{sn}{30} \times 10^{-3}$$

式中, s 为活塞冲程,mm; n 为发动机转速,r/min,Cm 单位应为 m/s。

提高内燃机的标定转速与活塞平均速度是提高内燃机单位体积功率的有效措施之一。但是随着转速提高,运动件的惯性力提高,内燃机零件的机械负荷加大;活塞、缸盖等燃烧室承热零件的工作循环次数增加,使零件的热负荷加剧;活塞平均速度增加,使得活塞环和气缸套等零件的磨损加剧,内燃机摩擦损失功增加,机械效率下降;内燃机的振动问题突出,噪声加大;进排气阻力增加,使充气系数下降。因此,在结构设计时经常采用短冲程以提高转速,使活塞平均速度在不至于过高的情况下来提高内燃机的单位体积功率。

汽车与拖拉机柴油机的转速为 1 500~4 000 r/min,汽油机的转速为 2 500~6 000 r/min;工程机械柴油机的转速为 1 500~2 800 r/min,汽油机的转速为 2 000~3 600 r/min;摩托车用汽油机的转速为 3 000~6 000 r/min;中型以上农用动力用柴油机的转速为 1 200~3 000 r/min,汽油机的转速为 1 500~4 000 r/min;高速船舶用柴油机的转速为 1 000~3 000 r/min,汽油机的转速为 1 500~2 500 r/min;中速船舶用柴油机的转速为 300~850 r/min;发电机组用内燃机转速受电网频率和磁极对数影响,其关系式为内燃机转速 $n=60\times$ 电网频率/发电机磁极对数 r/min,在我国电网频率为 50 Hz,内燃机转速应为(3 000/发电机磁极对数)r/min。低速内燃机的活塞平均速度一般为 4~6 m/s;中速内燃机的活塞平均速度一般为 6~9 m/s;高速内燃机的活塞平均速度一般为 9~15 m/s。

3. 平均有效压力

内燃机在标定功率时的平均有效压力是表示内燃机整个工作过程完善性和热力过程强烈程度的重要参数之一。它决定于燃烧室形式、混合气形成的方法、燃料的种类、混合气形成的过程、燃烧过程与换气过程的质量、机械效率、进气压力和温度以及内燃机的冷却方式与冲程数等。提高平均有效压力是目前提高内燃机单位体积功率

的有效措施。目前内燃机提高平均有效压力除了改善混合气形成过程、燃烧过程和换气过程质量以及减少内燃机的机械损失等之外,最主要的方法是增压。由于提高平均有效压力需要解决一系列的技术难题,因此,平均有效压力的大小在一定程度上反映了所设计内燃机的先进程度。

汽油机在标定功率时的平均有效压力一般为 0.65~1.25 MPa,柴油机一般为 0.7~1.0 MPa,增压柴油机则为 0.9~2.6 MPa。

4. 转 矩

内燃机的标定功率和标定转速确定之后,在标定工况下的转矩也就确定了。但汽车、拖拉机和工程机械等内燃机除对功率和转速有要求外,还要求具有一定的转矩储备,即具有较好的转矩特性。

转矩特性一般用转矩总适应系数 K 来表示,即

$$K = K_m K_n$$

式中,K_m 为转矩适应性系数;K_n 为转速适应性系数。

$$K_m = \frac{最大转矩}{标定工况时的转矩} = \frac{M_{emax}}{M_e}$$

$$K_n = \frac{标定转速}{最大转矩时的转速} = \frac{n_e}{n_{Memax}}$$

转矩适应性系数愈大,内燃机适应外界阻力变化的能力愈强,对车辆来说,可以减少换挡次数,减轻驾驶员的疲劳程度。转速适应性系数愈大,则工作愈稳定,对车辆来说,可以减少机械传动变速箱的排挡数,从而简化传动结构。

各种动力装置对内燃机的适应性系数的要求如表 1-1 所列。

表 1-1 各种动力装置对内燃机适应性系数的要求范围

动力装置	汽油机			柴油机		
	K_m	K_n	K	K_m	K_n	K
载重汽车	1.1~1.25	1.5~2	1.65~2.5	1.05~1.2	1.5~2	1.6~2.4
工程机械	1.2~1.45	1.6~2	1.9~2.9	1.15~1.4	1.6~2	1.85~2.8

1.3.2 经济性指标

内燃机的经济性指标是指生产成本、运转中的消耗以及维修费用等,通常以燃油消耗率、机油消耗率、可靠性和使用寿命等作为内燃机的经济性指标。

1. 燃油消耗率

内燃机的燃油消耗率随着运转工况的不同而变化,一般以标定工况时每输出 1 kW·h 有效功率所消耗的燃油克数来表达(有的采用外特性最低的燃油消耗率作为指标)。燃油消耗率主要与内燃机的工作过程、燃烧室结构以及机械效率等相关,因此,改善燃烧、降低散热损失和机械损失可以降低燃油消耗率。

汽车内燃机在标定工况时,汽油机的燃油消耗率一般在 250～350 g/(kW·h)之间,柴油机的燃油消耗率一般在 190～250 g/(kW·h)之间;工程机械内燃机在标定工况时,汽油机的燃油消耗率一般在 220～350 g/(kW·h)之间,柴油机的燃油消耗率一般在 210～260 g/(kW·h)之间;农用内燃机在标定工况时,汽油机的燃油消耗率一般在 270～400 g/(kW·h)之间,柴油机的燃油消耗率在 220～270 g/(kW·h)之间。另外,为了节约能源,一些国家还出台了一些强制措施限制内燃机的油耗,如我国针对乘用车燃料消耗量已经出台了 4 个标准,目前的第四阶段标准 GB 19578—2014《乘用车燃料消耗量限值》规定,2016 年 1 月 1 日起,新认证的 2 280 kg≤整车整备质量≤2 510 kg 乘用车百公里油耗不大于 11.2 L,燃油消耗率的要求趋于减小。

2. 可靠性

内燃机的可靠性是指内燃机在设计规定的使用条件下,具有的持续工作的能力。其通常以首次故障时间、故障停车次数及故障平均间隔时间来评定,广义的可靠性还包括产品的可维修性。可靠性高,则维修费用低,提高了发动机的使用率,降低了使用成本。一般要求在使用期内不发生机体、缸盖、曲轴、连杆、轴瓦、连杆螺钉、活塞、活塞销、活塞环、凸轮轴、气门、气门弹簧、摇臂等主要零件的断裂,以及影响喷油泵和增压器功能的主要故障。上述零件中由机械交变应力引起的疲劳裂纹主要发生在连杆、曲轴、机体、油底壳、齿轮、支架及高压油管等零部件上;由燃烧或摩擦产生的热疲劳裂纹主要发生在缸盖、活塞、喷嘴、排气歧管及增压器等零部件上。对于汽车、拖拉机、工程机械和农用内燃机,在保证期内应保证不更换主要零件;对于坦克柴油机,则要求在保证期内不发生停车故障。

3. 使用寿命

内燃机的使用寿命是衡量内燃机的耐久性指标,通常以发动机从开始使用到第一次大修期之前的累计运行里程或小时数来表示,其通常决定于气缸和曲轴的磨损速率。现代柴油机气缸套和曲轴轴颈的最大允许磨损极限如表 1-2 所列,表中:D 为气缸内径;D_1 为曲轴主轴颈外径;D_2 为曲轴连杆轴颈外径。

表 1-2 现代柴油机气缸套与曲轴轴颈最大允许的磨损极限

名称	气缸套内径 D/mm				曲轴主轴颈		连杆轴颈	
	50～100	100～200	200～400	400～800	极限磨损	圆度	极限磨损	圆度
允许极限磨损值	$\left(\frac{1}{500} \sim \frac{1}{200}\right)D$	$\frac{1}{800}D$	$\frac{1}{400}D$	$\frac{1}{200}D$	$\frac{1}{800}D_1$	$\frac{1}{1250}D_1$	$\frac{1}{800}D_2$	$\frac{1}{1250}D_2$

现代载重汽车柴油机的使用寿命一般为 7 500～15 000 h,工程机械柴油机的使用寿命一般为 6 000～15 000 h,农用柴油机的使用使命一般为 6 000～8 000 h,坦克柴油机的使用寿命一般为 800～1 000 h,船用柴油机的使用寿命一般为 15 000～8 0000 h。

对于汽车发动机,根据 GB/T 19055—2003《汽车发动机可靠性试验方法》规定,其需要经过 400 h 交变负荷试验和 200 h 冷热冲击试验(汽车最大总质量≤3 500 kg),或 1 000 h 混合负荷试验和 300 h 冷热冲击试验(3 500 kg<汽车最大总质量<12 000 kg),或 1 000 h 全速全负荷试验和 500 h 冷热冲击试验(汽车最大总质量>12 000 kg)。在考核过程中,校正最大净扭矩、校正最大净功率和额定净功率下降不超过初始值的 5%;额定转速、全负荷时,机油消耗量/燃油消耗量≤0.3%;四冲程发动机在全负荷时,最大活塞漏气量不超过极限值 B_L。

$$B_L = CV_t = 0.6\% V_H (n_r/2) r_r (298/T_m)$$

式中,C 为系数,在此选定为 0.6%;V_t 为四冲程发动机在标准状态下额定转速时的理论吸气量,L/min;V_H 为发动机排量,L;n_r 为额定转速,r/min;r_r 为额定转速、全负荷时增压器的压比,即压气机出口的绝对压力 p_o 与压气机进口绝对压力 p_i 之比,对于非增压机,$r_r=1$;T_m 为进气歧管内进气温度,K,对于非增压机 $T_m=298$ K。

另外,采用发动机的漏油、漏水和漏气评定缸垫、进排气管垫、气管和油封等零部件的密封性;根据零部件裂纹或断裂的严重程度评定零件的结构强度;对轴颈/轴瓦、缸套/活塞/环、凸轮/挺柱/摇臂、气门/气门座等主要摩擦副的表面的一般磨损、黏着磨损、磨料磨损及腐蚀磨损、微动磨损、穴蚀等根据其严重程度进行评定;主要摩擦副的接触带应在正常位置,接触面积大小恰当,没有断带现象。

1.3.3 结构紧凑性指标

内燃机的结构紧凑性指标通常指内燃机的质量和外形尺寸。不同用途的内燃机对质量和外形尺寸的要求不同,如汽车内燃机对质量和外形尺寸的要求都要小,而工程机械、拖拉机和一般农用机械内燃机可以稍大一些,坦克和高速舰艇内燃机要求体积小而质量可以稍大一些。

1. 比质量

衡量内燃机重量的指标是比质量 g_w,即

$$g_w = \frac{G}{N_e}$$

式中,G 为内燃机的净质量,即不包括燃油、机油、冷却水以及其他不直接装在内燃机本体上的附属设备的质量,kg;N_e 为内燃机的标定功率,kW。

汽车柴油机的比质量一般为 3.5~5 kg/kW,而汽车汽油机的比质量则为 1~3 kg/kW;工程机械柴油机的比质量一般为 4~7 kg/kW,汽油机的比质量则为 1~4 kg/kW;农用柴油机的比质量一般为 5.6~16 kg/kW,汽油机的比质量则为 1.6~6 kg/kW。

2. 单位体积功率

衡量内燃机外形尺寸的指标是单位体积功率 N_v,即

$$N_v = \frac{N_e}{V}$$

式中，N_e 为内燃机的标定功率，kW；V 为内燃机的外形体积，即内燃机的长、宽、高的乘积，m^3。

内燃机的结构紧凑性，除了与内燃机主要机构的结构、布置方案直接有关外，也与附件的大小和布置有很大关系。所以设计时不仅要注意内燃机主要机构的结构布置的紧凑性，还应该注意研制结构尺寸小而性能好的附件。

单位体积功率对一般内燃机的设计不是十分重要，但它是坦克、舰艇用内燃机设计的一个十分重要的指标，它们要求单位体积功率要尽可能的大。坦克用柴油机的单位体积功率一般在 $300\sim740\ kW/m^3$ 之间；舰艇用柴油机的单位体积功率一般在 $170\sim380\ kW/m^3$ 之间。目前先进柴油机的单位体积功率高达 $1\ 360\ kW/m^3$。

1.3.4 运转性指标

内燃机的运转性指标，主要是指运转是否平稳，启动性与加速性的好坏以及振动噪声与排放污染的情况等。

1. 运转平稳性、启动性和加速性

运转平稳是指内燃机平衡良好，振动小；启动性好是指内燃机启动迅速可靠，一般内燃机要求在 $-5\ ℃$ 气温下不附加任何辅助装置就能顺利启动，而在 $-40\ ℃$ 时利用一些辅助装置也能迅速启动；内燃机加速性的好坏，一般以内燃机从怠速加速到全负荷转速的时间长短来表示。车用内燃机加速时间愈短愈好，目前汽车和工程机械内燃机的加速性一般在 $5\sim10\ s$ 之间。

2. 噪 声

国际标准组织(ISO)提出，为保护听力，每天工作 8 h，容许的噪声声强为 90 dB(A)，工作时间减少一半，容许值可提高 5 dB(A)，在任何情况下不允许超过 115 dB(A)。现代内燃机的噪声一般为 $85\sim110\ dB(A)$，汽油机噪声通常比柴油机低。各国为了减少城市汽车噪声危害，目前都规定了汽车内燃机噪声的允许值，一般规定不超过 90 dB(A)，比较严格的国家规定不超过 75 dB(A) 或 80 dB(A)。

3. 排放性

为了防止大气污染，对汽车内燃机排放废气中的一氧化碳、碳氢化合物、氮氧化物和悬浮颗粒物等有害成分进行限制。目前有美国联邦标准、日本标准和欧洲标准三个主要的汽车内燃机排放标准，其中欧洲标准是我国借鉴的汽车排放标准。

欧洲标准是由欧洲经济委员会(ECE)的排放法规和欧盟(EU)的排放指令共同加以实现的。排放法规由 ECE 参与国自愿认可，排放指令是 ECE 或 EU 参与国强制实施的。汽车排放的欧洲法规标准 1992 年前已实施若干阶段，从 1993 年起开始实施欧Ⅰ标准，1996 年起开始实施欧Ⅱ标准，2000 年起开始实施欧Ⅲ标准，2005 年起开始实施欧Ⅳ标准，2009 年起开始实施欧Ⅴ标准，2014 年起实施欧Ⅵ标准。

与先进国家相比，我国汽车尾气排放法规起步较晚，从 20 世纪 80 年代初期开始，我国采取了先易后难分阶段实施的具体方案。1983 年我国颁布了《汽油车怠速污染排放标准》《柴油车自由加速烟度排放标准》《汽车柴油机全负荷烟度排放标准》3个限值标准,标志着我国汽车尾气法规从无到有;1989~1993年我国又相继颁布了《轻型汽车排气污染物排放标准》《车用汽油机排气污染物排放标准》两个限值标准,至此,我国已形成了一套较为完整的汽车尾气排放标准体系;1999年起北京实施了DB 11/105—1998《轻型汽车排气污染物排放标准》地方法规;2001年起全国实施了GB 14961—1999《汽车排放污染物限值及测试方法》,同时《压燃式发动机和装用压燃式发动机的车辆排气污染物限值及测试方法》也制订出台;2004年实施的《轻型汽车污染物排放限值及测量方法(Ⅱ)》等效于欧Ⅱ标准。2005年,中国颁布的GB 17691—2005《车用压燃式、气体燃料点燃式发动机与汽车排气污染物排放限值及测量方法(中国Ⅲ、Ⅳ、Ⅴ阶段)》标准中,对我国的车用发动机排放极限值和执行时间做出了规定,其数值如表1-3所列。

表1-3 内燃机稳态试验和负荷烟度试验限值

阶段	执行时间	CO/[g/(kW·h)]	HC/[g/(kW·h)]	NO_x/[g/(kW·h)]	PM/[g/(kW·h)]	烟度/m^{-1}
Ⅲ	2007.1.1	2.1	0.66	5.0	0.1	0.8
Ⅳ	2010.1.1	1.5	0.46	3.5	0.02	0.5
Ⅴ	2012.1.1	1.5	0.46	2.0	0.02	0.5
EEV	—	1.5	0.25	2.0	0.02	0.15

1.3.5 适应性指标

内燃机的适应性指标是指适应不同地理条件、不同气候条件的工作能力以及适应多种燃料的能力。

适应不同地理条件的能力,通常是指内燃机适应高原工作、风沙泥泞等恶劣环境的能力以及在倾斜路面运转所能达到的坡度值等。一般要求工程机械内燃机能够在前、后倾斜30°~40°和侧向倾斜20°~35°的情况下正常工作,而汽车内燃机一般只要求能在前、后倾斜20°~30°和侧向倾斜20°左右的情况下正常工作。

适应不同气候的工作能力,是指内燃机在高温地区不会过热,在高寒地区能够迅速启动。汽车和工程机械内燃机一般要求能够在±40℃气温范围内良好工作。

适应多种燃料的能力,是指内燃机能够使用柴油、汽油、煤油等不同的燃料来工作的能力。

1.3.6 强化指标

1. 升功率

发动机在确定工况下,单位排量输出的有效功率。升功率越大,热负荷和机械负荷越高。

2. 强化系数

平均有效压力与活塞平均速度的乘积。

思考题

1. 样机的总体方案设计包括哪些工作内容？
2. 样机的施工设计包括哪些工作内容？
3. 长途客货车内燃机、轿车内燃机和专用的工程机械内燃机在设计时应满足的要求有什么不同？
4. 标定功率可以分为几种标定方法？摩托车内燃机用什么方法标定？重型汽车内燃机用什么方法标定？为什么？
5. 内燃机的使用寿命通常取决于内燃机的哪些部件？对于新设计的汽车内燃机其可靠性如何考核？合格的评价标准包含几个方面？

第 2 章 内燃机的总体设计

2.1 总体设计的任务与方法

内燃机的总体设计贯穿于样机的总体方案设计和样机的施工设计。

在样机总体方案设计中,总体设计的任务是:根据技术任务书的要求,在充分论证的基础上选择内燃机的形式,确定主要结构参数,选定主要零部件与辅助系统的结构形式,对主要零部件和辅助系统的外形尺寸进行粗略估算,然后进行初步的总体布置,绘制几种不同方案的总体布置图,用以进行方案分析与论证。在进行几种方案对比的基础上,最后确定一种总体方案,并完成热力计算、动力计算、主要系统草图及方案设计说明书等相关技术文件。然后,提出对各主要零部件和辅助系统各机件在结构方面的主要设计要求,以便对它们进行初步设计和单缸试验机设计,通过先期研究工作,协调和解决它们在空间位置上的矛盾,使内燃机能正常地动作,并充分注意拆装与维修的可能性和方便性。随后根据初步设计结果,修正初始方案,调整总体布置,绘制较详细的总体布置图。

在进行样机总体方案设计时,常常选择一台或几台与所要设计的内燃机大致相似的原准机,根据相似关系来确定样机的主要参数及一些主要零部件的结构尺寸。从理论上说,原准机与所要设计的内燃机之间应满足几何相似、力学相似和热力相似,但是,几乎不可能找到完全满足上述相似的原准机,通常只能以几何相似为依据引出行程—缸径比、曲柄半径—连杆长度比、气缸中心距—缸径比等比较参数相同,单位活塞面积上的最大燃气压力与惯性力相同,以及主要零件材料相同等,以它们为依据,采用与原准机比较推理的方法,为新设计的内燃机初步选择合理性能指标及主要零部件的结构尺寸。这种方法可以节省计算时间和试验研究的工作量,同时也可以用来估计所设计的内燃机在以后技术发展过程中可能遇到的困难。

在样机施工设计中,总体设计的任务是:根据先期研究工作的结果,修正设计;进一步协调和解决各零部件和辅助系统在空间位置上的矛盾,保证内燃机各零部件在安装和运转时不发生干涉;详细检查内燃机拆装和维修的可行性和方便性,并设计必需的专用工具;绘制正式的内燃机总体布置图,包括纵剖图、横剖图、前后端视图、左右侧视图、俯视图与安装图等,确定外形尺寸;完成各项详细的技术文件。

在总体设计中要充分考虑产品系列化、零部件通用化和零件标准化的"三化"问题,它们对合理组织生产,提高产品质量,降低成本,方便使用和维修等,起着重要的作用。

1. 产品系列化

以尽可能少的内燃机机型,进行合理的变型以满足各种用途的需要。同一机型的内燃机,通过改变缸数、转速,以及为了适应不同用途增减附件,从而形成许多型号的内燃机变型产品。变型产品之间的大多数零件,特别是一些主要零件之间可以互换。

形成系列化的内燃机产品可以采用以下 6 种技术措施:

① 缸径不变,以气缸数改变和气缸排列方式改变形成系列。这样,同一套工艺设备可以生产出排量差距大、功率覆盖比较高的发动机系列;

② 缸径和气缸数不变,通过自然吸气、涡轮增压及增压中冷方式的不同,以不同充气密度和平均有效压力的改变形成系列;

③ 用同一气缸中心距,一次或多次扩缸,形成不同缸径可以共线生产的系列;

④ 用不同行程,在活塞平均速度大体不变的条件下,用不同标定转速达到相同的功率,以适应不同转速要求对象的需要;

⑤ 采用不同性能及安装方式的进排气管、增压器、滤清器等附件,以及不同特性的扭矩校正器,就能满足内燃机在各种车辆,甚至固定式和船用的需要;

⑥ 设计几种油底壳和机油泵,使内燃机适应在不同纵向倾斜和横向倾斜条件下可靠工作。

通过系列变形产品,可以尽可能广地进行功率覆盖和适用于不同场合。

2. 零部件通用化

设计时应使同一系列产品的零部件尽可能互相通用,而不同系列产品的设计也应考虑某些零部件的相互通用,例如喷油器、调速器、启动电动机、机油泵、机油滤清器、燃油滤清器、空气滤清器、风扇、散热器等均可以实现不同系列产品之间的通用。由于零部件的通用性,便于组织零部件专业化的大批量生产。零部件通用化程度,通常以零件通用化系数、零件品种通用化系数和总通用化系数来表征:

$$零件通用化系数 = \frac{通用零件数}{总零件数(不包括标准件)}$$

$$零件品种通用化系数 = \frac{通用零件品种数}{总零件品种数(不包括标准件品种数)}$$

$$总通用化系数 = \frac{通用零件品种数 + 标准零件品种数}{总零件品种数(包括标准件)}$$

3. 零件标准化

零件设计应按照国家标准来确定相关尺寸、公差配合、材料和技术条件,以便于组织外协和外购,也便于企业组织大批量生产。

在进行总体方案设计时,还要考虑和绘制系列产品和变型产品的总体布置图,以便统一考虑产品的系列化和变型等问题。必要时,可修改总体方案设计。

2.2 内燃机的选型

内燃机的形式很多,按其所用燃料种类,可以分为汽油机、柴油机和其他多种燃料内燃机;按行程数来分,可以分为二冲程和四冲程;按照进气状态,可以分为增压内燃机和非增压内燃机;按照冷却方式来分,可以分为风冷式内燃机和水冷式内燃机;根据气缸数及气缸排列形式的不同,可以分为单缸或多缸内燃机、单列或多列内燃机。各种形式的内燃机各有优缺点,在选择内燃机的形式时,要从内燃机的主要设计需求出发,对具体情况做出具体分析。下面,通过分析不同内燃机形式的优缺点,为总体设计选型提供参考。

2.2.1 汽油机、柴油机与多燃料内燃机

柴油机与汽油机相比较,主要优点是:

① 热效率高,动力性能好,燃油消耗率低,在变工况情况下,燃油消耗率的变化比较小,在车辆上采用柴油机时,在相同油箱容积下,柴油机车辆的最大行程约为汽油机车辆的 1.3~1.6 倍。

② 容易采用废气涡轮增压或复合增压进行强化,进一步提高燃油经济性与升功率。

③ 采用柴油燃料时,排气污染少,因此比较容易满足尾气排放的法规。

④ 柴油机容易改造成采用多种燃料工作的多燃料内燃机。

⑤ 柴油的闪点高于汽油,在运输与储存过程中,火灾危险性较小。

柴油机的主要缺点是:

① 外形尺寸和重量较大。这主要是因为柴油机的最大燃气压力比汽油机高,为保证零件的强度与刚度需要增大零件尺寸和重量。

② 柴油机的扭矩特性、启动性和加速性均比汽油机差。

③ 柴油机的制造成本较高。因为柴油机单位功率的金属用量多,重要零件需要采用价格较高的合金钢,高压泵、喷油器等精密部件的制造精度高,制造成本高。

④ 柴油机工作粗暴,噪声较大。

近年来,柴油机上采用废气涡轮增压的技术取得了很大的发展,不仅燃油经济性不断提高,外形尺寸和重量指标也随之不断改进,同时柴油机采用多燃料的研究工作也取得了很大的成就,因而,重型货车、拖拉机、工程机械与农用内燃机(要求尺寸小、重量轻的农用植保机械除外),因为油耗小、经济性好,广泛采用柴油机。小轿车要求内燃机的尺寸小、重量轻、启动性与加速性好,广泛采用汽油机。在中、轻型载重汽车中既有采用柴油机,也有采用汽油机的。目前,中、轻型载重汽车因为考虑节能与减少排放等原因,也越来越多地采用柴油机,甚至在小轿车上也开始大量采用柴油机。

多种燃料内燃机包括液化石油气发动机、压缩天然气发动机、液化天然气发动

机、醇类燃料发动机、氢气发动机等，它们都是在柴油机或汽油机的基础上改造形成的，主要目的是燃料价格便宜，可以节省石油，排放指标也比燃油低，小功率的多燃料内燃机一般在汽油机的基础上改造形成，中等功率以上的多燃料内燃机一般在柴油机的基础上改造形成。

2.2.2 二冲程与四冲程内燃机

二冲程汽油机在换气时有一部分新鲜可燃混合气随同废气排出，因此经济性差，所以除了摩托车和小型手持动力设备（农用植保机、割草机等）外，一般不采用二冲程汽油机。而二冲程柴油机在换气时随同废气排出的只是空气，经济性比汽油机好，因此二冲程柴油机比二冲程汽油机应用广泛。

与四冲程柴油机相比较，二冲程柴油机的优点是：

① 升功率高。二冲程柴油机单位时间内的工作循环数是四冲程的两倍，理论上二冲程的做功能力为四冲程的二倍，但由于二冲程存在气口引起的冲程损失和扫气损失，其升功率比四冲程柴油机高 60%～80%。在相同功率条件下，二冲程柴油机的外形尺寸及重量可以更小。

② 当采用对置活塞式或扫气换气时，无须专门的配气机构及其驱动零件，结构简单，运动部件少，制造成本低，维修方便。

③ 曲轴每转一转就有一个工作冲程，运转比四冲程柴油机均匀，可以减少飞轮尺寸并且易于启动。

④ 曲柄连杆机构零件所受机械载荷的幅度及冲击性都较小，疲劳安全系数较大。

⑤ 二冲程柴油机的散热损失较小，冷启动容易，改造成为多燃料内燃机也较容易。

二冲程柴油机的缺点是：

① 二冲程柴油机燃烧室周围部件的热负荷比较高，给高增压带来困难，活塞顶的平均温度比四冲程柴油机约高 50～60 ℃。

② 二冲程柴油机缸内压力总是大于一个大气压，使活塞环在环槽中的运动减小，积炭不易排出，容易使活塞环失去工作能力。

③ 换气质量较差，使燃烧条件变差，带动换气泵也需要消耗一部分功率。

④ 较高的热负荷对机油质量也提出了较高的要求，由于机油容易窜入扫气孔和排气孔边缘，随气流进入气缸燃烧或从排气管排出，因此机油的消耗率较大。

⑤ 高压泵与喷油器的工作繁重，喷嘴热负荷高，喷孔容易堵塞，寿命较短。

⑥ 作用在轴承上的负荷是单向的，对润滑不利。

⑦ 二冲程柴油机的噪声、排气污染等都比四冲程柴油机严重。

由于上述原因，一般船用大型低速柴油机为了得到较大的单缸功率都采用二冲程，低速机转速很低，所以换气质量和燃油系统的工作条件可以得到保证。在一般大功率的汽车和工程机械内燃机中,目前采用二冲程柴油机比较少,只有在小功率汽车、工程机械以及农用机械内燃机中,为了使结构简单,有一些应用。

2.2.3 增压与非增压内燃机

增压可以提高内燃机功率,减小内燃机尺寸和重量,提高排放,可以补偿高温与高原空气稀薄所引起的功率损失。在汽油机中,由于受到爆燃等因素的影响,应用受到了一定的限制。对于柴油机,增压是提升功率的最有效方法之一。一般为了达到欧Ⅱ以上的排放标准要求,必须选择增压中冷系统。所以,目前车辆和工程机械用柴油机大量采用增压柴油机。

按照驱动压气机动力来源的不同,目前所采用的增压形式可分为不用专门增压装置的增压、机械增压、利用发动机废气能量驱动的增压和复合增压四种。其中利用发动机废气能量驱动的增压器分为废气涡轮增压和气波增压两种,废气涡轮增压通过涡轮有效利用了废气的能量,大大提高了内燃机的经济性,并且废气涡轮增压器结构紧凑,增压器与内燃机之间没有机械联系,布置比较自由,因此应用最广泛。

增压系统按照增压程度的不同,可分为:低增压(增压比<1.7)、中增压(增压比1.7~2.5)、高增压(增压比>2.5)和超高增压(增压比>3.5)。汽车和工程机械用的柴油机一般为中、高增压柴油机。

柴油机增压后,气缸内压缩终了的压力以及最大燃气压力都提高了,因而增加了曲柄连杆机构的机械负荷。同时,增压器压缩空气,使进气温度升高,提高了循环的平均温度和柴油机的热负荷。当增压比低于2时,最大燃气压力与循环的平均温度都不太高,并且随着压缩空气压力与温度的提高,着火延迟期缩短,改善了燃烧过程,使压力升高率降低,工作粗暴性有所减轻,所以柴油机的结构可以不作很大的改动。当增压比达到2以上时,柴油机的热负荷与机械负荷显著增加,可以采用中冷器来降低进气温度,以降低柴油机的热负荷;改进柴油机关键零件(如活塞组、连杆组、曲轴组、气缸盖以及缸体等零件)的结构设计,以适应高的热负荷与机械负荷;采用可变压缩比活塞改变循环条件,或采用低压缩比、强中冷、超高增压比改变循环条件,使主要零件的热负荷与机械负荷不至于过高。

单级涡轮增压及增压中冷目前最成熟,同时也是应用最广的增压系统,单级增压压比最高可达到3.8~4。由于低速时增压器涡轮缺乏足够的能量,因此存在低速性能差、变工况响应速度慢的问题,特别是在高压比、大转速范围内工作的柴油机尤其明显,为了适应柴油机对增压器更高压比的要求,可采用两级可调顺序增压或单涡轮双压气机增压器技术,同时需要解决两级增压之间的中冷问题。

目前常用的中冷方式有3种:

(1) 空—空中冷

冷却介质为空气,具有最好的冷却条件和冷却效率,对燃油经济性有利,对降低排放及零件热负荷也有利,缺点是柴油机和中冷器难以形成整体结构。汽车上空—

空中冷器一般安装在水散热器前方,对于在严寒地区使用的特殊车辆,空-空中冷器最好与温控风扇同时使用,以免因进气温度过低造成缸内燃烧不良而损坏活塞。对温控风扇最好使用渐变调速,因温控风扇在突然结合和分离时产生的增压空气温度突变会对内燃机燃烧室零部件产生一定程度的热冲击。

(2) 水-空中冷

冷却介质为水,结构简单,具有良好的多用途通用性。主要缺点是中冷后空气温度不如空-空中冷低,空-空中冷空气温度一般 50~60 ℃,而水-空中冷为 80~90 ℃。水-空中冷在严寒区使用时,可以兼作进气加温装置,从而改善严寒区燃烧不良问题。

(3) 双循环水-空中冷

为克服水-空中冷空气温度偏高的问题,将中冷器冷却水与柴油机水循环分别独立,并通过散热器进行二次冷却后再进入中冷器,可得到较低的进气温度,效果介于单循环水-空中冷和空-空中冷之间。双循环冷却系统又可根据柴油机水泵的数量,分为单泵双循环和双泵双循环。其中,由于双泵双循环冷却液彻底不与柴油机水系统发生热交换,因而具有相对较低的水系统温度,具有更好的冷却效果。

2.2.4 风冷式与水冷式内燃机

风冷式内燃机与水冷式内燃机比较,具有以下优点:

① 结构简单、工作可靠、使用维护方便。风冷式内燃机冷却系统只有散热片、风扇和导风罩,因此抗机械损伤能力较强,不容易出故障。水冷式内燃机零部件多,管路接头多,容易产生漏水故障;当气温过高时,会引起冷却水沸腾,使内燃机过热;水冷系统部件受到机械损伤时,会使冷却水漏出而不能工作。

② 地区适应性较强。风冷式内燃机散热片的工作温度一般约为 150 ℃,而水冷式内燃机中冷却水的温度约为 85 ℃,由于风冷式内燃机的散热片温度比较高,与外界环境温差大,因此对外界温度变化的适应性好。当环境温度较高时,对风冷式内燃机的影响比较小,风冷式内燃机在 -50~60 ℃ 的环境温度范围内工作时,具有较好的适应性。

③ 整个动力装置的体积与重量较小。因为风冷式内燃机没有冷却用水、水泵、散热器等附件,整个动力装置布置较为紧凑,所以体积与重量比水冷式内燃机小一些。

④ 冷却系统消耗的功率较小。风冷式内燃机散热片温度较高,因此冷却空气的利用率较高,所需要的冷却空气量比水冷式内燃机少,因此,风冷式内燃机风扇消耗的功率比相同标定功率的水冷式内燃机的风扇及水泵总的消耗功率要小。

⑤ 对燃料的要求低。风冷式内燃机气缸壁温度较高,内燃机的整个工作循环温度也较高,对燃油质量指标要求较低。

⑥ 由于没有冷却水套,启动后很快使内燃机燃烧室零件温度升到正常运转温

度,减少了气缸磨损,快速达到全负荷工作状态。

风冷式内燃机的缺点:

① 尺寸较大。为保证足够的冷却面积,风冷式内燃机散热片具有一定的高度,气缸中心距较大,所以,风冷式内燃机的尺寸较大,特别是长度较大。

② 平均有效压力低。由于风冷式内燃机工作温度较高,使充气系数有所降低,因而一般风冷式内燃机的平均有效压力要比水冷式的低一些。

③ 热负荷较大、机油温度高、机油消耗率较高。风冷式内燃机用空气冷却,空气的比热容只有水的 1/20~1/30,因此热量不容易散出。因热量与气缸直径的三次方成正比,而散热能力与缸径的二次方成正比,因此缸径愈大,热负荷也愈大,所以风冷式内燃机不宜采用高增压和大缸径。由于热负荷大,机油温度较高,因此对机油质量要求较高,需要的机油散热器也较大。活塞与气缸的配合间隙较大,机油消耗率比水冷式内燃机一般大 15%~20%。

④ 噪声较大。水冷式内燃机中的冷却水套有阻尼作用,能降低燃烧噪声和机械噪声;而风冷式内燃机没有水套,再加上导风罩振动声,因此噪声较大。

总的来看,风冷式内燃机的冷却系统抵抗机械损伤的能力较强,对地区适应性较好,因此可以用于工作环境恶劣的大功率柴油机;摩托车由于可以充分利用行驶中空气流动的冷却作用,为了结构轻便,一般采用风冷式汽油机。水冷式内燃机冷却效果好,强化潜力大,工作效率高,目前大量应用。

2.2.5 气缸数及气缸排列形式

当内燃机功率一定时,增加气缸数有以下优点:

① 气缸数增多,可以减小气缸直径和活塞行程。气缸直径减小,有利于采用增压强化;活塞行程减小,在活塞平均速度不变的前提下,可以提高曲轴转速。上述措施可以提高内燃机的升功率,减小内燃机的体积和重量。

② 气缸数增多,内燃机的扭矩均匀性更好,可以采用小尺寸的飞轮,而且对启动也有利。

③ 气缸数增多,内燃机的平衡性提高,由此可以减小内燃机的振动。

内燃机气缸数增多的缺点:

① 气缸数增多后,内燃机零件的总数增大,内燃机的生产和维护复杂;

② 气缸直径减小,缸数增多后,散入冷却介质中的热量增加,内燃机的有效效率有所降低。

不同类型的内燃机对功率要求不同,气缸数目也不一样。目前,汽车、拖拉机和工程机械内燃机大多数采用 4、6 和 8 缸;少数重型载重汽车和大型工程机械的内燃机则采用 10 和 12 缸;农用内燃机一般采用单缸、双缸或 4 缸,个别采用 6 缸。

多缸内燃机的气缸排列形式有单列式和多列式两种。单列式可以布置成直列或对置活塞式两种;多列式可以布置成水平对置式、V 型机或星型机。

直列式内燃机(见图2-1(a))构造简单,制造、维护方便,但高度较大,而且气缸数目过多时,长度较大。因此,直列式内燃机一般只用于气缸数不大于6缸的内燃机上。

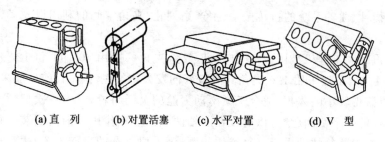

(a) 直　列　　(b) 对置活塞　　(c) 水平对置　　(d) V 型

图 2-1　内燃机气缸的排列形式

直列4缸内燃机虽然存在二次往复惯性力不能自动平衡的问题,但是对于小缸径内燃机,由于往复惯性质量较小,因此仍然有很好的平稳性,是轿车和轻型货车广泛采用的机型,当缸径较大时,二次往复惯性力可通过加装平衡机构进行平衡。采用增压系统时,直列4缸内燃机有较好的涡轮脉冲增压适应性(两脉冲),但排气脉冲能量利用率低于3缸机和6缸机(三脉冲)。直列6缸内燃机具有最好的动力学平衡性和增压排气脉冲能量利用率,因此广泛地应用于中型以上的各种车辆上。

对置活塞式内燃机(见图2-1(b)),主要用于二冲程直流换气式柴油机上,它具有较好的换气品质与较小的散热损失,因而具有较高的经济性,平衡性也好,但高度较大。

水平对置式内燃机(见图2-1(c))相当于两台卧式内燃机的组合,高度小,但是宽度太大,维护保养也不方便。在为了改善面积利用率、视野性和机动性的汽车上可以采用,以便布置在底盘中部或车厢的底板下面。

V形内燃机(见图2-1(d))结构紧凑,高度、长度和宽度都比较恰当。同样的气缸数目,由直列式改为V形布置后,长度可以缩短30%~40%,高度随V形夹角的增加而降低,由于长度缩短,曲轴和曲轴箱重量相应减小,内燃机结构的刚度加强,曲轴的扭转刚度增加,内燃机的比重量一般可下降15%~25%。现代大功率汽车和工程机械内燃机,一般采用V形结构,个别的2缸或4缸内燃机也有采用V形结构的。

V形内燃机的气缸夹角影响内燃机的宽度和高度。由于附件布置的关系,V形

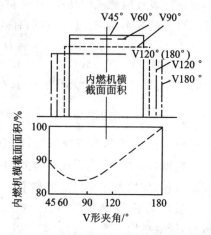

图 2-2　内燃机V形夹角与横截面面积的关系

夹角从60°减小到45°时,宽度不再减小;从120°增加到180°时,高度不再降低;而夹角为90°,内燃机横截面面积接近最小值(见图2-2)。从提高内燃机的单位体积功率来说,90°V形夹角最好。但V形夹角的选择,还要综合考虑气缸发火均匀性、内燃机的平衡性、曲轴系统的扭转振动、生产系列化、夹角空间的利用以及动力舱的空间等问题。

现代汽车和工程机械用V型内燃机,气缸夹角一般用60°、90°和120°三种。对于V型6缸机,虽然采用120°夹角具有较好的发火均匀性,但是目前一般采用90°夹角布置,以获得较小的体积,适合于紧凑动力舱的灵活布置,对于一次惯性力矩和旋转惯性力矩的不平衡问题,可以通过在曲轴两端的力矩作用平面内安装平衡重加以平衡,对于二次往复惯性力矩不平衡的问题,则需要复杂的平衡装置,也可以采用错拐曲轴的设计方法,实现与120°夹角机型一致的发火均匀性。8缸和10缸内燃机大多数采用90°夹角,因为这样可以同时保证发火间隔均匀性与平衡性,并使外形尺寸比较紧凑,附件布置、维护保养以及生产系列化都比较方便,是豪华型轿车的重要机型。V型12缸机则大多数采用60°和90°夹角,个别采用75°夹角,V型12缸机无论其夹角大小如何,都具有良好的平衡性,从发火间隔均匀性来说,采用60°夹角比较好,且有利于采用脉冲涡轮增压,但高度较大,采用90°夹角时,发火间隔均匀性较差,但外形尺寸比较紧凑,附件布置、维护保养以及生产系列化等都比较方便。V型12缸机具有最好的动力学平衡性和涡轮增压适应性,而且总排量是6缸的两倍,因此广泛用于大型矿用自卸车。

2.3 内燃机主要结构参数的选择

保证所设计内燃机的功率,在燃料经济性最好的前提下尽可能提高输出功率,是内燃机设计的基本要求。内燃机的有效功率表达如下:

$$N_e = \frac{p_e i V_h n}{30\tau} = \frac{p_e i \pi D^2 s n}{12\tau} \times 10^{-7} = \frac{p_e i \pi D^2 c_m}{4\tau} \times 10^{-3}$$

式中,p_e为平均有效压力,MPa;i为内燃机气缸数;V_h为一个气缸的工作容积,L,$V_h = \frac{\pi D^2 s \times 10^{-6}}{4}$;$n$为发动机标定转速,r/min;$\tau$为冲程数,四冲程内燃机$\tau=4$,二冲程内燃机$\tau=2$;$s$为活塞行程,mm;$D$为气缸直径,mm;$c_m$为活塞平均速度,m/s。

由式可知,要提高内燃机的有效功率可以通过提高平均有效压力、活塞平均速度及气缸直径,增加内燃机气缸数和采用二冲程来实现。

一般情况下,在选定内燃机形式之后,冲程数τ与气缸数i已经确定;平均有效压力p_e和活塞平均速度c_m的数值可以参照几台原准机,并考虑所设计内燃机中可能采取的措施,先进行初步估计,再初步定出标定转速n和活塞行程s。所设计内燃机的实际平均有效压力只能在单缸机试验后才能确定。

保证内燃机的功率和强化水平所确定的内燃机主要总体结构参数包括气缸直径 D、活塞行程 S、连杆长度 L、气缸中心距 L_0，对于 V 形内燃机还包括气缸夹角 V。其选择应根据国内外发动机设计和生产工艺水平的实际情况进行，既要考虑先进性，又要考虑实现的可能性。

2.3.1 活塞行程 S 与气缸直径 D 的比值

相同的气缸工作容积可以由不同的气缸直径和活塞行程组合而成。正确的活塞行程与气缸直径的比值 S/D 对内燃机结构与性能有很大影响。当气缸工作容积一定时，采用较小的 S/D 值具有以下优点：

① 可提高内燃机曲轴转速而不至于使活塞平均速度超过许可值，因而可以提高升功率。

② 可降低直列式内燃机的高度，缩小水平对置式内燃机的宽度，减小 V 形内燃机的高度和宽度。

③ 由于曲柄半径减小，曲轴主轴颈和连杆轴颈的重叠度增大，因而曲轴刚度增加，应力状态改善。同时，连杆可以短一些，这对连杆的强度和刚度都有利。

④ 气缸直径增大，气缸盖上的气门通道直径可以加大，有利于改善进气条件，配气机构也容易安排。

采用较小的 S/D 值时的缺点：

① 气缸直径增大，热负荷、机械负荷和噪声都加大。同时，由于单列式内燃机的长度主要决定于气缸直径，所以内燃机的长度将增大。

② 不利于燃烧室的设计，而且对直流式换气的二冲程内燃机来说，换气品质将变坏。

因此，在选定 S/D 值时必须对具体情况作具体分析。汽车、拖拉机和工程机械内燃机的 S/D 值一般为 0.7～1.3，农用内燃机的 S/D 值一般为 0.9～1.3。通常将 S/D 值小于或等于 1 的内燃机称为短行程内燃机。目前，新设计的内燃机，特别是 V 形内燃机多采用短行程内燃机。

气缸的工作容积确定，在 S/D 值确定之后，即可求出 D 与 S 值。求出的 D 值应该符合国标的标准系列尺寸，而后再求 S 值，S 值最好为整数值。最后，根据 S 值与 n 值计算出活塞平均速度 C_m 进行校核，如果 C_m 值超出选用范围，可改变 n，重新计算 V_h，使求出 C_m 接近许可值。

气缸直径主要取决于燃烧过程技术水平和技术储备，P_e 与缸径的平方成正比，但是汽油机的缸径过大易引起爆震。汽车、拖拉机和工程机械内燃机的气缸直径一般为 75～160 mm；农用内燃机的气缸直径一般为 75～135 mm。

2.3.2 曲柄半径 R 与连杆长度 L 的比值 λ

活塞行程 S 确定后，曲柄半径 $R=S/2$。$\lambda=R/L$，因此 λ 确定之后，即可确定连

杆长度 L。

对于单列式内燃机，λ 值愈大，连杆长度愈短，内燃机的高度愈小，同时，短连杆具有较大的刚度和强度。虽然由于 λ 加大，使往复运动质量的加速度和连杆摆角也加大，但因连杆重量减轻，往复惯性力与侧压力并没有增加。所以在设计时，为了缩小内燃机的外形尺寸和减轻重量，一般尽可能缩短连杆长度，尽量选取较大的 λ。连杆长度的缩短受以下 3 个条件的限制：

① 活塞在下止点时，裙部不与平衡重相碰。
② 活塞在上止点时，曲柄臂不与气缸套下部相碰。
③ 连杆摆动时，杆身不与气缸套下部相碰。

如果发生碰撞，必要时可以在气缸套下部开槽躲避连杆，或将活塞裙部切去一部分躲避平衡重，间隙应保证 2～5 mm。

在 V 型内燃机中，如果采用并列连杆或叉形连杆时，连杆长度的确定与单列式一致。如果采用主副连杆时，主连杆长度确定方法与上述一致，此外还需确定主连杆中心线和副连杆销至连杆轴颈中心连线间的夹角、副连杆销至连杆轴颈中心的距离、副连杆长度以及副连杆位于主连杆的哪一侧。

从内燃机结构紧凑性考虑，λ 越大越好，现代内燃机的 λ 值一般在 0.25～0.33。

2.3.3 气缸中心距 L_0 与气缸直径 D 的比值

L_0/D 是决定内燃机长度的主要参数，它表征了内燃机的紧凑性指标和重量指标的优劣。在确定 L_0/D 值时，应考虑以下 3 个方面：

① 考虑曲轴的主轴颈、连杆轴颈的长度以及曲柄臂的厚度，使曲轴轴承有足够的承压面积，并保证曲轴有良好的强度和刚度。
② 考虑气缸盖的形式（整体式、分体式或单体式）及布置，要保证气缸盖固定螺栓及进排气道的布置，保证冷却水道的布置（水冷式）或散热片的布置（风冷式）。
③ 考虑缸体冷却方式的布置（冷却水道或散热片），气缸套的形式（整体式、干式或湿式）和尺寸。

一般来说，单列式内燃机的气缸中心距取决于气缸盖和气缸套的形式及其布置，V 形内燃机则取决于曲轴的尺寸。为了缩短内燃机的长度，减轻内燃机的重量，在保证上述要求的基础上，内燃机尽量采用较小的 L_0/D 值。目前，直列式汽油机的 L_0/D 值在 1.10～1.25，V 形汽油机在 1.15～1.30；直列式柴油机的 L_0/D 值在 1.10～1.35，V 形柴油机在 1.25～1.50，个别主副连杆式柴油机的 L_0/D 值小到 1.17。

2.4 总体布置

总体布置是根据所确定的内燃机型号、主要结构参数、主要零部件和辅助系统的结构形式和外形尺寸,绘制出内燃机纵、横剖面图和外形图,其贯穿于内燃机总体设计的整个工作过程中。通过总体布置,可以对主要零部件和辅助系统提出设计任务和设计要求,而主要零部件和辅助系统的设计又必须通过总体布置来校核其正确性。

总体布置是从绘制纵、横剖面图开始的,首先根据初步确定的主要零部件的结构形式及尺寸,以曲轴中心线和气缸中心线为基准,画出曲柄连杆机构,再画出曲柄连杆机构固定件及气缸盖上的配气机构机件、喷油器或火花塞等,再画出配气凸轮轴及其驱动机构。绘图时应从零部件的主要结构尺寸到结构细节逐步展开。为了提高图形绘制的准确性,应同时在纵、横剖面图上按次序绘制上述各零件,在纵、横剖面图上表示不清楚时,必须绘制局部辅助图,最后再绘制外形图。

总体布置的结构要简单可靠、工艺性好,便于拆装和维修,符合产品的"三化"要求,并且为产品的发展留有余地。总体布置可以发现总成及零部件之间是否相互干涉,拆装和维修是否方便。对于系列化产品的总体布置,除了绘制基本型内燃机的纵、横剖面图及外形图外,还要绘制变形系列产品的总体布置。

图2-3～图2-7是几种类型内燃机的总体布置图,其中,图2-7是采用三维设计方法形成的柴油机总体布置,采用三维设计方法可以更加方便地进行尺寸调整、干涉检查、拆装和维修的方便性检查、机构的运动学/动力学分析以及零部件的刚强度分析等,是目前推广和使用的现代设计手段。

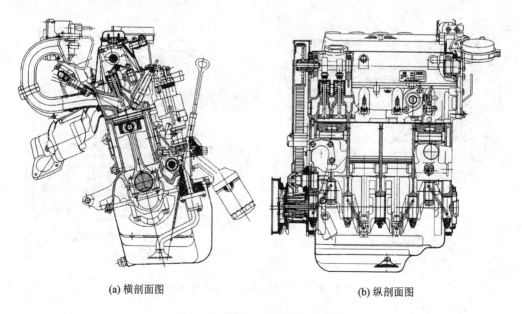

(a) 横剖面图　　　　　　　　(b) 纵剖面图

图2-3　直列4缸汽油机剖面图

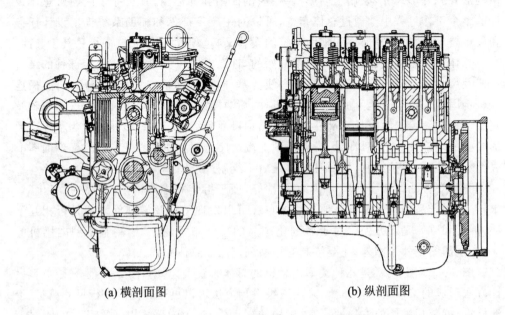

(a) 横剖面图   (b) 纵剖面图

图 2-4　直列 4 缸柴油机剖面图

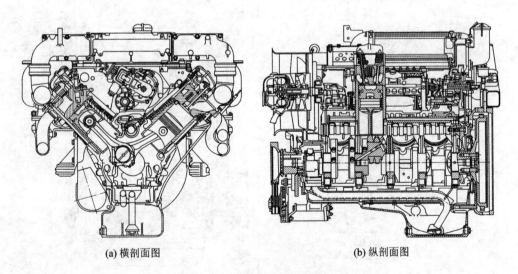

(a) 横剖面图   (b) 纵剖面图

图 2-5　V 型 8 缸风冷柴油机剖面图

第 2 章 内燃机的总体设计

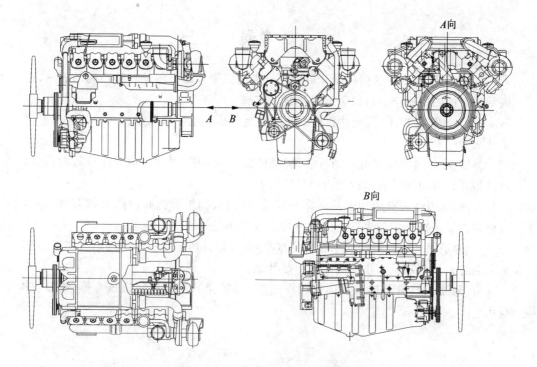

图 2-6 V型12缸柴油机外形图

图 2-7 直列6缸柴油机三维总体设计

思考题

1. 内燃机产品的系列化设计可以在较少的机型基础上满足各种用途的需求，形成系列化的内燃机产品可以采取哪些技术措施？

2. 与汽油机相比较，柴油机的主要优点是什么？主要缺点是什么？其应用范围是什么？

3. 风冷式内燃机具有冷却可靠、抗机械损伤能力强、对地区适应性较好的优点，但是为什么其应用没有水冷式内燃机广泛？

4. 根据内燃机有效功率的计算公式进行解释：如果要提高内燃机的有效功率，可以采取哪些措施？如果措施应用不当会带来哪些问题？

5. 为了保证内燃机的功率和强化水平，总体设计所确定的5个内燃机主要结构参数是什么？其数值大小的确定依据是什么？

6. 阐述内燃机总体布置图的画图过程，总体布置图完成后应该有哪些方向的视图？

第 3 章 曲柄连杆机构受力分析

曲柄连杆机构承受和传递的载荷是内燃机零部件承受的主要载荷,对曲柄连杆机构进行受力分析,可以获取各个主要零部件的机械载荷,可以进行各个主要零部件的刚、强度评定。

内燃机的曲柄连杆机构可以分为中心曲柄连杆机构、偏心曲柄连杆机构和主副连杆式曲柄连杆机构。其中,中心曲柄连杆机构在内燃机中的应用最广泛,一般的直列式内燃机、采用并列连杆或叉形连杆的 V 形内燃机等都采用中心曲柄连杆机构。偏心曲柄连杆机构的偏心距不大,它对机构的运动和受力都影响不大,这样,在近似计算中可把偏心式曲柄连杆机构的运动规律和受力按中心式曲柄连杆机构来处理。因此,下面只分析中心曲柄连杆机构和主副连杆式曲柄连杆机构的运动和载荷传递。

3.1 曲柄连杆机构运动学

3.1.1 中心式曲柄连杆机构运动学

1. 活塞运动分析

图 3-1 是中心曲柄连杆机构运动分析简图。图中气缸中心线通过曲轴中心 O,OB 为曲柄,AB 为连杆,B 为连杆轴颈中心,A 为活塞销中心。曲柄半径 OB 的长度为 R,连杆 AB 的长度为 L。

当 $\alpha = 0°$ 时,活塞销中心 A 运行到上止点位置 A_1 处。当 $\alpha = 180°$ 时,A 运行到下止点位置 A_2 处,活塞的行程可按下式计算,即 $s = \overline{A_1 A_2} = \overline{A_1 O} - \overline{A_2 O} = (L+R) - (L-R) = 2R$。

假定曲柄按顺时针方向旋转,当曲柄转角为 α 的任一瞬时,活塞运行的位移 x 为 $\overline{A_1 A}$,则有

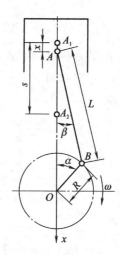

图 3-1 中心曲柄连杆机构简图

$$x = \overline{A_1 A} = \overline{A_1 O} - \overline{AO} = \overline{A_1 O} - (\overline{CO} + \overline{AC})$$
$$= (L+R) - (R\cos\alpha + L\cos\beta) \tag{3-1}$$

令曲柄半径与连杆长度的比值为 λ,即 $\lambda = \dfrac{R}{L}$,根据图 3-1 有 $\lambda = \dfrac{R}{L} = \dfrac{\sin\beta}{\sin\alpha}$

或

$$\sin\beta = \lambda\sin\alpha \tag{3-2}$$

则

$$\cos\beta = \sqrt{1-\lambda^2\sin^2\alpha} \tag{3-3}$$

代入式(3-1),可整理为

$$x = R(1-\cos\alpha) + L(1-\sqrt{1-\lambda^2\sin^2\alpha}) \tag{3-4}$$

式(3-4)就是往复活塞式内燃机活塞位移的精确计算表达式。但手工计算时,需将此式加以简化。

根据牛顿二项式定理,将式(3-3)展开为

$$\cos\beta = 1 - \frac{1}{2}\lambda^2\sin^2\alpha - \frac{1}{2\times 4}\lambda^4\sin^4\alpha - \frac{1}{2\times 4\times 6}\lambda^6\sin^6\alpha$$
$$- \frac{1}{2\times 4\times 6\times 8}\lambda^8\sin^8\alpha - \cdots$$

由于 λ 值一般为 $0.25\sim 0.33$,上式中高于二次方的各项数值都很小,为了计算简便,只取展开式的前两项。因此

$$\cos\beta \approx 1 - \frac{1}{2}\lambda^2\sin^2\alpha \tag{3-5}$$

将式(3-5)代入式(3-1),得

$$x = R\left(1-\cos\alpha + \frac{1}{2}\lambda\sin^2\alpha\right) \tag{3-6}$$

式(3-6)就是往复活塞式内燃机活塞位移的近似计算表达式。

将式(3-4)对时间进行一次求导和二次求导,便可求得活塞运行速度和加速度的精确值,即

$$v = \frac{\mathrm{d}x}{\mathrm{d}t} = \frac{\mathrm{d}x}{\mathrm{d}\alpha}\frac{\mathrm{d}\alpha}{\mathrm{d}t} = R\omega\left(\sin\alpha + \frac{\lambda}{2}\frac{\sin2\alpha}{\cos\beta}\right) \tag{3-7}$$

$$a = \frac{\mathrm{d}v}{\mathrm{d}t} = \frac{\mathrm{d}v}{\mathrm{d}\alpha}\frac{\mathrm{d}\alpha}{\mathrm{d}t} = R\omega^2\left[\cos\alpha + \lambda\frac{\cos2\alpha}{\cos\beta} + \frac{\lambda^3}{4}\frac{\sin^2 2\alpha}{\cos^3\beta}\right] \tag{3-8}$$

将式(3-6)对时间进行一次求导和二次求导,便可求得活塞运行速度和加速度的近似值,即

$$v = R\omega\left(\sin\alpha + \frac{\lambda}{2}\sin2\alpha\right) = R\omega\sin\alpha + R\omega\frac{\lambda}{2}\sin2\alpha = v_1 + v_2 \tag{3-9}$$

$$a = R\omega^2(\cos\alpha + \lambda\cos2\alpha) = R\omega^2\cos\alpha + R\omega^2\lambda\cos2\alpha = a_1 + a_2 \tag{3-10}$$

在式(3-9)中,活塞速度可以写成两个速度分量之和;在式(3-10)中,活塞加速度可视为是两个简谐运动加速度之和,因此活塞的运动是复谐运动。

图 3-2~图 3-4 分别为某内燃机活塞的位移、速度和加速度曲线图。

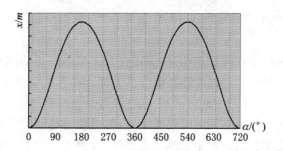

图 3-2 活塞位移曲线图

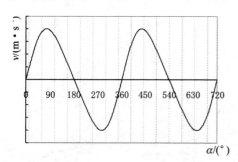

图 3-3 活塞速度曲线

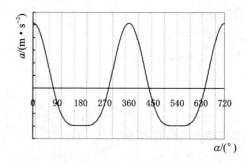

图 3-4 活塞加速度曲线

2. 连杆运动分析

当曲柄按等角速度 ω 旋转时,连杆大头(B 点)作等速旋转运动,其小头(A 点)作往复运动,所以连杆 AB 的运动是由旋转运动和往复运动合成的平面复合运动。在实际分析中,为使问题简化,一般将连杆简化为分别集中于连杆大头和小头的两个集中质量,认为它们分别作旋转与往复运动。

由式(3-2),连杆的摆动角位移 β 可表示为

$$\beta = \arcsin(\lambda \sin\alpha) \tag{3-11}$$

连杆的摆动角速度为

$$\dot{\beta} = \frac{d\beta}{dt} = \lambda\omega \frac{\cos\alpha}{\cos\beta} = \lambda\omega \frac{\cos\alpha}{\sqrt{1-\lambda^2\sin^2\alpha}} \tag{3-12}$$

连杆摆动的角加速度为

$$\ddot{\beta} = \frac{d^2\beta}{dt^2} = \frac{d\dot{\beta}}{dt} = -\lambda(1-\lambda^2)\omega^2 \frac{\sin\alpha}{\cos^3\beta} \tag{3-13}$$

3.1.2 主副连杆式曲柄连杆机构运动学

图 3-5 是主副连杆式曲柄连杆机构的运动分析简图。AB 为主连杆,其长度为 L;CD 为副连杆,其长度为 l;B 点为连杆轴颈中心;C 点为主连杆与副连杆连接销的中心;BC 为关节半径,长为 r;γ_e 为 AB 与 BC 的夹角,称为关节角;γ 为主、副气缸中心线之间的夹角,称为气缸夹角;α 为曲柄偏离主气缸中心线的转角;α_e 为

曲柄偏离副气缸中心线的转角；β 和 β_e 分别为主、副连杆偏离主、副气缸中心线的夹角。

V形内燃机采用主副连杆机构时，主连杆及主缸活塞运动学与中心曲柄连杆机构完全相同。而副连杆是通过副连杆销与主连杆连接形成的四铰链机构，因此，副缸中活塞、连杆的运动规律与主缸中活塞、连杆的运动规律有所差异。当 $\gamma_e = \gamma$ 时，主、副缸有相近的活塞行程和相同的几何压缩比，但是主连杆承受来自副缸的附加弯矩以及主缸活塞承受来自副缸的附加侧压力比较大；当 $\gamma_e > \gamma$ 时，主连杆的附加弯矩以及主缸活塞上的附加侧压力都较小，但是主、副缸的活塞行程和几何压缩比不相同。一般情况下，γ_e 比 γ 略大一些。

1. 副连杆运动分析

令 $\gamma_e - \gamma = \varphi$，由图 3-5 得

$$l\sin\beta_e = R\sin\alpha_e - r\sin(\beta - \varphi)$$

或

$$\sin\beta_e = \frac{R}{l}\sin\alpha_e - \frac{r}{l}\sin(\beta - \varphi)$$

则副连杆摆动的角位移为

$$\beta_e = \arcsin\left[\frac{R}{l}\sin\alpha_e - \frac{r}{l}\sin(\beta - \varphi)\right] \tag{3-14}$$

副连杆摆动的角速度为

$$\dot{\beta}_e = \frac{d\beta_e}{dt} = \frac{\omega}{\cos\beta_e}\left[\frac{R}{l}\cos\alpha_e - \frac{\dot{\beta}}{\omega}\frac{r}{l}\cos(\beta - \varphi)\right] \tag{3-15}$$

副连杆摆动的角加速度为

$$\ddot{\beta}_e = \frac{d^2\beta_e}{dt^2} = \frac{d\dot{\beta}_e}{dt} = -\frac{\omega^2}{\cos\beta_e}\left[\frac{R}{l}\sin\alpha_e + \left(\frac{\ddot{\beta}}{\omega^2}\right)\frac{r}{l}\cos(\beta - \varphi)\right.$$
$$\left. - \left(\frac{\dot{\beta}}{\omega}\right)^2 \frac{r}{l}\sin(\beta - \varphi) - \left(\frac{\dot{\beta}_e}{\omega}\right)^2\sin\beta_e\right] \tag{3-16}$$

2. 副缸活塞运动分析

下列各式的推导，均假定按曲轴旋转方向副连杆在前，主连杆居后，如图 3-5 所示。

副缸活塞的位移为

$$x_e = x_{0e} - x_0$$

式中，x_{0e} 为副缸活塞在上止点时，曲轴中心至活塞销中心的距离；x_0 为曲柄转角为 α_e 时，曲轴中心至活塞销的中心的距离。

由于 $x_0 = R\cos\alpha_e + r\cos(\beta - \varphi) + l\cos\beta_e$，副缸活塞的位移

$$x_e = x_{0e} - [R\cos\alpha_e + r\cos(\beta - \varphi) + l\cos\beta_e] \tag{3-17}$$

将式（3-17）对时间进行一次求导和二次求导，可得副缸活塞的速度与加速度，为

$$v_e = R\omega\sin\alpha_e + r\dot{\beta}\sin(\beta - \varphi) + l\dot{\beta}_e\sin\beta_e \tag{3-18}$$

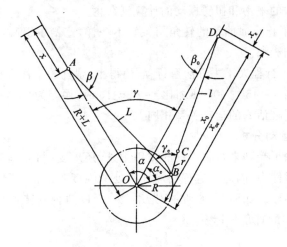

图 3-5 主副连杆式曲柄连杆机构简图

$$a_e = R\omega^2\cos\alpha_e + r\dot{\beta}^2\cos(\beta-\varphi) + r\ddot{\beta}\sin(\beta-\varphi) + l\dot{\beta}_e^2\cos\beta_e + l\ddot{\beta}_e\sin\beta_e \tag{3-19}$$

副缸活塞在上止点时,曲柄转角 α_e 是未知的,可利用活塞在上、下止点时其速度必为零的条件,采用迭代逼近的方法将其求出。

由式(3-18)知,活塞在上、下止点时的曲柄转角应为

$$\alpha_e' = \arcsin\left[-\frac{r\dot{\beta}(\beta-\varphi)}{R\omega} - \frac{l\dot{\beta}_e\sin\beta_e}{R\omega}\right] \tag{3-20}$$

式中:

$$\beta = \arcsin[\lambda\sin(\alpha_e+\gamma)]$$

$$\dot{\beta} = \omega\lambda\frac{\cos(\alpha_e+\gamma)}{\cos\beta}$$

$$\beta_e = \arcsin\left[\frac{R}{l}\sin\alpha_e - \frac{r}{l}\sin(\beta-\varphi)\right]$$

$$\dot{\beta}_e = \frac{\omega}{\cos\beta_e}\left[\frac{R}{l}\cos\alpha_e - \frac{\dot{\beta}\gamma}{l\omega}\cos(\beta-\varphi)\right]$$

令活塞在上止点时的曲柄转角为 α_{e1},由于 α_{e1} 在 0°附近,第一次先设 $\alpha_{e1}=0$°,代入式(3-20)求出 α_{e1}',再用 α_{e1}' 值代入式(3-20)求出新的 α_{e1}'',…如此迭代下去,直到两次计算值之差在允许精度范围之内,则认为此时的 α_{e1}'' 值即副缸活塞位于上止点时的曲柄转角。同理,可求出活塞位于下止点时的曲柄转角 α_{e2},但此时迭代初值应设 $\alpha_{e2}=180$°。求出 α_{e1} 值后,代入式(3-17)中,并令 $x_e=0$,即可求出 x_{oe},再用 α_{e2} 之值代入式(3-17)就可求出副缸活塞的行程 s_e。

副缸活塞运动具有以下特点:
① 副缸活塞与主缸活塞在位移、速度和加速度的数值及变化规律上是不同的,

这使主副缸惯性力的平衡和扭转振动的计算复杂化。

② 副缸在上下止点时曲轴的转角与主缸不一样,这给主、副缸喷油与配气定时的一致性带来不利影响。

③ 副缸活塞的行程大于主缸活塞行程,使得主、副缸的工作容积不同,功率分配也不均匀。但是当 $\gamma=45°\sim60°$,压缩比 $\varepsilon=12\sim16$ 时,误差为 $1\%\sim2\%$,一般在估算时,可以认为主、副缸活塞的运动关系相同。

3. 副连杆销运动分析

副连杆销上除了受到来自副连杆的作用力外,还承受副连杆转换到副连杆销处的质量所产生的惯性力,因此在进行副连杆销处的强度和润滑计算时需要计算出副连杆销处的运动参数。如图 3-6 所示,先建立一个以曲轴旋转中心 O 为原点,以主气缸中心线为 Y 轴的直角坐标系。

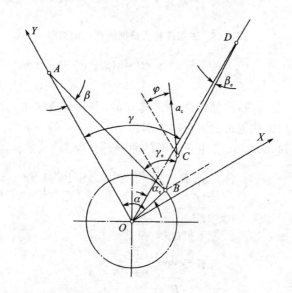

图 3-6 副连杆销的运动分析简图

当曲轴转角为 α 时,副连杆销 C 点在直角坐标系中的坐标方程为

$$\left.\begin{array}{l} X_C = R\sin\alpha + r\sin(\gamma_e - \beta) \\ Y_C = R\cos\alpha + r\cos(\gamma_e - \beta) \end{array}\right\} \quad (3-21)$$

此运动轨迹为椭圆的参数方程。将式(3-21)对时间两次求导,可得副连杆销 C 点处的加速度在 X 轴和 Y 轴方向上的两个分量为:

$$\left.\begin{array}{l} a_{Cx} = \dfrac{d^2 X_C}{dt^2} = \omega^2 \left[-R\sin\alpha + r\cos(\gamma_e - \beta)\dfrac{R\sin\alpha}{L\cos\beta} - r\dfrac{R^2}{L^2}\cos^2\alpha\dfrac{\sin\gamma_e}{\cos^3\beta} \right] \\ a_{Cy} = \dfrac{d^2 Y_C}{dt^2} = \omega^2 \left[-R\cos\alpha - r\sin(\gamma_e - \beta)\dfrac{R\sin\alpha}{L\cos\beta} - r\dfrac{R^2}{L^2}\cos^2\alpha\dfrac{\cos\gamma_e}{\cos^3\beta} \right] \end{array}\right\}$$

$$(3-22)$$

因此，C 点的加速度为

$$a_C = \sqrt{(a_{Cx})^2 + (a_{Cy})^2}$$

加速度向量与 Y 轴的夹角为

$$\psi = \arctan \frac{a_{cx}}{a_{cy}}$$

3.2 曲柄连杆机构中的作用力和力矩

在曲柄连杆机构中，主要的作用力有气体作用力、运动质量的惯性力及外界负载对内燃机运动的反作用力。

3.2.1 曲柄连杆机构运动件的质量换算

曲柄连杆机构运动时所产生的惯性力，与各运动件的质量成正比，所以首先要得到各个运动件的质量。曲柄连杆机构的运动质量，可以按其运动特点分为活塞组、曲轴组和连杆组的质量。

1. 活塞组质量

活塞组质量包括活塞、活塞环、活塞销以及它们的紧固元件等质量，是沿气缸中心线作往复运动的零件，用 m_p 表示。m_p 可以近似地认为集中在活塞销中心处。

2. 连杆组质量

(1) 一般连杆

连杆组质量包括连杆体、连杆小头衬套、连杆盖以及连杆螺栓等质量，是作复合平面运动的零件，用 m_c 表示。为了计算简便，一般认为连杆小头随活塞作往复运动，连杆大头随曲柄做旋转运动，因此需要将连杆组质量换算成集中于活塞销中心处作往复运动的质量 m_1 和集中于连杆轴颈处做旋转运动的质量 m_2。根据质量不变原则，有

$$m_1 + m_2 = m_c \tag{3-23}$$

根据质心位置不变原则，有

$$m_2 a - m_1 b = 0 \tag{3-24}$$

式中，a 为质心到连杆轴颈中心的距离；b 为质心到活塞销中心的距离。

把式(3-24)代入式(3-23)，可得：

$$\left. \begin{array}{l} m_1 = \dfrac{a}{a+b} m_c \\ m_2 = \dfrac{b}{a+b} m_c \end{array} \right\} \tag{3-25}$$

(2) 主、副连杆

首先用集中于副缸活塞销中心质量 m_{c1} 和集中于主连杆上的副连杆销的中心质

量 m_{e2} 代替原副连杆的质量 m_e。由图 3-7 有

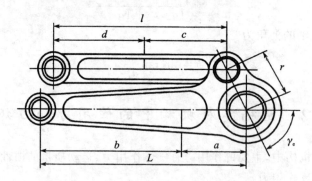

图 3-7 主副连杆质量换算简图

$$\left.\begin{aligned} m_{e1} &= \frac{c}{l} m_e \\ m_{e2} &= \frac{d}{l} m_e \end{aligned}\right\} \tag{3-26}$$

由于 m_{e2} 看作是集中在主连杆上的副连杆销中心,因此在换算主连杆质量 m_L 时,必须考虑到 m_{e2} 的存在,这时主连杆换算到集中于主缸活塞销中心的质量 m_{L1},和集中于连杆轴颈中心的质量 m_{L2},应分别为

$$\left.\begin{aligned} m_{L1} &= m_L \frac{a}{L} + m_{e2} \frac{r\cos\gamma_e}{L} \\ m_{L2} &= m_L \frac{b}{L} + m_{e2} \frac{L - r\cos\gamma_e}{L} \end{aligned}\right\} \tag{3-27}$$

3. 曲轴组质量

曲轴组质量只包括相对于曲轴中心线旋转运动的连杆轴颈和曲柄臂的不平衡质量部分,主轴颈等平衡质量,因其所产生的离心惯性力互相抵消,不予考虑。

由于曲轴组是绕曲轴中心线旋转的,计算时,需要把单位曲拐的不平衡质量换算为集中于曲柄半径 R 处的质量。针对连杆轴颈,假设其质量为 m',由于其质心离曲轴轴线的距离就是曲柄半径 R,故简化后的质量不变;针对曲柄臂,假设其质量为 m'',其质心位置与曲轴轴线的距离为 l'',根据离心惯性力相等的原则,换算到连杆轴颈中心处的集中质量 m''_R 应满足条件 $m''_R R \omega^2 = m'' l'' \omega^2$,即

$$m''_R = m'' \frac{l''}{R}$$

单位曲拐有一个连杆轴颈和二个曲柄臂,所以换算到连杆轴颈中心处的整个曲拐的旋转质量 m_k 为

$$m_k = m' + 2m'' \frac{l''}{R} \tag{3-28}$$

3.2.2 中心曲柄连杆机构中的作用力和力矩

用动力学观点考察,内燃机中的基本作用力源有两个方面:一是气缸内的气体压力,这是内燃机中最主要的力源;二是由于曲柄连杆机构运动时产生的惯性力,它与各运动部件的质量成正比。内燃机上其他作用力都是由气缸内气体压力和曲柄连杆机构惯性力衍生出来的。

求出曲柄连杆机构系统的换算质量之后,各个质量只要乘以相应的运动加速度,就可得到各运动零件上的惯性力 P_j,它与作用在活塞顶上的气体压力共同作用在活塞销上,然后通过连杆传至连杆轴颈中心,该合力产生一方面驱动曲轴旋转对外做功,另一方面经过主轴承传至机体。通过分析力与力矩的全部传递过程,可以了解曲柄连杆机构中主要零件的主要受力状况。

1. 缸内气体压力

缸内气体压力,随曲轴转角不同而作周期性变化。气体压力作用在活塞顶上,通过活塞销传递到曲柄连杆机构。作用在活塞上的气体作用力 P_g 等于活塞上、下两面的空间内气体压力差与活塞顶面积的乘积,即

$$P_g = \frac{\pi D^2}{4}(p - p') \qquad (3-29)$$

式中,p 为缸内气体压力,单位为 MPa;p' 为曲轴箱内气体压力,单位为 MPa,对于四冲程内燃机来说,一般 $p'=0.1$ MPa;D 为气缸直径,单位为 mm。

缸内的气体压力 p 随曲轴转角的变化关系可由 p-α 示功图表示。

2. 往复惯性力

在曲柄连杆机构中,活塞组质量 m_p 和连杆小头代替质量 m_1 都沿气缸中心线作往复直线运动,因此,集中在活塞销中心作往复直线运动的质量为

$$m_j = m_p + m_1 \qquad (3-30)$$

因此总的往复惯性力为

$$P_j = -m_j a = -m_j R\omega^2 (\cos\alpha + \lambda\cos 2\alpha)$$
$$= -m_j R\omega^2 \cos\alpha - m_j R\omega^2 \lambda\cos 2\alpha = P_{jI} + P_{jII} \qquad (3-31)$$

式中,P_{jI} 为一次往复惯性力;P_{jII} 为二次往复惯性力。

往复惯性力沿气缸中心线作用且与活塞加速度方向相反,为使计算时不易弄错,统一规定往复惯性力和气体压力都是沿气缸中心线向下为正值。

3. 旋转惯性力

在曲柄连杆机构中,曲柄壁不平衡质量 m_k 和连杆大头代替质量 m_2 都简化于连杆轴颈中心处,并随曲柄壁作回转运动,因此总的回转运动不平衡质量为

$$m_r = m_k + m_2 \qquad (3-32)$$

则曲柄连杆机构的不平衡的离心惯性力 P_r 为

$$P_r = m_r R\omega^2 \qquad (3-33)$$

式中,m_r、R 和 ω 都是定值,因此离心惯性力的大小不变,其方向总是沿着曲柄半径方向向外。

4. 活塞销处的总作用力

在活塞销中心处,同时作用着气体作用力 P_g 和往复惯性力 P_j,由于作用力的方向都沿着气缸中心线,因此合力 P_Σ 为

$$P_\Sigma = P_g + P_j \tag{3-34}$$

图 3-8 为气体作用力、往复惯性力和活塞销处的总作用力随曲轴转角的变化关系。

5. 总作用力 P_Σ 的传递

如图 3-9 所示,作用在活塞销中心处的 P_Σ 可以分解为沿连杆方向上的连杆作用力 K 及垂直于气缸壁的侧压力 N,则有

$$K = P_\Sigma / \cos\beta \tag{3-35}$$

$$N = P_\Sigma \tan\beta \tag{3-36}$$

K 使连杆受到压缩或拉伸,连杆受压时 K 为正,受拉时 K 为负;N 使气缸壁受到活塞的侧向推压,侧压力 N 所形成的反扭矩与曲轴旋转方向相反时,N 为正,反之为负。

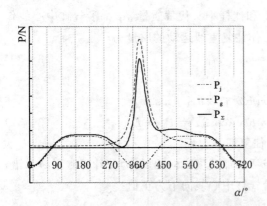

图 3-8 气体作用力 P_g 和往复惯性力 P_j 的合成

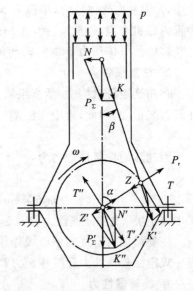

图 3-9 曲柄连杆机构中力的传递

力 K 沿连杆传递到连杆轴颈中心后,再将它分解为垂直于曲柄的切向力 T 和沿曲柄半径的径向力 Z,则有

$$T = K\sin(\alpha+\beta) = P_\Sigma \frac{\sin(\alpha+\beta)}{\cos\beta} \tag{3-37}$$

$$Z = K\cos(\alpha+\beta) = P_\Sigma \frac{\cos(\alpha+\beta)}{\cos\beta} \tag{3-38}$$

T 与曲轴旋转方向一致为正,反之为负;Z 指向曲轴旋转中心为正,反之为负。

图 3-10 为连杆作用力和侧压力随曲轴转角的变化关系;图 3-11 为曲柄壁上的切向力和径向力随曲轴转角的变化关系。

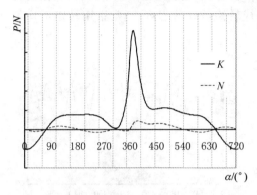

图 3-10 连杆作用力 K 和侧压力 N

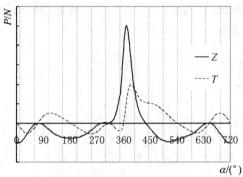

图 3-11 曲柄壁上的切向力 T 和径向力 Z

P_Σ 经由曲柄连杆机构传递到曲轴中心,作用在主轴承座上,它由作用于主轴承上的气体作用力和往复惯性力两部分组成。由于作用于气缸盖上的气体作用力和作用在主轴承座上的气体作用力大小相等方向相反,因此,这两个力在机体上的作用结果是互相抵消,不传至内燃机的体外;传递给主轴承座上的往复惯性力以自由力的形式出现,传到内燃机的安装支架上,是引起内燃机垂向振动的主要激励力之一。

除此之外,集中于连杆轴颈中心做旋转运动的不平衡旋转质量 m_r 所产生的旋转惯性力 P_r,如式(3-33)所示,也作用在主轴承上,并通过机体传给支架。将其在曲轴回转中心线处分解为沿气缸中心线方向的分量 P_{rV} 和垂直于气缸中心线方向的分量 P_{rH},则有

$$P_{rV} = P_r \cos\alpha \tag{3-39}$$

$$P_{rH} = P_r \sin\alpha \tag{3-40}$$

显然,对于单个曲柄连杆机构而言 P_{rV}、P_{rH} 均为自由载荷,P_{rV} 引起内燃机的垂向振动,P_{rH} 引起内燃机的横向振动。

除此之外,上述作用力在内燃机上产生如下两种力矩:

(1) 输出转矩

垂直曲柄壁的切向力 T 对曲轴旋转中心线产生的力矩为发动机的指示转矩 M_t,它使内燃机曲轴得以克服外界阻力矩而旋转。

单缸所输出的指示转矩:

$$M_t = TR = P_\Sigma R \frac{\sin(\alpha+\beta)}{\cos\beta} \tag{3-41}$$

多缸机输出的指示转矩:

$$M_{\Sigma t} = \sum_{i=1}^{n} M_{ti} \tag{3-42}$$

式中，n 为内燃机的缸数，合成时应考虑各缸之间的发火关系。

图 3-12 为单缸输出的转矩随曲轴转角的变化关系；图 3-13 为多缸机输出的总转矩随曲轴转角的变化关系。由图可知，内燃机即使在稳定工况下运转，其输出转矩也总是波动变化的。为了评价内燃机合成转矩波动的程度，通常采用转矩不均匀系数 μ 来表示：

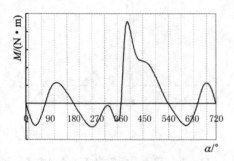

图 3-12 单缸所输出的指示转矩

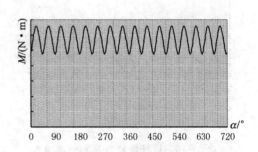

图 3-13 16 缸机输出的总转矩

$$\mu = \frac{M_{max} - M_{min}}{M_{im}} \tag{3-43}$$

式中，M_{max} 和 M_{min} 分别为转矩的最大值和最小值；M_{im} 为平均转矩。

内燃机的平均转矩 M_{im} 可以根据总转矩曲线图求得，也可按照下式求得

$$M_{im} = 9550 \frac{N_t}{n} \quad \text{或} \quad M_{im} = 9550 \frac{N_e}{\eta_m n}$$

式中，N_t 为内燃机的指示功率，单位为 kW；N_e 为内燃机的有效功率，单位为 kW；η_m 为内燃机的机械效率；n 为内燃机的曲轴转速，单位为 r/min。

对同一内燃机来说，在标定工况时 μ 值最小。对不同内燃机来说，μ 随缸数的增加而减小，增加缸数和使各缸发火间隔均匀，是改善内燃机输出转矩均匀性的重要途径。

(2) 倾覆力矩

作用于气缸壁的侧向力 N 对曲轴旋转中心线的力矩称为倾覆力矩 M_N，倾覆力矩与指示转矩大小相等，方向相反，有使发动机翻倒的倾向。它通过机体传递到内燃机的安装支座上，是引起内燃机绕曲轴中心线摇摆的激励。单个曲拐倾覆力矩：

$$M_N = N \cdot r \tag{3-44}$$

式中，r——活塞销中心线与曲轴回转中心线之间的距离，单位为 m。

多缸机倾覆力矩：

$$M_{\Sigma N} = \sum_{i=1}^{n} M_{Ni} \tag{3-45}$$

式中，n 为内燃机的缸数，合成时应考虑各缸之间的发火关系。

因此，内燃机缸内的气体压力和往复运动惯性力经由曲柄连杆机构传递，产生了内燃机的输出转矩，用于驱动负载对外做功；倾覆力矩、旋转运动惯性力、往复运动惯性力最终传递至内燃机机体，引起内燃机的振动。

3.2.3 主副连杆式曲柄连杆机构中的作用力和力矩

主副连杆式曲柄连杆机构中的主缸除了受到本身的气体作用力和往复惯性力之外，还受到副缸气体作用力和往复惯性力的影响。此外，副缸的工作过程也与主缸不同，造成了副缸与主缸气体作用力变化规律的差异，但这种差别是不大的。副缸作用力的情况如图 3-14 所示。

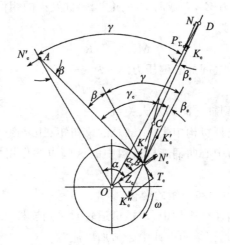

图 3-14 主副连杆式曲柄连杆机构中力的传递

1. 副缸活塞上总作用力的分解与传递

主缸活塞上总作用力的分解传递与中心曲柄连杆机构完全相同。

副缸活塞上的总作用力 $P_{\Sigma e}=P_{ge}+P_{je}$，由图 3-14 可见，它同样可以分解为沿副连杆轴线方向上的连杆作用力 K_e 和垂直于副缸缸壁的侧压力 N_e，并有：

$$K_e = \frac{P_{\Sigma e}}{\cos\beta_e} \tag{3-46}$$

$$N_e = P_{\Sigma e}\tan\beta_e \tag{3-47}$$

β_e 可根据 $l\sin\beta_e = R\sin\alpha_e - r\sin(\beta-\varphi)$ 求得。K_e 力将沿着副连杆的轴线作用在副连杆销 C 处。在连杆轴颈 B 处加 K'_e 和 K''_e 两个力，它们的大小相等方向相反，其值等于 K_e。可以看出：力 K_e 对于连杆轴颈中心 B 的作用，相当于一个作用力 K_e 和一个力臂为 $r\sin(\beta-\beta_e-\varphi)$ 的力矩。该力矩 $K_e r\sin(\beta-\beta_e-\varphi)$ 将由主连杆承受。它在 A、B 两点形成了两个大小相等方向相反并且与主缸中心线垂直的附加侧压力 N'_e，其值为：

$$N'_e = \frac{K_e r \sin(\beta - \beta_e - \varphi)}{L \cos\beta} \tag{3-48}$$

力矩 $K_e r \sin(\beta - \beta_e - \varphi)$ 在主连杆上任一断面所形成的附加弯矩 M_{AB} 的大小为

$$M_{AB} = K_e r \sin(\beta - \beta_e - \varphi)\frac{d}{L} = P_{\Sigma e}\frac{rd}{L}\frac{\sin(\beta - \beta_e - \varphi)}{\cos\beta_e} \tag{3-49}$$

式中，d 为主连杆上任一断面到主连杆小头孔中心的距离。

将作用于 B 点的力 K''_e 和力 N'_e 分解成切向力 T_e 和径向力 Z_e，则有

$$\left.\begin{array}{l}T_e = K_e\sin(\alpha_e + \beta_e) + N'_e\cos\alpha \\ Z_e = K_e\cos(\alpha_e + \beta_e) - N'_e\sin\alpha\end{array}\right\} \tag{3-50}$$

将 T_e、Z_e 分别与主缸切向力 T、径向力 Z 合成，即可得到作用在连杆轴颈上的总切向力 T_0 和总径向力 Z_0，合成时应按照主、副缸发火的相位关系来进行。作用在一个曲拐上的扭矩 M_{t0} 为

$$M_{t0} = T_0 R \tag{3-51}$$

主缸活塞和气缸壁之间的总侧压力 N_0 为

$$N_0 = N + N'_e \tag{3-52}$$

合成时应考虑主、副缸之间的发火关系。

主副连杆式曲柄连杆机构中主、副缸总的反扭矩、往复惯性力和旋转惯性力对机体和支架的作用情况与中心曲柄连杆机构中的这些力的作用情况相同，它们同样是引起内燃机振动的根源。

2. 曲柄连杆机构中力和力矩的变化

在主副连杆式曲柄连杆机构中，内燃机运转时是副连杆导前还是主连杆导前，机构的受力情况不同，因此在结构设计中必须加以注意。

如图 3-15 所示，副连杆导前为曲轴正转。当曲轴反转时，曲柄连杆机构中力及力矩的变化规律与曲轴正转时不同，特别是对主连杆的附加弯矩 M_{AB} 以及主、副缸活塞的 N_0 和 N_e 有较大的影响。由式(3-49)可知：对内燃机主连杆的某一断面来说，rd/L 为定值，不论内燃机正转或反转，$P_{\Sigma e}$ 在副缸膨胀行程上止点后 10°左右值的变化不大，而 $\sin(\beta - \beta_e - \varphi)/\cos\beta_e$ 在副缸上止点后 10°的值，正转或反转时相差较大。则附加弯矩 M_{AB} 的大小取决于曲轴的正转或反转。

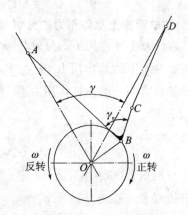

图 3-15 主副连杆式曲柄连杆机构正反转示意图

思考题

1. 推导中心式曲柄连杆机构中活塞运动的位移、速度和加速度方程表达式,连杆运动的摆动角位移、角速度和角加速度方程表达式。

2. 已知缸内燃气压力和运动件质量,做出中心式曲柄连杆机构中力的分解与传递图,并推导活塞销处的总作用力、连杆作用力、气缸壁的侧压力、曲柄的切向力和径向力、单缸输出的指示转矩方程表达式。

第 4 章　活塞组设计

活塞组由活塞、活塞环和活塞销组成,是内燃机中工作强度较大的组件之一。其既要在气缸套内高速运动,又要密封燃烧室中的高温燃气,将缸内的燃气压力传递给连杆,工作环境恶劣。

1. 工作情况

(1) 承受高机械负荷

活塞组承受的机械负荷包括缸内燃气压力、活塞对气缸套作用的侧压力以及活塞组件惯性力。

内燃机工作时,汽油机的最大气体压力约为 $4\sim 6$ MPa,增压汽油机约为 $6\sim 11$ MPa,柴油机约为 $6\sim 9$ MPa,而增压柴油机约为 $13\sim 16$ MPa,上述压力作用于活塞顶面,产生较大的交变机械载荷。由于连杆对活塞的倾斜支撑作用,气缸套对活塞裙部产生了压力。另外,在内燃机的速燃期,压力升高率可以达到 $0.6\sim 0.8$ MPa/(°),因此燃气压力造成的机械载荷具有很大的冲击性。

随着内燃机转速的提高,活塞平均速度也在不断提高,由于加速度很大,活塞组在往复运动中会产生很大的惯性力,其值一般为活塞组重量的 $300\sim 2\,000$ 倍。

由于上述力的作用,活塞各部位产生了应力和变形。

(2) 承受高热负荷

在内燃机工作过程中,燃气的瞬时温度可以高达 $1\,600\sim 1\,800$ ℃,燃气与活塞顶直接接触,将热量传给活塞,此外,还有一部分摩擦产生的热传给活塞。活塞吸收的热量需要向外传给气缸壁,但是由于气缸壁温度也较高,并且在活塞与缸壁间还有一层油膜阻碍了热量的传递,使得活塞处于高温状态下,而高温状态下活塞材料的抗弹性变形和抗塑性变形能力会下降,可能会出现高温蠕变,材料的强度极限也将显著下降。由于活塞各个位置壁厚不均匀、温度场分布不均匀及活塞材料的热膨胀,使活塞在工作时还产生了较大的热应力和热变形,引起活塞疲劳破坏。

活塞的热负荷取决于结构、材料及使用因素。图 4-1 表示平顶铝活塞及铸铁活塞的典型温度分布,最高温度在顶部中心,活塞顶至裙部具有很大的温度梯度;凹顶活塞的温度分布与此不同,高温位置位于凹坑的边缘。影响活塞温度分布最主要的结构因素有:活塞直径、活塞顶厚度及环带部分的壁厚。最主要的使用因素有:活塞单位面积输出功率与用机油冷却时的机油温度。此外,燃烧室设计、燃烧效率、气门开启重叠度、喷油(或点火)正时、过量空气系数、气缸盖和气缸体的冷却等都会影响活塞的工作温度。

(3) 产生强烈的摩擦磨损

内燃机在工作中所产生的侧压力是较大的,特别在短连杆内燃机中其侧压力更

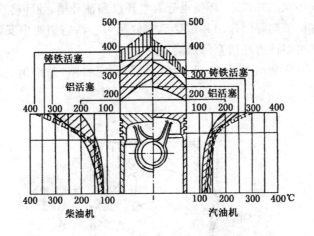

图 4-1 平顶活塞的温度分布

大。随着活塞在气缸中高速往复运动,活塞组与气缸内表面间产生了强烈摩擦(非增压内燃机活塞组摩擦损失约占机械损失的 45%～65%)。由于此处润滑条件较差,因此磨损情况比较严重。

由于活塞组长期处于高机械负荷、高热负荷和强烈磨损的情况下工作,经常出现的故障是:第一环岸断裂;环槽、销座和裙部的磨损;销座孔上部出现裂纹以及燃烧室边缘烧蚀等。

2. 设计要求

根据活塞组的工作情况,在进行活塞组设计时应尽量满足以下要求:

① 具有良好的高温燃气密封性能。

② 在保证强度与刚度的条件下具有最小的重量;

③ 具有较好的散热性能,使活塞在适当的温度下工作;

④ 尽量减小摩擦磨损;

⑤ 机油润滑位置的温度应低于机油炭化温度,第一环槽温度一般不应高于 225 ℃。

上述的要求是相互制约的,必须根据具体情况妥善处理,解决主要问题。

4.1 活塞设计

4.1.1 活塞的基本结构

活塞的基本结构包括头部、裙部和销座三部分(见图 4-2)。活塞头部包括活塞顶、顶岸和环带,环带由环岸和环槽组成。活塞顶承受气体压力,接受高温气体传入的热量,活塞环带的环槽用于容纳活塞环,环岸用于支承活塞环,保证密封燃气。由于活塞环分为气环和油环,因此环槽也分为气环槽和油环槽,油环槽有通往活塞内腔的回油孔。活塞裙部起导向作用并承受活塞侧压力。活塞销座中安装活塞销,将气体作用力及活塞组惯性力经活塞销传给连杆。

下面介绍一下活塞主要尺寸(见图4-3)的确定思路,并给出它们与缸径 D 的关系。

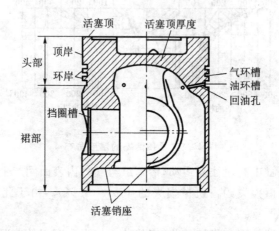

图4-2 活塞的基本结构

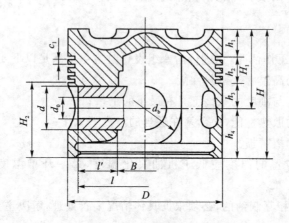

图4-3 活塞的主要尺寸

(1) 压缩高度 H_1

H_1 决定了活塞销的位置,它包括顶岸高度 h_1、环带高度 h_2 及上裙部高度 h_3。在保证气环的工作条件下,应尽量缩短 H_1 值,这样可以降低内燃机的高度。压缩高度对压缩比有直接影响,必须保证其精度。柴油机的 H_1 一般为 $(0.5\sim0.8)D$,汽油机为 $(0.45\sim0.6)D$,现代高速内燃机为了减轻重量,H_1 值常小于上述范围。柴油机的上裙部高度 h_3 一般为裙部高度的 $0.3\sim0.4$ 倍。

(2) 顶岸高度 h_1

决定了第一环的位置,第一环越靠近燃烧室温度越高,在保证第一环工作温度不超过允许极限时,为了缩短压缩高度,h_1 值应尽可能小。柴油机的 h_1 一般为 $(0.1\sim0.2)D$,汽油机为 $0.06\sim0.08D$。

(3) 环带高度 h_2

h_2 取决于活塞环数、环高及环岸高度。活塞环数与环高将在后面阐述,环岸高度主要根据机械强度来确定,第一环岸受到的气体压力较大,其高度大于其他环岸。柴油机的第一环岸高度 c_1 一般为 $(0.04\sim0.08)D$,汽油机为 $(0.03\sim0.04)D$;柴油机的其他环岸高度一般为 $(0.025\sim0.045)D$,汽油机为 $(0.025\sim0.03)D$。

(4) 活塞高度 H

H 包括顶岸高度、环带高度和裙部高度。设计时,活塞高度应尽可能小,以减小活塞质量。柴油机的 H 一般为 $(0.8\sim1.3)D$,汽油机为 $(0.85\sim1.1)D$。

(5) 裙部高度 H_2

H_2 承受侧压力,用于保证活塞在缸内运动时可靠导向。它由上裙部高度和下裙部高度组成,柴油机的裙部高度 H_2 一般为 $(0.4\sim0.8)D$。

(6) 销孔直径 d 与销座间距离 B

柴油机的 d 一般为 $(0.3\sim0.38)D$,汽油机为 $(0.25\sim0.3)D$;柴油机的 B 一般为 $(0.35\sim0.42)D$,汽油机为 $(0.35\sim0.4)D$。

(7) 销孔外圆直径 d_b

一般取 $(1.4\sim1.6)d$。

4.1.2 活塞材料及制造工艺

1. 活塞材料

根据活塞组的设计要求,为了减轻重量,活塞材料的密度要小;为了保证高温强度,材料的高温强度下降应少;为了散热好,材料的导热系数要大,以降低活塞顶的温度;为了减小活塞的热膨胀变形,材料的线膨胀系数要小;此外,要具有良好的减摩性、耐磨性和耐蚀性,工艺性要好。要找出完全满足上述要求的材料是困难的,因此选用材料时,先满足主要要求。

常用的活塞材料有三大类:铸铁、铝合金和锻钢。铸铁材料包括灰铸铁、球墨铸铁和蠕墨铸铁,其机械性能、耐磨性、工艺性以及经济性好,但是其密度大、导热性能差,应用于大、中缸径的中、低速柴油机和二冲程柴油机上。铝合金材料包括铝铜合金和铝硅合金,其密度为铸铁的三分之一,导热系数为铸铁的 2~3 倍,摩擦系数低,但是机械强度、抗热负荷能力较差,铝合金活塞由于重量轻、导热好,广泛用于各种类型的发动机上。锻钢材料机械性能好,抗热负荷能力强,耐磨性好,但是它密度大、导热性能差,主要用于重型柴油机和组合活塞的钢顶。另外,目前开发的用于高强化柴油机的整体锻钢活塞的重量与铝活塞接近,可承受最高爆压达 25 MPa,可以大幅度降低压缩高度。

随着活塞温度的增高,材料的机械强度降低,抗弹性变形和抗塑性变形的能力也随之下降。铝合金材料超过 200 ℃时,强度便急剧下降,如果超过 380～400 ℃,则活塞的工作可靠性就不能保证;铸铁和钢材料强度随着温度的升高下降较少,工作温度可以达到 450 ℃左右。

铝硅合金是活塞目前应用最多的材料,根据含硅量的不同分为亚共晶($w_{Si}=8\%\sim10.5\%$,包括 ZL108、ZL109 和 ZL110 等)、共晶($w_{Si}=11\%\sim13\%$,包括 ZAlSi12NiMg 等)、过共晶($w_{Si}=16\%\sim26\%$,包括 ZAlSi18CuNiMg 和 ZAlSi25CuNiMg 等)3 种。随着含硅量的增加,铝合金的高温强度、密度、导热率及线膨胀系数均下降,而硬度及耐磨性上升,这些性能对活塞都是有利的。但随着合硅量的增加,铝合金的铸造及加工性能变坏,加磷可以改善铝硅合金的性能。

2. 活塞制造工艺

(1) 活塞成形方法

活塞有铸造活塞和锻造活塞,铸铁和铝合金活塞可以采用铸造方法制造,铝硅合金和锻钢活塞可以采用锻造方法制造。

铸造对设备的要求不高,成本较低,所以铸造活塞被广泛应用在汽油机和中重型柴油机上。在大量生产中,主要采用金属模铸造,在单件生产中则采用砂型铸造。铸造活塞可利用其工艺上对形状结构适应性好的特点,把活塞结构按最佳方案进行设计,其结构可以较为复杂。但是,铸造活塞强度和塑性都较差,而且铸造时易产生气孔、缩孔等缺陷,其质量不如锻造的稳定。

锻造活塞抵抗塑性变形能力大,具有较高的疲劳强度,因此在强度性能相同的条件下,锻造铝合金活塞比铸造的更轻,寿命也更长;强化内燃机的销座工作应力很高,锻造铝合金活塞在抗销座裂纹方面比同成分的铸造材料好。但是,锻造活塞因考虑脱模的需要,其结构必须简单而不能按最佳方案设计;锻造活塞生产时需要较大吨位的压力机设备,成本较高。

另一种活塞成形方法是挤压铸造,它兼有铸和锻的特点,金属利用率高,可避免缩孔、疏松等铸造缺陷,因此是一种较好的活塞成形方法。

(2) 活塞顶处理工艺

为了减少热量传入活塞和提高抗热负荷能力,活塞顶部的处理方法主要有阳极氧化、镀铬、陶瓷喷镀、微弧氧化等。

(3) 活塞裙部处理工艺

为了改善活塞与缸套的磨合性,保证润滑,活塞裙部的处理方法主要有镀锡、涂石墨、涂二硫化钼等。

4.1.3 活塞各部位结构的确定

1. 活塞顶

活塞顶部的形状主要取决于燃烧室形式,平顶活塞结构简单,吸热面积小,可获得中等压缩比,常用于汽油机,如图 4-4(a)所示;凹顶活塞的凹坑形状和位置有利于可燃混合气的形成和燃烧,常用于柴油机,如图 4-4(b~e)所示;凸顶活塞有利于气流导向,可以改善二冲程内燃机的换气,也能增加挤流强度,改善燃烧,如图 4-4(f)所示。为了改善活塞顶内部的制造工艺,减小应力集中,活塞顶内部一般设计为光滑表面。

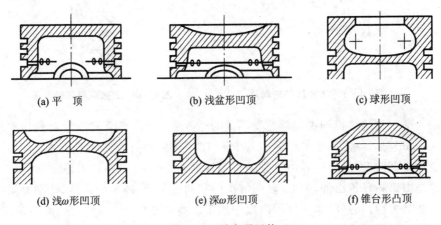

(a) 平 顶　　(b) 浅盆形凹顶　　(c) 球形凹顶

(d) 浅ω形凹顶　　(e) 深ω形凹顶　　(f) 锥台形凸顶

图 4-4 活塞顶形状

活塞顶的厚度是根据强度、刚度及散热条件来确定的。活塞顶越厚,热应力越大,因此在满足强度要求的条件下,尽量使活塞顶薄一些。对于铝活塞顶的厚度:汽油机为$(0.06\sim0.10)D$,柴油机为$(0.1\sim0.2)D$。铸铁活塞顶的厚度约为$(0.06\sim0.08)D$,D为气缸直径。对于小缸径活塞,活塞顶厚度若能满足散热要求,一般也能满足强度要求。

当气门重叠角较大时,活塞顶部可能与尚未落座的气门相碰撞,在活塞顶部除有燃烧室凹坑外,有的活塞顶还加工有避阀坑,图 4-5 为四气门增压柴油机活塞顶部的 4 个避阀坑。

2. 活塞的环带及活塞热负荷

活塞的环带一般有 2~4 道气环和 1~2 道油环,环数的多少取决于密封的要求,与内燃机的气体压力及转速有关,高速内燃机的环数比低速内燃机的少,汽油机的环数比柴油机的少。为了减小压缩高度、减小活塞质量和摩擦损失,气环数有减少的趋势,目前已出现采用一道气环和一道油环的高速柴油机。

环槽的高度由环高决定。提高活塞环槽加工质量和正确设计环与环槽的侧隙Δ_1(如图 4-6)对于提高环槽和环的耐久性十分重要。Δ_1过大,环对环槽的冲击大;

Δ_1 过小,环易于粘连在环槽中而失去密封作用。在热负荷和机械负荷都很高的柴油机中,为了保证活塞环有较高的抗粘连性,常把第一环侧隙增大到 0.1~0.2 mm。其余环的侧隙约为 0.04~0.13 mm。活塞环与环槽的背隙 Δ_2 一般比较大,以免环与槽底圆角干涉,气环的 Δ_2 可取为 0.5 mm。

图 4-5 活塞顶的避阀坑　　　图 4-6 活塞环与环槽间隙

传入活塞顶的热量约占燃料总发热量的 2.5%~4%,当活塞单位面积功率小于 2400 kW/m² 时,活塞顶吸入热量的 60%~75% 需要通过环带部传给缸套,20%~30% 通过裙部散发,活塞内腔由飞溅的机油带走 5%~10%,并且由环带散发的热量大多数是由第一环传出的,因此,要想解决活塞的热负荷,环带的设计,特别是第一环的设计非常关键。另外,第一环槽温度一般不应高于 225 ℃,否则会引起机油炭化,造成积炭使环槽严重磨损甚至第一环被粘连。

当活塞单位面积功率超过 2400 kW/m² 时,为了降低活塞热负荷,必须在水冷(或风冷)的基础上采取以下油冷措施。

(1) 连杆小头向活塞顶内壁喷油的自由喷射冷却(见图 4-7(a))

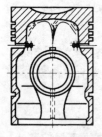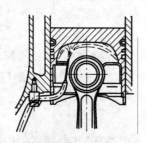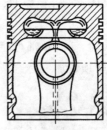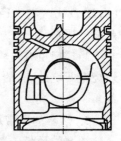

(a) 连杆小头喷油冷却　(b) 压力油管喷油冷却　(c) 振荡冷却　(d) 内冷油腔振荡冷却

图 4-7 活塞油冷

结构简单,不增加零件。但是,机油油路长,使机油压力小,供应量少,并且机油由于连杆运动产生的惯性力作用,会使喷入活塞内壁的油量减少或中断,还可能引起连杆大头轴承产生穴蚀。

(2) 固定喷嘴向活塞顶内壁喷油的自由喷射冷却(见图 4-7(b))

在机体主油道上安装固定喷嘴将机油喷向活塞内壁,避免了方法(1)的缺点。由于喷嘴的结构对油束的形状、流量、吸嘴压力以及喷油速度都有很大的影响,所以必须经过分析与试验后才能确定。

(3) 连杆小头向活塞顶内壁喷油的振荡冷却(见图 4-7(c))

在活塞头部设置冷却腔,机油充满冷却腔的 1/3~1/2,活塞的往复运动使机油在冷却腔内产生强烈的振荡,提高机油与活塞顶之间的放热系数。对于高速柴油机,振荡冷却的效果比自由喷射冷却好。

(4) 具有内冷油腔的振荡冷却(见图 4-7(d))

当活塞单位面积功率超过 4 400 kW/m² 时,或缸径较大采用自由喷射冷却已不能满足要求时采用。在机体主油道上安装固定喷嘴,为了使喷嘴喷出的油束能在整个活塞冲程内喷进内冷油腔,油束必须对准活塞上的进油口。

自由喷射冷却时,活塞顶吸入热量的 41% 左右通过环带部传给缸套,14% 左右通过裙部散发,45% 左右由冷却油带走;内冷油腔振荡冷却时,活塞顶吸入热量的 15%~20% 左右通过环带部传给缸套,10%~20% 左右通过裙部散发,65%~70% 左右由冷却油带走。

上述油冷措施的冷却效果是依次增强的,但是冷却活塞会降低内燃机的有效功,因此冷却要适度,应根据活塞所需求的工作温度值来确定冷却方式和机油流量。自由喷射冷可使活塞顶中央的温度降低约 30~40 ℃,第一环附近的温度降低约 15~25 ℃,振荡冷却可以进一步强化活塞顶和环带的冷却效果。

内冷油腔的形成方法包括可溶性盐芯法、电子束焊接法和组合活塞法等。可溶性盐芯法成本低,无污染,应用最广泛(见图 4-7(d));电子束焊接法是将活塞分成活塞体与活塞顶(或环带套围)两部分制造,再用电子束焊接形成内冷油腔(见图 4-8)。组合活塞法也是将活塞分成活塞体与活塞顶两部分制造,再用螺栓紧固连接形成内冷油腔(螺栓不能直接拧到铝活塞体上,否则会破坏螺纹),组合活塞的内冷油腔空间较大,对活塞环和活塞顶都会形成较好的冷却。组合活塞的活塞顶采用耐热钢或优质铸铁制造,可以承受更高的热负荷,但是由于组合活塞重量较大(比铝活塞重 30%~50%),应用于高速机时应慎重,一般用于中、低速的大缸径柴油机(见图 4-9)。

为了使第一环能在规定的温度之内正常地工作,可以采取如下一些措施降低第一环槽的温度:

① 保证活塞在上止点时,第一环的位置处于冷却水套之中(见图 4-10(a))。

② 将第一道环安排在活塞顶厚度以下(见图 4-10(b))。

③ 将活塞头部的内部设计成易于散热的"热流形"。在活塞顶内部以较大的圆弧与活塞环带内壁相连,引导热流流向第二环、第三环及活塞裙部(见图 4-10(c))。

④ 在第一环槽之上开隔热槽,减少活塞顶传到第一环槽的热流量(见图 4-10

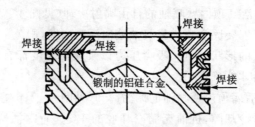

图 4-8 电子束焊接的活塞

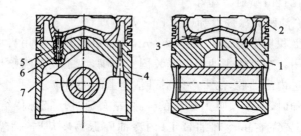

1—活塞体(铝);2—活塞顶(钢);3—机油孔;
4—机油入口;5—螺栓;6—镶套;7—机油出口

图 4-9 组合活塞

(d))。但是,当活塞温度过高时,槽内容易积炭,失去隔热作用。

⑤ 减小顶岸和缸套之间的间隙,减小气流通往第一环槽的流通面积。但是,要防止间隙小了以后引起的拉缸,可在顶岸到第一环岸一带车出退让槽(见图4-10(e)),槽中积炭后能吸附机油,起到润滑作用。

⑥ 在活塞顶部采用等离子喷镀陶瓷,可起到减少吸热,并具有防腐蚀的作用。

⑦ 在活塞顶部进行硬模阳极氧化处理或顶部镀铬,增加热阻,并可提高活塞顶面耐热性及其硬度。

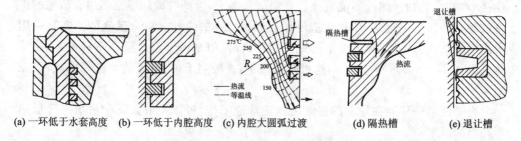

(a) 一环低于水套高度 (b) 一环低于内腔高度 (c) 内腔大圆弧过渡 (d) 隔热槽 (e) 退让槽

图 4-10 降低第一环槽温度的措施

近年来发现,活塞顶岸与缸壁间隙中的气体对内燃机排放影响很大,为了降低废气中的有害成分,需要将顶岸的高度缩短,这样在上止点时,第一环远远高出水腔顶部,第一环的热负荷增大,通过加强活塞内腔的冷却、选用适合高温下工作的梯形环槽和改进第一环的设计等来满足第一环的工作要求。

为了提高活塞的热强度和第一环槽的耐磨性，可以采取如下措施：

① 采用铝铁包铸法在第一道环槽处镶嵌膨胀系数与铝相近的镍铬或高锰奥氏体铸铁镶块(见图4-11(a))，或者镶嵌的铸铁镶块包含第二道环槽(见图4-11(b))，提高环槽的耐磨性和抗活塞环撞击能力。

② 汽油机活塞多采用环岸部位阳极氧化处理以提高环岸承载能力。

③ 采用电子束焊接方法，在锻铝活塞环槽上焊接耐磨材料，提高环槽的耐磨性。

④ 在某些具有凹坑燃烧室的强化柴油机活塞顶上，为了防止活塞顶部凹坑边缘处出现热裂纹，可在燃烧室边缘处采用耐热钢，或将第一环槽镶块与凹坑边缘处的防护镶块连成一体(见图4-11(c)、(d))。

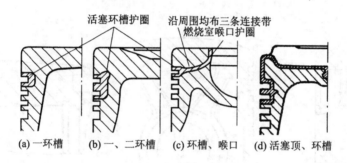

图4-11　活塞环槽镶圈

3. 活塞销座

活塞销座与活塞销是一对摩擦副。活塞销座承受周期变化的气体作用力和活塞及环的往复惯性力；从运动情况看，活塞销在销座中的转动角度很小，很难形成良好的润滑油膜，所以润滑条件较差。

在膨胀冲程中，燃气压力作用于活塞顶上，而销座部分承受着活塞销的反作用力。在这两种力的作用下，活塞产生如图4-12(a)所示的变形，活塞销产生如图4-12(b)所示的变形，使销只能与活塞销孔的内侧小面积接触，产生很大的棱缘负荷(见图4-12(c))，高应力导致销座内侧开裂。

为了减轻销孔内侧的应力集中，可以增加活塞销的刚度或减小销座间距，以减小活塞销的弯曲变形；对于活塞销座，总体上应有较大的刚度，以减小弯曲变形，但其销孔内侧应适应活塞销的变形，以增大接触面积。具体措施如下：

① 将销座内侧上部加工出一个凹槽(见图4-13(a))，或在销座内侧上部采用双筋支撑销座(见图4-13(b))，减小局部刚度，以适应活塞销的变形。

② 将销孔内缘加工成一小段锥孔，锥度一般为0.014～0.04(见图4-13(c))，并在边缘处到圆，以适应活塞销的变形。

为了增大销座的承压能力，可以采用以下措施：

① 将销孔中心相对销座外圆下偏心3～4 mm(见图4-14(a))，使销座的厚度上

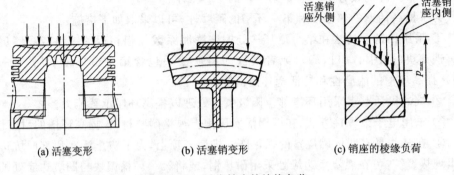

图 4-12 活塞销座的棱缘负荷

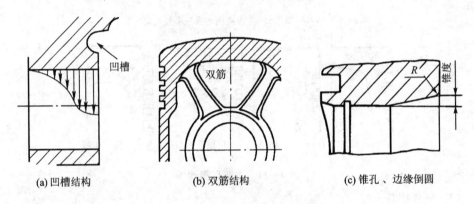

图 4-13 减小销座棱缘负荷的结构设计

面比下面大些,以加强销座承压强度。

② 将活塞销座设计成上宽下窄的梯形(见图 4-14(b)),相应地将连杆小头做成上窄下宽的梯形,这样可使销座及连杆小头的主承压面面积增大,比压减小。

③ 同样目的,将活塞销座设计成上宽下窄的阶梯形(见图 4-14(c))。

④ 铸铝活塞的销孔中压入锻铝合金的衬套,抗裂纹能力可提高 50%～60%(见图 4-14(d))。

4. 活塞裙部

在活塞裙部设计时必须满足以下要求:

① 正确设计裙部高度,减小活塞在气缸中的倾斜度。

② 裙部在工作时应具有正确的圆柱形状,具有足够的承压面积,以减小比压,保证形成油膜。

③ 裙部在工作时应与气缸之间保持最小间隙,保证良好的气密性,降低噪声并减小缸套穴蚀。

(1) 裙部高度及活塞销位置

从减小比压及减轻磨损来说裙部高度应大些,但从减小活塞高度、减小活塞质量

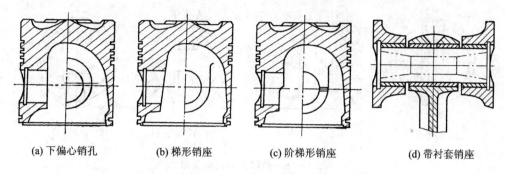

(a) 下偏心销孔　　(b) 梯形销座　　(c) 阶梯形销座　　(d) 带衬套销座

图 4-14　各种销座形式

来说则应取得小些。一般内燃机考虑使用寿命时可取较大值,考虑高转速和小体积时则应取较小值。

为了减小压比,活塞销在裙部的位置应使活塞侧压力产生的载荷沿裙部全高均匀分布。以膨胀冲程来考虑,若活塞对气缸壁的侧压力为 N,气缸壁对活塞的摩擦阻力为 μN(μ 为摩擦系数),所形成的摩擦阻力矩为 $\mu N \times D/2$,将使活塞沿顺时针方向倾斜(见图 4-15)。如果侧压力在气缸壁上是均匀分布的,则气缸壁对活塞的反作用力 N

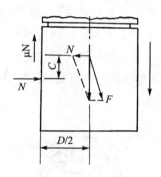

图 4-15　活塞销在裙部的位置

将通过活塞裙部的中点,因此活塞销的中心线应布置在裙部的中点以上,在活塞高度方向上距离中点为 C 的位置,才能形成一个与摩擦阻力矩方向相反的力矩,阻止活塞倾斜。根据力矩相等的条件,则有 $\mu N \times D/2 = CN$,求出活塞销中心线与裙部中点间的距离 C,进而确定上裙部高度和下裙部高度。

(2) 活塞裙部型线

由于材料的热膨胀,活塞裙部与缸套之间的间隙随温度而变化。由于活塞在径向上金属分布不均匀,因此径向的热膨胀量也不一样,要保证间隙小并且均匀,就必须设计裙部外表型线。

工作时,由于侧压力的压缩作用,裙部在活塞销中心线方向增大,在垂直方向减小(见图 4-16(a));燃气压力使活塞顶弯曲,并使裙部在活塞销中心线方向向外扩张(见图 4-16(b));活塞热膨胀后,由于活塞销座处材料较厚,该处的膨胀量较大(见图 4-16(c))。综合上述情况,变形后,裙部的横断面是活塞销中心线为长轴的椭圆(见图 4-16(d))。如果裙部在工作时为圆柱形状,应将裙部横断面设计为长轴垂直于活塞销中心线的椭圆形。由于活塞销孔附近的裙部不承受侧压力,可以将销座附近的表面切去部分金属或制成凹坑,以减小膨胀引起的变形(见图 4-17)。

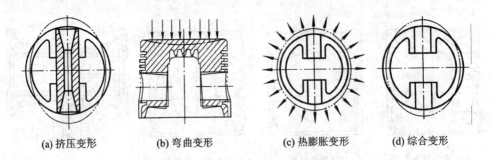

(a) 挤压变形　　(b) 弯曲变形　　(c) 热膨胀变形　　(d) 综合变形

图 4-16　活塞裙部径向变形

活塞工作时,沿高度方向越接近活塞顶温度越高,径向膨胀量越大,而且环带部分温度梯度比裙部大(见图 4-1)。为保持工作时间隙小且均匀,活塞外圆表面应设计成上小下大的锥形或阶梯形。图 4-18 所示为几种不同形状的活塞外圆表面,它们是圆锥与阶梯圆柱体的组合。最理想的活塞外表面形状应根据裙部变形情况来确定,裙部形状为中凸变椭圆形。裙部横向型线多采用双椭圆坐标方程来设计。椭圆度 Δ 为

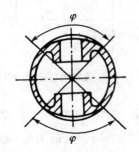

图 4-17　活塞裙部偏心车削区　　　　图 4-18　活塞外表面形状

$$\Delta = (G/4)[(1-\cos2\theta)+(\beta/25)(1-\cos4\theta)] \qquad (4-1)$$

若希望设计的椭圆度较小,可以采用

$$\Delta = (G/4)[(1-\cos2\theta)-(\beta/25)(1-\cos4\theta)] \qquad (4-2)$$

式中,G 为裙部最大椭圆度,对于中小缸径高速柴油机,一般为 0.4 左右;θ 为圆周角;β 为无因次修正系数,一般为 2。图 4-19 所示为具有椭圆形横断面的中凸形活塞,椭圆度沿其高度是不同的,裙部型线能保证工作时裙部可以建立良好的油膜并且有较大的承载面积。

为了减少摩擦损失,活塞裙部可以进行微观处理,加工成有规则形状的凹凸状,这样的表面凹槽在活塞工作时能储存润滑油,自动适应裙部和缸套的配合(见图 4-20)。镀锡、涂石墨、涂二硫化钼等也可以改善活塞与缸套的磨合性。

(3) 活塞裙部热变形控制

为了减小铝活塞裙部的热变形,某些活塞在裙部镶入钢筒(见图4-21)或钢片,以利用钢的热膨胀系数小的特点来控制裙部的热膨胀量。图4-22(a)所示为镶入恒范钢片的活塞,恒范钢为含镍33%～36%的低碳铁镍合金,其热膨胀系数为铝合金的1/10,活塞销座通过恒范钢片与活塞销座相连,销座的热膨胀不对裙部产生直接影响,减小了裙部的热膨胀量;图4-22(b)所示为双金属壁的自动热补偿活塞,外壁为铝合金,内壁为低碳钢片,受热后双金属壁向钢片侧弯曲,减小裙部的热膨胀。

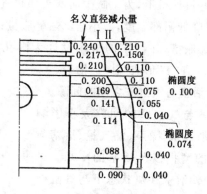

Ⅰ在活塞销中心线平面;Ⅱ在垂直于活塞销中心线平面
图4-19 中凸形裙部形状

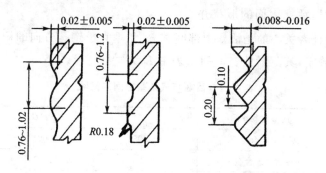

图4-20 活塞裙部表面的储油结构

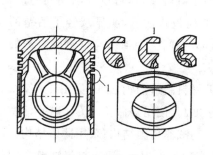

图4-21 镶薄钢筒的活塞

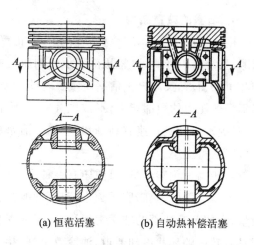

(a) 恒范活塞　　(b) 自动热补偿活塞

图4-22 镶钢片的活塞

有些汽油机上,为了减少活塞头部热量流向裙部,在环带与裙部之间开有横向隔热槽,以降低裙部温度,减小裙部热膨胀量;为了补偿裙部受热后的变形量,在裙部开有纵向膨胀槽,在纵槽的末端设计为圆孔结构,防止槽端延伸破裂。槽的形状见图 4-23,有"T"形或"Π"形槽等。

5. 活塞与气缸壁之间的间隙

活塞与气缸壁的间隙大小影响机油的消耗量、噪声、漏气量、活塞与气缸套的磨损以及活塞的冷却。设计时,应使活塞在热状态下与气缸壁具有最小的间隙,并且该间隙在整个活塞高度上应一致。间隙过大,内燃机的性能变差,间隙过小,会发生拉缸。

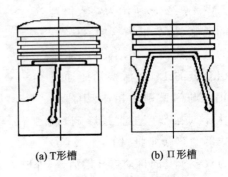

(a) T形槽　　(b) Π形槽

图 4-23　裙部开槽活塞

由于冷态时,活塞表面的形状并非圆柱形,而设计者关心的是活塞顶部间隙 δ_1 和垂直于销孔方向的裙部间隙 δ_2,因此它们应首先确定,其范围见表 4-1。表中 D 为气缸直径。

表 4-1　活塞与气缸壁之间的间隙

活塞材料	δ_1/D	δ_2/D
共晶铝硅合金	0.006	0.0014
过共晶铝硅合金	0.0055	0.0011
铸铁	0.0035	0.001

6. 活塞的减重结构

裙部高度确定后,应该检验活塞在下止点时裙部与平衡重之间是否留有一定的间隙,发现有干涉时,可将裙部不承受侧压力的两边活塞销座侧裙部各挖去一些,既避开了平衡重,又减轻了活塞质量。有些活塞为了减轻质量,可以采取相同的措施,将不受侧压力的裙部切去,形成图 4-24 所示的拖板式活塞,明显减轻了活塞的质量,对提高发动机转速有利,同时增加了活塞裙部的弹性,使活塞与气缸壁之间的间隙可以取得更小。

对于高强化柴油机,目前还有一种采用锻钢材料制造的钢活塞(见图 4-25),其高温力学性能好,热膨胀系数小,耐磨性能好、刚度高,使用寿命长。为了减小活塞的质量,大幅削减裙部的非承力面积;在裙部挖孔,削减非传力结构;采用薄壁结构。由于具有较大的环状冷却通道,油冷效果好,裙部有较低的温度,活塞与气缸壁之间的配缸间隙仅为传统铝活塞的一半。

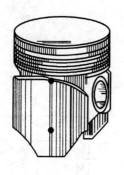

图 4-24 拖板式活塞

(a) 活塞体

(b) 剖视图

图 4-25 钢活塞

7. 偏置活塞销

活塞销轴线通常与活塞轴线垂直相交。这时,当压缩行程结束、做功行程开始,活塞越过上止点时,侧向力方向改变,活塞由次推力面贴紧气缸壁突然转变为主推力面贴紧气缸壁,活塞与气缸发生"拍击",产生噪声,且有损活塞的耐久性。在有些高速汽油机上,活塞销相对于活塞中心向主推力面一侧偏移 $1\sim2$ mm(见图 4-26(a))。这时,压缩压力将使活塞在接近上止点时发生倾斜(见图 4-26(b)),活塞在越过上止点时,将逐渐地由次推力面转变为由主推力面贴紧气缸壁(见图 4-26(c)),从而消减了活塞对气缸的拍击。

8. 油环减压腔

随着内燃机转速的提高,活塞裙部与气缸壁之间的润滑油量和油压增大,加剧了"上油"的可能性,为了改善这种情况,将油环槽的上或下环岸切掉少许,形成减压腔(见图 4-27),以增大存油间隙,降低油压,同时使环的侧面与环岸的挤油面积减小,也减小了环的泵油作用,从而减小了"上油"的倾向。在油环槽下环岸的减压腔一般设计有泄油孔,以增大泄油能力。

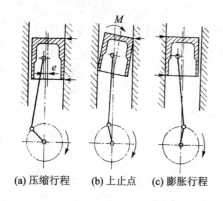

(a) 压缩行程 (b) 上止点 (c) 膨胀行程

图 4-26 活塞销偏置

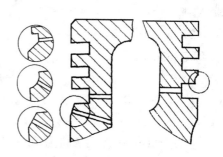

图 4-27 活塞油环减压腔

4.1.4 活塞的计算

1. 活塞的校核估算

(1) 第一环岸强度估算

第一环岸强度估算时,计算燃气在最大爆发压力 p_{gmax} 时的剪切与弯曲强度,计算简图如图 4-28 所示。

当活塞顶受到最大气体压力 p_{gmax} 时,作用在第一环岸上面的气体压力一般可取为 $p_1 = 0.9 p_{gmax}$,环岸下面的气体压力一般可取为 $p_2 = 0.22 p_{gmax}$,环槽深为 t,第一环岸高度为 C_1。此时环岸根部所受弯矩

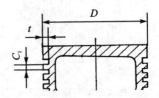

图 4-28 活塞环岸计算

$$M = (p_1 - p_2) \frac{\pi}{4}[D^2 - (D-2t)^2] \frac{t}{2} = 0.34 \pi p_{gmax}(D-t) t^2$$

其抗弯断面系数

$$W = \frac{\pi}{6} \times (D-2t) C_1^2$$

此时环岸根部弯曲应力

$$\sigma = \frac{M}{W} = 2.04 \frac{(D-t)t^2}{(D-2t)C_1^2} p_{gmax} \tag{4-3}$$

环岸根部的剪切应力

$$\tau = \frac{(p_1 - p_2) \frac{\pi}{4}[D^2 - (D-2t)^2]}{\pi \times C_1 (D-2t)} = 0.68 \frac{(D-t)t}{(D-2t)C_1} p_{gmax} \tag{4-4}$$

根据第三强度理论,其合成应力

$$\sigma_\Sigma = \sqrt{\sigma^2 + 3\tau^2} \tag{4-5}$$

许用应力的一般范围是:铝合金 30～40 MPa;铸铁 60～80 MPa;钢 100～150 MPa。

(2) 活塞销座比压估算

活塞销座比压

$$q_1 = P_{\Sigma max}/2dl' \tag{4-6}$$

式中,$P_{\Sigma max}$ 为作用在活塞销上的最大总作用力,单位为 N;l' 为单边销座与销的接触长度,单位为 mm;d 为销座孔直径,单位为 mm。

q_1 的许用值:一般内燃机为 15～35 MPa;强化内燃机为 40～60 MPa。

(3) 活塞裙部比压估算

活塞裙部比压

$$q = N_{\max}/(DH_2) \tag{4-7}$$

式中,$N_{\max}$为最大活塞侧压力,近似可取燃气最大压力的8%~12%,单位为N。

一般内燃机活塞裙部比压值约为0.5~1.5 MPa,锻铝活塞可达2 MPa左右。

(4) 活塞顶最高温度估算

在任何工况下,活塞的最高温度都在活塞顶部。以四冲程柴油机的运行情况为基础,以铝合金活塞的实验测试数据为依据,考虑发动机的转速n、平均有效压力p_e、压缩比ε和活塞名义直径D_k的影响,按照下式估算活塞顶的最高温度$t_{\max}$。

对于非油冷铝合金活塞:

$$t_{\max} = 0.27(3+\varepsilon/16)e^{-f(D_k,p_e)}f(p_e,n) \tag{4-8}$$

式中, $f(D_k,p_e) = 0.2D_k p_e \times 10^{-3}$; $f(p_e,n) = 128 + 4.18n \times 10^{-2} + [747 + 0.245n - (13.6 + 0.45n \times 10^{-2})p_e]p_e \times 10^{-2}$

活塞顶内侧喷油冷却时,活塞顶的最高温度

$$t'_{\max} = ct_{\max} \tag{4-9}$$

式中,c为常数,连续喷油冷却时$c=0.90$,断续喷油冷却时$c=0.96$。

为了在工程应用中能迅速求得$t_{\max}$,将大量实测数据按照上述的公式描述制成的相应曲线图见图4-29。

此时,

$$t_{\max} = c_1 \cdot c_2 \tag{4-10}$$

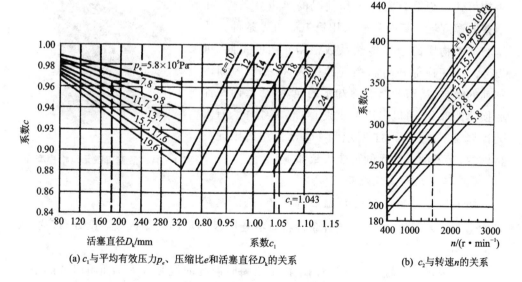

图 4-29 活塞温度估算曲线

(5) 活塞温度场估算

此估算方法是建立在理论分析和大量的实验测量数据基础上的。如图4-30所

示,在活塞轴线和活塞顶面的交点上建立坐标原点,并建立如图所示的平面直角坐标系,活塞顶面上任一点 i 处的温度为

$$t_i(x_i,y_i) = e^{f(x)} \cdot e^{f(y)} \cdot t_{\max} \qquad (4-11)$$

式中,对于非油冷活塞:

$$f(x) = \frac{x_i[3D_k - 2\delta(y_i)]}{16D_k[D_k - \delta(y_i)]}, f(y) = \frac{y_i}{4[D_k/15 + h_{\min}]}$$

对于喷油冷却活塞:

$$f(x) = -\frac{x_i[3D_k - 2\delta(y_i)]}{14.5D_k[D_k - \delta(y_i)]}, f(y) = \frac{y_i}{3.6[D_k/15 + h_{\min}]}$$

其中,$\delta(y_i)$ 为坐标 y_i 处的活塞壁厚,单位为 cm;$h_{\min}$ 为活塞顶的最薄厚度,单位为 cm。

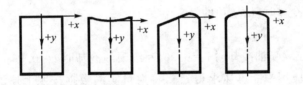

图 4-30 各种形状活塞顶直角坐标系

2. 活塞温度场有限元计算

活塞温度场计算结果正确与否,关键取决于是否能得到一个符合实际工作情况的热边界条件,在活塞的温度场计算时一般采用第三类边界条件。活塞与周围物质的边界传热系数根据介质的不同,可以分为活塞顶部和高温燃气的换热、活塞内腔和冷却油的换热、活塞侧壁和冷却水的换热、活塞内冷油腔换热四部分,可以采用 1/2 或 1/4 活塞组作为有限元计算模型。图 4-31 所示为 1/4 活塞组有限元网格模型,活塞的各边界的传热大致如下:

图 4-31 活塞有限元网格模型图

(1) 活塞顶和高温燃气的传热

活塞顶面与燃烧室的高温燃气接触,是活塞热量的主要流入部位,这部分边界条件将对活塞的吸热量和高温区域温度分布产生极大的影响。

根据内燃机的缸内工作过程,缸内工质瞬时温度曲线和缸内工质瞬时放热系数曲线可根据实验测取或缸内传热仿真计算得到。缸内传热模型有零维、准维和多维模型三种,其中零维和准维模型都是基于经验方法和半经验方法,多维模型基于求解偏微分控制方程,在计算精度上具有一定的优势。式 4-12 为经验模型中的艾依舍

伯格(Eickelberg)公式，用其计算瞬时放热系数具有一定的简便性。

瞬时放热系数

$$a_g = k \sqrt[3]{C_m} \sqrt{P_g T_g} \tag{4-12}$$

式中，C_m 为活塞平均速度，单位为 m/s；P_g 为气体瞬时压力，单位为 MPa；T_g 为气体瞬时温度，单位为 K；k 为修正系数，根据燃气传给气缸壁的热量与实验测出的热量相等来确定，对于低速柴油机为 7.798。

对于稳态温度场计算，需要计算一个工作循环的综合加权燃气平均温度和等效的平均放热系数，对于四冲程内燃机，它们可由下面的式子计算出：

等效平均放热系数

$$\alpha_m = \frac{1}{720}\int_0^{720} \alpha_g d\varphi \tag{4-13}$$

综合加权燃气平均温度

$$T_{res} = \frac{1}{720\alpha_m}\int_0^{720} \alpha_g T_g d\varphi \tag{4-14}$$

式中，α_g 为缸内工质瞬时放热系数，单位为 W/(m²·K)；T_g 为缸内工质瞬时温度，单位为 K；φ 为曲轴转角。

活塞顶表面上的传热系数 α_r 沿活塞径向是变化的，下面是针对部分凹顶活塞柴油机的瞬时放热系数进行测量得到的公式，式中几何参数表示的意义如图 4-32 所示。

当传热系数所在的范围 $r<N$ 时，采用公式：

$$\alpha_r = \frac{2\alpha_m}{(1+e^{0.1N^{1.5}})}e^{0.1r^{1.5}} \tag{4-15}$$

当传热系数所在的范围 $r>N$ 时，采用公式：

$$\alpha_r = \frac{2\alpha_m}{(1+e^{0.1N^{1.5}})}e^{0.1(2N-r)^{1.5}} \tag{4-16}$$

式中，r 为距中心线的径向距离；N 为从活塞中心线到 A 点的距离，A 点位置为活塞顶面最大放热系数处，不同的机型位置不同，一般在盆腔的边缘，具体位置可以参考相似机型。

(2) 活塞内腔和冷却油的传热系数

如活塞底部不喷油冷却，活塞内侧与油雾的放热系数 α 自下而上可取为 50~200 W/(m²·K)。若活塞内侧由连杆小头进行喷油冷却，α 可取为 200~800 W/(m²·K)。介质的温度取为曲轴箱内机油的温度。

(3) 活塞火力岸、环区、裙部的传热系数

在环区，活塞的一部分热量经过油膜或燃气传到活塞环、油膜、缸套，然后和冷却水交换热量，是一个"对流—热传导—对流"的过程；在裙部，活塞的一部分热量经过油膜、缸套再到冷却水，也是一个"对流—热传导—对流"的过程。在这部分计算中，

可以采用串联热阻的方法推导出各部分的传热系数。活塞环区的传热关系如图 4-33 所示。

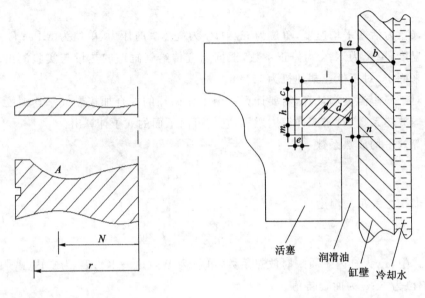

图 4-32 活塞顶传热系数沿径向分布　　图 4-33 活塞环区关系示意图

由以上多层平壁传热模型可以得出活塞各部位的等效传热系数,其计算公式如表 4-2 所列。

表 4-2 活塞各部位等效传热系数计算公式

活塞各部位名称		等效传热系数计算公式	说　明
火力岸		$\alpha_g = \dfrac{1}{\dfrac{a}{\lambda_1} + \dfrac{b}{\lambda_2} + \dfrac{1}{\alpha_w}}$	与缸套间充满燃气
第一环槽	上沿	$\alpha_g = \dfrac{1}{\dfrac{c}{\lambda_1} + \dfrac{b}{\lambda_2} + \dfrac{d}{\lambda_3} + \dfrac{1}{\alpha_w}}$	
	内沿	$\alpha_g = \dfrac{1}{\dfrac{e}{\lambda_1} + \dfrac{b}{\lambda_2} + \dfrac{l}{\lambda_3} + \dfrac{1}{\alpha_w}}$	
	下沿	$\alpha_g = \dfrac{1}{\dfrac{b}{\lambda_2} + \dfrac{d}{\lambda_3} + \dfrac{1}{\alpha_w}}$	
第一环下环岸		$\alpha_g = \dfrac{1}{\dfrac{a}{2\lambda_1} + \dfrac{a}{2\lambda_o} + \dfrac{b}{\lambda_2} + \dfrac{1}{\alpha_w}}$	

续表 4-2

活塞各部位名称		等效传热系数计算公式	说　明
第二环槽	上　沿	$\alpha_g = \dfrac{1}{(\dfrac{c}{2\lambda_1}+\dfrac{c}{2\lambda_0})+\dfrac{b}{\lambda_2}+\dfrac{n}{\lambda_0}+\dfrac{d}{\lambda_3}+\dfrac{1}{\alpha_w}}$	间隙中有油膜
	内　沿	$\alpha_g = \dfrac{1}{(\dfrac{e}{2\lambda_1}+\dfrac{e}{2\lambda_0})+\dfrac{b}{\lambda_2}+\dfrac{n}{\lambda_0}+\dfrac{l}{\lambda_3}+\dfrac{1}{\alpha_w}}$	间隙中有油膜
	下　沿	同上沿	
第二环下环岸		$\alpha_g = \dfrac{1}{\dfrac{a}{\lambda_0}+\dfrac{b}{\lambda_2}+\dfrac{1}{\alpha_w}}$	
第三环槽	上　沿	$\alpha_g = \dfrac{1}{\dfrac{c}{\lambda_0}+\dfrac{b}{\lambda_2}+\dfrac{n}{\lambda_0}+\dfrac{d}{\lambda_3}+\dfrac{1}{\alpha_w}}$	间隙中有油膜
	内　沿	$\alpha_g = \dfrac{1}{\dfrac{e}{\lambda_0}+\dfrac{b}{\lambda_2}+\dfrac{n}{\lambda_0}+\dfrac{l}{\lambda_3}+\dfrac{1}{\alpha_w}}$	间隙中有油膜
	下　沿	同上沿	
裙　部		$\alpha_g = \dfrac{1}{\dfrac{a}{\lambda_0}+\dfrac{b}{\lambda_0}+\dfrac{1}{\alpha_w}}$	

在表 4.2 中，a 为火力岸、第一环下环岸、第二环下环岸及裙部与缸套之间的间隙；b 为缸套厚度；c 为环的上侧隙；d 为环的中心间距；e 为环的背隙；h 为环高；n 为第二环、第三环和缸套之间的油膜厚度；λ_0 为冷却机油的导热系数；λ_1 为环径向厚度燃气的导热系数；λ_2 为缸套的导热系数；λ_3 为环的导热系数；l 为环的径向厚度；α_w 为缸套与冷却水之间的传热系数。α_w 值可由下式估算：

$$\alpha_w = 300 + 1800\sqrt{G_v/A} \tag{4-17}$$

式中，G_v 为冷却水流量；A 为缸套水冷腔平均截面积。

(4) 活塞内冷油腔的传热系数

对震荡冷却油腔，可以采用由 Bush 建立的由管流试验数据综合出来的经验公式：

$$N_u = 0.495 R_e^{0.57} D^{*0.24} P_r^{0.29} \tag{4-18}$$

式中，努谢尔特数 $N_u = \dfrac{\alpha_c D}{2\lambda_0}$；雷诺数 $R_e = \dfrac{(2b/\tau)D\rho}{\mu}$；当量直径 $D^* = \dfrac{D_e}{b}$；普朗特数 $P_r = \dfrac{\mu C_p}{\lambda_0}$。$\alpha_c$ 为机油和冷却油腔的平均传热系数，单位为 $W/(m^2·K)$；D 为活塞横

断面油腔直径,单位为 m;λ_0 为机油的导热系数,单位为 W/(m·K);D_c 为冷却油腔直径,单位为 m;b 为冷却油腔平均高度,单位为 m;τ 为曲轴一转所用的时间,单位为 s;ρ 为冷却液密度,单位为 kg/m³;μ 为冷却液的动力黏度,单位为 Pa·s;C_p 为冷却液比热容,单位为 J/(kg·K)。

由此可以得到机油与冷却油腔的平均传热系数 α_c。在冷却油腔中,α_c 由上至下是递减的。

(5) 活塞的温度场及热变形

将上述的传热边界条件施加到活塞有限元模型的相应部位,计算出活塞的温度场,根据活塞材料的热膨胀系数,进一步计算得到活塞的热变形。活塞的温度场分布如图 4-34 所示,热变形见图 4-35。

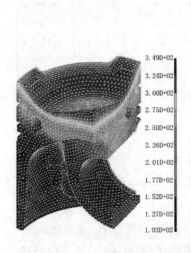
图 4-34 活塞温度场分布

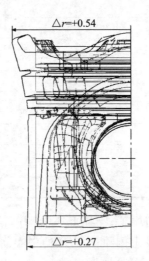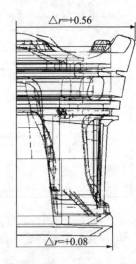
图 4-35 活塞热变形

对于 ω 型燃烧室的活塞,最高温度出现在 ω 型燃烧室的喉口边缘处,最低温度在活塞裙的底部;热膨胀量最大的位置位于活塞顶的最外缘。根据计算结果,可以了解活塞在实际工作条件下的温度分布,以便采取有效的措施来控制活塞顶的最高温度以及第一环槽的温度。活塞热变形可以为裙部设计提供依据。

3. 活塞应力场与变形的有限元计算

在分析气体作用力引起的活塞应力时,由于不能忽略活塞销变形对销座的影响,因此分析时应采用活塞、活塞销和连杆小头的装配模型,由于活塞和活塞销的热变形会影响它们之间的装配间隙,因此应采用热—结构耦合分析方法。图 4-36 为装配结构的有限元网格。

(1) 载荷边界条件

将活塞最大燃气压力时刻的爆发压力施加在活塞顶面,按照图 4-42 的规律施加活塞侧面的燃气压力并施加活塞组的往复惯性力,在此基础上施加活塞组的温度场,形成热—结构耦合分析模型的边界条件。由于燃气压力最大时刻的往复惯性力方向与燃气压力相反,在考虑载荷边界条件时,往往忽略活塞组的往复惯性力。

(2) 位移边界条件

根据活塞组的实际工作状况,在有限元模型中需施加相应的位移边界约束条件。本计算采用的是1/4活塞组模型,可在活塞组模型剖分面上施加对称约束,在连杆小头的横断面上施加了垂直位移约束。

图4-36 活塞装配结构有限元网格

(3) 接触边界条件

在计算模型中建立了活塞销与销座及活塞销与连杆小头衬套之间的接触边界,并考虑它们之间的装配间隙,完成接触模拟。

(4) 计算结果

图4-37为活塞的热—结构耦合最大主应力分布,由图可知:在活塞顶面中央产生压应力,而在活塞顶中央内侧却产生拉应力;在活塞顶面避阀坑边缘产生较大的拉应力;在销座内侧出现很大的拉应力,这是销座产生裂纹的主要原因。在活塞设计时应关注分析得到的高应力位置,并进行可靠性评价与改进。图4-38所示为活塞的热—结构耦合变形,它是进行活塞侧壁型线设计的依据。

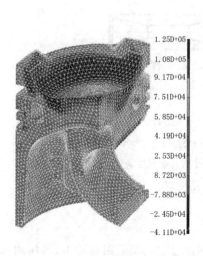

图4-37 活塞热—结构耦合应力

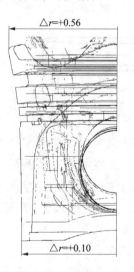
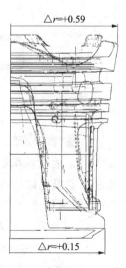

图4-38 活塞热—结构耦合变形

4.2 活塞销设计

活塞销上作用着很大的气体作用力和往复惯性力,这些载荷的大小及方向都呈周期性变化,并带有冲击性。而且活塞销与销座之间摆动角度小,难以得到完全的液体润滑,这使它磨损较大。在设计时应满足如下要求:
① 在保证足够的强度与刚度的条件下具有最小的重量;
② 外表面耐磨,而内部冲击韧性好;
③ 足够的承压面积。

4.2.1 结构设计

1. 基本结构

活塞销的安装有全浮式和半浮式两大类,目前大多数内燃机采用全浮式活塞销。活塞销是圆柱形的,为减重,活塞销都做成中空的。图 4-39(a)所示的锥形内孔活塞销是按等强度设计的,为了加工方便,大多设计为图 4-39(b)、(c)、(d)所示的结构。

活塞销的基本尺寸是外径 d、内径 d_0 及长度 l。由于活塞的直径已经确定,所以外径 d 与长度是相关的。

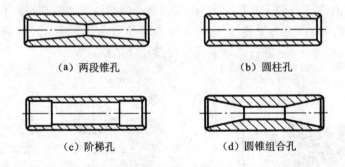

(a) 两段锥孔　　　　　　(b) 圆柱孔

(c) 阶梯孔　　　　　　(d) 圆锥组合孔

图 4-39　活塞销

活塞销的外径 d 是根据比压和刚度来确定的。一般 d 愈大,销座承压面也愈大。但 d 值大就增加了活塞的高度和重量,也加大了连杆小头的尺寸。而且,当 d 超过一定限度以后,由于销座长度缩短反而使承压面减小。活塞销内径根据允许的挠度、椭圆度来确定。目前一般来说,活塞销外径 $d=(0.25\sim0.38)D$;内径 $d_0=(0.45\sim0.70)d$;长度 $l=(0.82\sim0.88)D$。

2. 活塞销与销座的配合

浮式活塞销的销与销座的配合精度要求较高,间隙过大会引起附加冲击,破坏油膜,产生噪声;间隙过小将导致摩擦表面咬死。工作时,此间隙一般为 $(3\sim5)\times10^{-4}$

d。在常温下,铝合金活塞销座与销的配合间隙为$(1.2\sim1.6)\times10^{-4}d$,有时甚至过盈;铸铁活塞的常温间隙与工作间隙大致相等。

3. 活塞销的轴向定位

为防止浮式活塞销的轴向位移,可采用挡圈或挡塞等定位结构。

挡圈定位(见图4-40(a))结构简单,应用最广,挡圈一般用钢板冲压制成或用弹簧钢丝制成,为了便于拆装,挡圈端部内弯或制成小孔。挡塞定位(见图4-40(b))工作可靠,并可提高活塞销两端的刚度,一般用于大功率柴油机上。挡塞用硬铝制成,头部作成球形,球的半径小于气缸半径,以便与气缸表面形成点接触,利于活塞销转动,挡塞球面的小孔使两侧气压相等,防止活塞销受热后挡塞内侧空气压力升高,将挡塞压在气缸壁上。

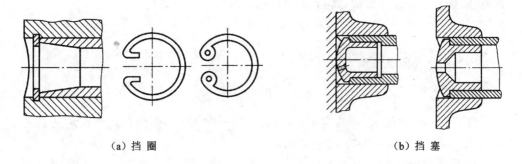

(a) 挡圈　　　　　　　　　　　(b) 挡塞

图4-40　浮式活塞销的轴向定位

4.2.2　材料与强化工艺

活塞销的材料应具有足够的机械强度,外表面要硬,使之耐磨;内部要韧,以抗冲击。选用优质渗碳钢加以适当的热处理便可满足要求。

一般活塞销材料为20、15CrA或20Mn2;在强化内燃机上,可用12CrNi3A、18CrMnTi、20CrMo、20SiMnVB及31CrMoV9等高强度合金钢。

为了提高活塞销的疲劳强度,可采用冷挤压成形,双面渗碳或氮化。冷挤压的活塞销机械强度可提高25%,且省工省料。当内孔表面未淬硬时,活塞销首先在内孔破坏,如采用双面渗碳,既能简化工艺,又能使强度提高15%~20%;双面氮化可使强度提高35%~45%。

活塞销外表面应渗碳淬火或表面感应淬火。壁厚≤5 mm时,淬火深度约为0.8~1.2 mm;壁厚>5 mm时,淬火深度约为1.0~1.7 mm。渗碳淬火层中的残余奥氏体必须彻底消除,以免在内燃机运转一段时间后,残余奥氏体逐步转变为马氏体,使活塞销胀大。

4.2.3 活塞销的计算

在下面的计算公式中,p_{gmax} 为活塞上的最大气体作用力,单位 N;p'_{jmax} 为活塞上的气体作用力最大时,活塞组(不包括活塞销)的往复惯性力,单位 N;l 为活塞销长度,单位 mm;d 为活塞销外径,单位 mm;d_0 为活塞销内径,单位 mm;b_1 为活塞销与连杆小头的作用长度,单位 mm;l' 为活塞销与销座的单侧作用长度,单位 mm;B 为活塞销座间距离,单位 mm;E 为活塞销材料的弹性模量,单位 MPa;D 为缸径,单位 mm,如图 4-3 所示。

1. 活塞销表面比压

活塞销工作表面所受的单位压力对润滑情况有影响,应加以验算。对浮式活塞销而言,连杆小头部分的活塞销表面单位压力为

$$q_2 = \frac{p_{gmax} - p'_{jmax}}{db_1} \tag{4-19}$$

活塞销座表面单位压力为

$$q_1 = \frac{p_{gmax} - p'_{jmax}}{2dl'} \tag{4-20}$$

现代汽车用内燃机 q_2 的许用值一般为 20~60 MPa,高强化内燃机可达 60~90 MPa;q_1 的许用值一般为 15~50 MPa。

2. 活塞销的弯曲应力

活塞销上的载荷分布与活塞销及销座的刚度之比有关,也与活塞销和销孔间的间隙有关。工作时,销与连杆小头接触部分的压力可认为是均匀分布,活塞销座表面受到的压力呈三角形规律分布,活塞销中部所受的弯矩最大,根据梁的最大弯曲应力计算方法,活塞销的最大弯曲应力为

$$\sigma = \frac{M}{W} = \frac{8(p_{gmax} - p'_{jmax})(l + 2B - 1.5b_1)}{3\pi d^3 (1 - (d_0/d)^4)} \tag{4-21}$$

式中,M 为活塞销中部截面的最大弯矩;W 为抗弯截面模量。

一般内燃机活塞销弯曲应力的许用值为 100~250 MPa;高强化内燃机可达到 230~500 MPa。

3. 活塞销的剪应力

最大剪应力 τ_{max} 作用在销座和连杆小头之间的截面上,根据梁的最大剪应力计算方法,其值为

$$\tau_{max} = \frac{\frac{1}{2}(p_{gmax} - p'_{jmax})S_Z}{J_Z b_{max}} = \frac{8(p_{gmax} - p'_{jmax})(1 + d_0/d + (d_0/d)^2)}{3\pi d^2 (1 - (d_0/d)^4)} \tag{4-22}$$

式中,S_Z 为活塞销半圆截面对直径的静面矩;J_Z 为横截面惯性矩;b_{max} 为最大应力点所在截面的宽度。

活塞销最大剪应力的许用值,汽车、拖拉机内燃机为 60~250 MPa。

4. 活塞销的变形

(1) 活塞销的压扁失圆

由于气压力及往复惯性力的作用,活塞销压扁失圆。当直径增大量消除了活塞销与孔之间的间隙后,轴承就有可能被咬死,所以应对活塞销失圆时的最大变形量进行计算。利用能量法的莫尔积分,可求得活塞销直径的增大量为

$$\Delta d_{\max} = 0.06(p_{\text{gmax}} - p'_{\text{jmax}})r_0^3/EJ \tag{4-23}$$

将活塞销的平均半径 r_0、惯性矩 J 代入式(4-23),可得

$$\Delta d_{\max} = 0.9 \frac{(p_{\text{gmax}} - p'_{\text{jmax}})}{lE} \left(\frac{1+d_0/d}{1-d_0/d}\right)^3 \tag{4-24}$$

实际应用时再将式(4-24)乘以修正系数 $K = 1.5 - 15(d_0/d - 0.4)^3$ 进行修正。现代内燃机活塞销的最大变形量不应超过 0.02~0.05 mm。

(2) 活塞销的挠度

活塞销挠度变化是指活塞销在载荷作用下在活塞轴线方向的最大变形,活塞销允许的弯曲变形应保证销座不因活塞销的弯曲变形而损坏。活塞销挠度与最大爆发压力有关,内燃机爆压高,销座的刚性应增加,对活塞销挠曲的适应性变差;缸径增大时,活塞头部增大,销座弹性增加,对活塞销挠曲变形适应性增强。

活塞销最大弯曲挠度为

$$f = \frac{17}{96} \cdot \frac{(p_{\text{gmax}} - p'_{\text{jmax}})D^2 l^3}{Ed^4[1-(d_0/d)^4]} \tag{4-25}$$

设计活塞销时通常以相对挠度来评价活塞销的弯曲变形,活塞销的相对挠度应符合

$$\psi = f/D \leqslant 4 \times 10^{-4}$$

5. 活塞销的有限元计算

采用有限元法计算活塞销的应力和变形时,可以与活塞的有限元分析一起完成(见"活塞应力场与变形的有限元计算")。处理计算结果,依据上面的评价标准进行活塞销的刚度和强度评价,或者进行活塞销的疲劳寿命评价。图 4-41 所示是计算得到的活塞销最大主应力云图,最大应力位于活塞销的中部截面。

图 4-41 活塞销的最大主应力

4.3 活塞环设计

4.3.1 活塞环的工作情况与设计要求

活塞环可以分成气环和油环两类,气环的作用是密封气体并传导热量;油环的作用是上行时在气缸壁涂上油膜,下行时刮除多余的机油,防止机油进入燃烧室,间接起密封气体作用。

1. 活塞环的工作情况

活塞环的工作情况对内燃机有重大的影响,如果气体密封不良,将影响内燃机的指示功率、燃油消耗量和启动性能,气体泄漏过多甚至导致环与活塞被烧损;油环工作不好不仅使机油消耗量上升,而且还易使活塞组积碳使磨损激增,甚至活塞环胶结失效。这将影响内燃机的工作可靠性和使用寿命。

如图 4-42(a)所示,活塞环安装后,由于气环本身的弹力,环压向气缸,对气缸工作面产生压力 F_1,形成了第一密封面;当内燃机工作时,高压气体窜入活塞与气缸之间的间隙,侧隙处的高压气体将环压向环槽的下端面,形成了第二密封面,进入背隙的高压气体对环产生压力 F_2,加强了第一密封面的密封作用。有了两个密封面的密封,理论上只有活塞环的开口处是唯一的漏气通道。由于开口很小,并且在装配时相互按一定的位置错开,形成迷宫式封气路线,气体通过各道环后压力显著下降(见图 4-42(b)),形成气体的密封作用。

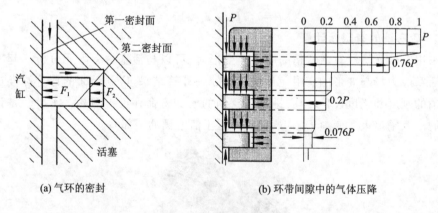

(a) 气环的密封　　　　(b) 环带间隙中的气体压降

图 4-42 活塞环的密封

内燃机工作时,活塞环在环槽中的运动包括以下 4 种情况:

① 在缸心线方向,活塞环受到大小与方向经常变化的气体压力、惯性力及摩擦力的影响,环在一个工作循环的某些时刻可能是处于悬浮状态,或压向环槽上表面,

导致环的轴向振动;

② 在气缸的径向,由于气缸内表面的失圆或锥度,使环在活塞的运动过程中,在径向产生收缩或扩张,导致环的径向振动;

③ 环的轴向振动和径向振动,导致环产生绕气缸中心线的回转运动;

④ 由于环槽积碳或活塞偏斜等原因,使环在环槽中受到扭曲力。

上述各种运动,除回转运动外,都对内燃机的工作产生不利的影响。随着内燃机强化程度的增加,作用在活塞环上的作用力也增大,作用在活塞环上的振动冲击也就愈大。

活塞环上的振动冲击常使活塞环折断,活塞环在气缸壁上的紧压力随活塞高速滑动,会产生强烈的摩擦磨损。如果此时润滑不足,产生的摩擦热超过材料的熔点,甚至会引起熔着磨损(拉缸)。

2. 活塞环的设计要求

活塞环应尽量满足以下要求:

① 具有足够的强度和合适的弹力;

② 具有很好的耐磨、耐蚀性;

③ 具有良好的热稳定性及足够的抗结焦能力。

4.3.2 活塞环的结构

1. 基本结构

活塞环的基本结构是矩形断面的开口圆环,油环上有回油孔(见图 4-43),主要尺寸为环的高度 b 和环的径向厚度 t。

活塞环的径向厚度 t 影响环对气缸壁的接触压力。随着 t 的增大,活塞环对气缸壁的接触压力增大,但是厚度过大,当环往活塞上套装时容易折断,并且对气缸内表面的失圆适应性也差。

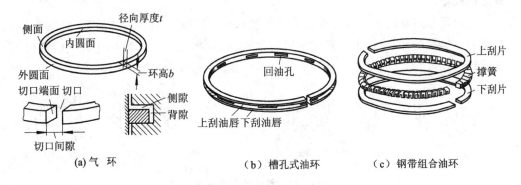

图 4-43 活塞环的结构

目前,活塞环高度的设计趋势是尽量减小。减小活塞环高度可以减小摩擦损失;

使环对气缸的变形适应性好,避免表面接触应力集中,提高耐熔着磨损的能力;减轻环的质量;利于磨合;提高环的密封性能等。

内燃机活塞环的高度约在下列范围之内:气环 $b=2\sim3$ mm;油环 $b=2\sim5$ mm。活塞环的径向厚度 t 的推荐值为:缸径 D 为 $50\sim100$ mm 时,$D/t=22\sim24$;缸径 D 为 $100\sim200$ mm 时,$D/t=24\sim28$。

2. 气环切口形状

活塞环的切口形状有直切口、阶梯切口和斜切口三种基本形式(见图 4-44)。直切口工艺性最好;阶梯切口密封性最好,但工艺性最差;斜切口介于两者之间。一般说来,高速内燃机多用直切口,中速机常用斜角为 $45°$ 的斜切口,只有低速大功率内燃机才采用阶梯切口。二冲程内燃机采用带销钉切口的活塞环(见图 4-44(d)),用于防止环绕气缸中心线转动,使环的切口卡入气口而折断,销钉切口结构可在上述三种结构的基础上设计。

切口间隙一般汽油机约为 $0.15\sim0.6$ mm,柴油机约为 $0.4\sim0.8$ mm。应尽量避免对切口端部进行倒棱。

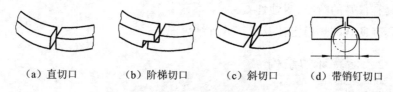

(a) 直切口　　(b) 阶梯切口　　(c) 斜切口　　(d) 带销钉切口

图 4-44　活塞环的切口

3. 气环的断面形状

气环的断面形状很多(见图 4-45),常见的有矩形环、锥形环、扭曲环、桶面环和梯形环几类。

矩形环结构简单,制造方便,导热性好,但在高速内燃机中刮油效果不好,增大了机油消耗量。

锥形环是将环的工作表面设计为小锥度($20'\sim1°30'$),装入气缸后,与缸壁的接触面为一极窄的环带,增大了环对缸壁的接触压力,加速了活塞环与气缸壁的磨合。锥形环传热差,不宜用于第一环。安装时不要装倒,否则会引起向上窜油。

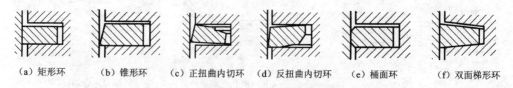

(a) 矩形环　(b) 锥形环　(c) 正扭曲内切环　(d) 反扭曲内切环　(e) 桶面环　(f) 双面梯形环

图 4-45　气环的断面形状

扭曲环是在环的内圆或外圆切去一部分(见图 4-45(c)、(d)为内边缘切去),利用环断面的不对称性,使环在装入气缸后产生扭曲,扭曲角约为 $15'\sim 1°$,使环与气缸、环槽间形成一个角度,提高了气缸的密封性。

桶面环的外圆表面做成凸圆弧形。活塞环对活塞偏摆适应性好;当环槽变形时也不易形成棱缘负荷,抗拉缸性好;环表面的上、下两面都呈楔形,容易形成液体润滑,因而磨损小。桶面凸出部分高度约为 $1/500\sim 1/1000$ 的环高。

梯形环在工作时,由于环的径向振动,使侧隙大小不断变化,环槽中的机油不断更新。当用于热负荷较高的内燃机中时,可以使由于高温形成的机油胶状物从环槽中不断被挤出,避免活塞环卡死,密封失效。梯形环一般用作强化柴油机的第一环,二冲程内燃机由于热负荷比四冲程内燃机高,环槽结胶较严重,也可采用。

在强化二冲程内燃机上,还有一种 L 形环(见图 4-46),用于第一环时,可以有效地阻止热量传至下面的气环,L 环主要靠环背的气体压力进行密封。L 形环距离内燃机的活塞顶很近,可以减少活塞与缸壁之间的燃气,有利于减少污染物排放。

4. 油环的断面形状

油环有槽孔式油环(见图 4-43(b))和钢带组合式油环(见图 4-43(c)),放在活塞环带的最下部位,油环的设计应解决两方面的问题:①提高环对缸壁的接触压力,加强刮油能力;②提高环的回油能力。

油环对气缸壁的压力依靠自身的弹力。为了提高接触压力,可以减小油环表面与气缸壁的接触面积(见图 4-47)和在油环背后加弹性衬簧(见图 4-48)。油环的弹力约为 $0.15\sim 0.30$ MPa,加衬簧后可达 1 MPa。

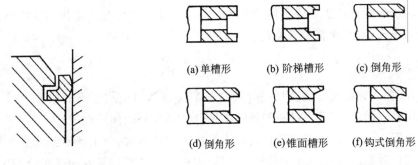

图 4-46 二冲程内燃机的 L 形环　　图 4-47 槽孔式油环断面形状

(a) 单槽形　(b) 阶梯槽形　(c) 倒角形
(d) 倒角形　(e) 锥面槽形　(f) 钩式倒角形

为了使回油通畅,油环中要开长孔形回油槽或回油圆孔。

钢带组合油环由两个薄钢带制成的刮片和一个撑簧组成(见图 4-49)。它比槽孔式油环具有更优良的刮油性,且重量只为铸铁油环的一半,所以在高速内燃机上广泛采用。

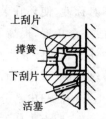

(a) 板形衬簧　(b) 螺旋衬簧

图 4-48　衬簧结构　　　　　图 4-49　组合式油环断面

活塞环的使用性能不仅取决于环本身的结构,而且与同一个活塞中各种环的配套及环与缸套表面的配套有关。合理的活塞环匹配不仅可减少环数,而且可以降低摩擦功、减小机油消耗率,并能保证活塞组的工作可靠性和耐久性。

5. 活塞环的自由状态

活塞环在未装入气缸时的形状称为自由形状。如果环装入气缸后,沿整个工作表面对气缸壁的压力是均匀的,则称这样的环为均压环;如果在切口处的压力最高,压力分布呈梨形,则称这样的环为高点环;如果在切口处的压力较小,则称这样的环为低点环。均压环磨损后容易发生漏气失效,一般不采用;高点环抗径向振动能力强,环的寿命也长,适用于切口附近接触不良或有较多漏气的情况;低点环适用于二冲程内燃机,防止环端跳入气口,或者拆卸后发现切口附近压力特别大的四冲程内燃机。由于制造误差等的影响,实际上测得的压力分布与理论计算值不尽相符。

(1) 矩形断面均压环自由状态形状

均压环从自由状态转变到工作状况实际上就是在均布载荷作用下弯梁的弯曲。根据弯梁理论,存在着如下关系

$$\frac{1}{r_0} - \frac{1}{\rho} = \frac{M}{EI} \tag{4-26}$$

式中,r_0 为工作状态下活塞环中线的曲率半径;ρ 为自由状态下的曲率半径;M 为工作时所受到的弯矩;E 为材料的弹性模量;I 为活塞环断面惯性矩。

由图 4-50 可见,当环从自由状态变成工作状态时,环上各点都产生了位移,仅有环切口对面的 A—A 断面不产生位移,因此可将环看成是在 A—A 处固定的两个半环。

取任意断面 B—B,其与 A—A 断面的夹角为 α,再在断面 B—B 与切口之间取任一单元环段 $r\mathrm{d}\varphi$,距断面 A—A 的夹角为 φ,r 为气缸半径,则其上的作用力为

$$\mathrm{d}p = p_0 b r \mathrm{d}\varphi \tag{4-27}$$

$\mathrm{d}p$ 对断面 B—B 产生的单元力矩为

$$\mathrm{d}M = p_0 b r \mathrm{d}\varphi \, r_0 \sin(\varphi - \alpha) \tag{4-28}$$

式中,$r_0 = (D-t)/2$。

因此，从 $\varphi=\alpha$ 到 $\varphi=\pi$ 这一段上的所有单元环段作用力对断面 B—B 的总弯矩为

$$M = \int_\alpha^\pi dM = \frac{p_0}{4} bD(D-t)(1+\cos\alpha) \tag{4-29}$$

因为 $I=bt^3/12$，由此可得活塞环自由状态下中线上任一点的曲率半径 ρ 为

$$\frac{1}{\rho} = \frac{1}{r_0} - \frac{3p_0 D}{Et^3}(D-t)(1+\cos\alpha) \tag{4-30}$$

将一系列的 α 值代入式(4-30)，可求得相应各点的曲率半径值，由此可画出自由状态下活塞环的形状。

(2) 矩形断面均压环自由状态下的开口间隙

自由状态下的活塞环在受到由外向内的径向均布压力时将闭合为工作状态时的圆形。所以，当圆形的活塞环受到从内向外的径向均布压力 p_0 时，也将变成自由状态的形状。设环在自由状态下的开口间隙为 S_0（见图 4-51）。

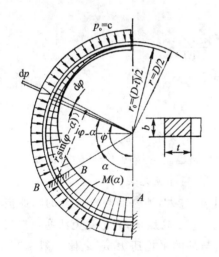
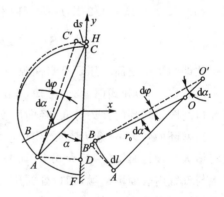

图 4-50 均压环的弯矩图　　　图 4-51 自由状态下活塞环开口间隙

由于变形对称，因此取半环分析开口间隙 S_0 与均布压力 p_0 之间的关系。取半圆环 FC 上一微段 AB，它在 p_0 作用下，由 AB 变形为 AB'，其变形引起切口处的点 C 在 x 轴方向上产生 dS 的位移，因此，从点 F 到点 C 所有各微段引起的 C 点位移总和，等于半圆环在切口处的总位移的一半 $S_0/2$，即

$$\frac{S_0}{2} = \int_F^C dS \tag{4-31}$$

微段 AB 的长度 $dl=r_0 d\alpha$。当微段由 AB 变成 AB' 时，产生偏转角 $d\varphi$，若令 $d\alpha$ 和 $d\alpha_1$ 是微段 AB 变形前、后的中心角，则有

$$d\varphi = d\alpha - d\alpha_1 = \frac{dl}{r_0} - \frac{dl}{\rho} = \left(\frac{1}{r_0} - \frac{1}{\rho}\right) r_0 d\alpha = \frac{M}{EI} r_0 d\alpha = \frac{p_0 b r r_0^2}{EI}(1 + \cos\alpha) d\alpha$$
(4-32)

由于 A 点偏转 $d\varphi$，使切口处 C 移至 C' 点，其位移量为

$$\overline{CC'} = \overline{AC} d\varphi \qquad (4-33)$$

以 $dS = \overline{C'H}$ 代表 C 点位移在 x 轴上的投影，从 $\triangle CC'H$ 和 $\triangle ACD$ 相似，可得

$$\frac{\overline{C'H}}{\overline{CC'}} = \frac{dS}{\overline{CC'}} = \frac{\overline{DC}}{\overline{AC}} \qquad (4-34)$$

或

$$dS = \frac{\overline{DC}}{\overline{AC}} \overline{CC'} = \overline{DC} d\varphi = r_0(1 + \cos\alpha) d\varphi \qquad (4-35)$$

将式(4-32)的 $d\varphi$ 值代入式(4-35)，则得

$$dS = \frac{p_0 b r r_0^3}{EI}(1 + \cos\alpha)^2 d\alpha \qquad (4-36)$$

于是自由状态下活塞环的切口间隙 S_0 为

$$S_0 = 2\int_F^C dS = \frac{3\pi p_0 b r r_0^3}{EI} \qquad (4-37)$$

将 $r = D/2$、$r_0 = (D-t)/2$ 及 $I = bt^3/12$ 代入式(4-37)，得

$$S_0 = \frac{9\pi}{4E} p_0 D \left(\frac{D}{t} - 1\right)^3 \qquad (4-38)$$

此即为矩形断面均压环开口间隙与平均压力的关系方程。

由式(4-30)和式(4-38)可知，在缸径与材料已定的情况下，环的自由状态形状与开口间隙只与环的弹力分布、径向厚度有关，而与环高无关。

活塞环的弹力 p_0 愈大，密封作用愈好，但 p_0 过大，活塞环与气缸壁的摩擦损失也将增大。设计时 p_0 一般为 $0.1 \sim 0.15$ MPa。对于高点环，为了避免活塞环在某些点上与气缸内表面不接触，切口处的压力 $p_{\max}$ 与环的平均压力 p_0 之比一般 $\leqslant 2.25$，考虑到加工误差，在计算时可取为 $1.5 \sim 1.8$。

4.3.3 活塞环的材料、表面处理及成形方法

1. 活塞环的材料

活塞环常用的材料有铸铁和钢两大类，还有新型的铁淦氧、聚酰亚胺等复合材料，铁基和铜基粉末冶金材料等。

（1）铸 铁

采用优质灰铸铁。质量要求较高的活塞环，为了提高机械性能及热稳定性，可采用合金铸铁(在灰铸铁中还加入适量的镍、铬、钨、钼等元素)。

采用球墨铸铁。球墨铸铁弹性模量高，抗弯强度大，耐磨性好，尤其是合金化后

性能更好，可用于高速强化内燃机。

采用可锻铸铁。其机械强度虽不如钢和球墨铸铁，但比灰铸铁高得多，但是耐熔着磨损方面的性能不如灰铸铁。

(2) 钢

一般采用高碳钢、锰钢、马氏体或奥氏体不锈钢等。钢有较高的机械强度，其主要缺点是耐熔着磨损的性能差，热稳定性也比较差。采用钢环时，其外圆表面应采用松孔镀铬以减少磨损。

2. 活塞环的表面处理

为了改善活塞环的工作性能，活塞环应进行表面处理。就其作用来分有以下两类：

① 以延长环的使用寿命，提高耐磨性为目的，可采用镀铬、喷钼、喷镀陶瓷、激光处理等；

② 以提高耐蚀性和改善环的初期磨合性为目的，可采用镀锡、磷化等。

3. 活塞环的成形

活塞环的成形的方法一般有以下 5 种：

(1) 铸造成形

活塞环浇铸成自由状态形状，此时仅留有最小可能的加工余量。然后将此非圆形毛坯切断，使切口处具有自由状态所需的间隙，然后闭合切口，再加工到成品尺寸。此法生产率较高，适用于大批生产。

(2) 热定形法

活塞环粗加工成圆形后，用薄刀片切口，并用相当于自由状态下那样大小的间隙隔片将切口分开，或把环套在一定形状的心轴上使切口分开。心轴形状相当于自由状态下活塞环的理论形状。之后，将活塞环进行热固定，温度为 600～650 ℃，时间约一小时。这样处理的结果，活塞环的弹力消失，处于松弛状态。然后将环缩小到工作状态，磨成规定尺寸。

(3) 靠模机械成形法

首先将毛坯外圆按自由状态下的形状进行靠模加工，之后按自由状态间隙切口，再将活塞环开口合拢到工作状态，按工作状态尺寸对内、外表面及侧表面进行加工。靠模加工可以减小活塞环毛坯加工中的残余应力，此法制造的活塞环质量仅次于铸造成形法。

(4) 直接机械成形法

首先将毛坯外圆按自由状态下的最大直径进行加工，粗镗内孔，之后按自由状态间隙切口，再将活塞环开口合拢到工作状态，按工作状态尺寸对内、外表面及侧表面进行加工。

(5) 滚压成形法

将车成正圆的环按照开口间隙切口,放入具有自由状态下活塞环形状的模具中,从环开口处至其对面逐步滚压环内壁,由于环内壁受冷作加工变形而获得弹力,再将环缩小到工作状态精车外圆。多用于制造大型船用柴油机活塞环。

4.3.4 活塞环强度计算

活塞环工作时,由于剪力与轴向力影响较小,只计算弯矩。活塞环的平均半径与径向厚度之比 r_0/t 一般都大于 5,所以可按直杆弯曲正应力公式进行计算。

1. 工作状态下的弯曲应力

环在工作状态下的最大弯矩在环正对切口处,由式(4-29)得,当 $\alpha=0$ 时,

$$M_{\max} = \frac{p_0}{2}bD(D-t) \qquad (4-39)$$

因此,工作状态下的最大弯曲应力为

$$\sigma_{\max} = \frac{M_{\max}}{W} = \frac{p_0 bD(D-t)/2}{bt^2/6} = 0.424E\frac{\dfrac{S_0}{t}}{\left(\dfrac{D}{t}-1\right)^2} \qquad (4-40)$$

活塞环工作时的许用弯曲应力根据材料不同,一般为 200~450 MPa。

2. 套装应力

将活塞环往活塞上套装时,要把切口扳得比自由状态的间隙还大,对于均压环,此时在正对切口处的最大套装弯曲应力为

$$\sigma'_{\max} = \frac{3.9}{m}E\frac{1-\dfrac{1}{3\pi}\dfrac{S_0}{t}}{\left(\dfrac{D}{t}-1\right)^2} \qquad (4-41)$$

式中,m 为与套装方法有关的系数,其值为 1~2,一般取 1.57。

因环的套装是在常温下进行的,并且受力时间短,因此许用应力值可大于工作应力的许用值 10%~30%。

由式(4-40)和式(4-41)可知,工作弯曲应力 $\sigma_{\max}$ 以及套装弯曲应力 $\sigma'_{\max}$ 与 D/t 及 S_0/t 有关,而与环高 b 无关。

思考题

1. 活塞的作用是什么?工作条件是什么?根据工作需求,其基本结构应该是什么样的?
2. 为了控制活塞的热负荷,活塞工作时的温度应控制在什么范围之内?在活塞

结构设计上采取什么措施可以降低温度？

3. 活塞的热量如何流入？如何流出？活塞的温度场如何计算？

4. 对于高强化柴油机的活塞销，在设计时应如何选择材料？需要完成哪些分析校核工作？在制造时可以考虑采取什么强化工艺措施？

5. 活塞环的主要设计参数为环的高度和环的径向厚度，在设计时这两个参数应如何考虑？为了提高耐磨性，应如何处理活塞环的表面？

第 5 章 连杆组设计

连杆组由连杆体、大头盖、连杆轴瓦及连杆螺栓等组成,其将缸内的燃气压力传递给曲轴,使活塞的往复运动变成曲轴的旋转运动。

1. 工作情况

连杆组的小头部分随活塞组作往复直线运动,大头部分随曲轴的连杆轴颈做旋转运动,杆身部分作由往复运动与旋转运动所组成的复合摆动。连杆组承受如下载荷:

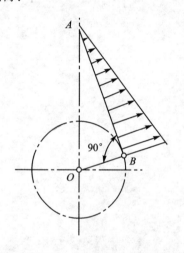

图 5-1 连杆的横向载荷

① 沿连杆中心线的纵向载荷。由动力学分析可知,沿连杆中心线的纵向载荷为燃气作用力和曲柄连杆机构往复惯性力引起的载荷。对于四冲程内燃机,其是拉压交变载荷,其大小和方向都是变化的;对于二冲程内燃机,连杆在整个循环中一直受压,但力的大小是变化的。

② 杆身横向载荷。图 5-1 所示的杆身摆动平面内的横向载荷是连杆摆动的惯性力引起的,其大小和方向也是变化的,使杆身承受弯矩。在连杆压力的作用下,杆身会在摆动平面和与摆动平面垂直的平面内发生弯曲,此载荷会加剧杆身在摆动平面的弯曲趋势,还会造成轴瓦的不均匀磨损。连杆轴颈的弯曲变形也会带来杆身在与摆动平面垂直的平面内的附加弯曲载荷。

③ 小头衬套过盈装配引起的静载荷。

④ 连杆盖螺栓拧紧所引起的载荷。

2. 设计要求

根据连杆组的工作情况,在进行连杆组设计时应满足以下要求:

① 保证足够的疲劳强度和刚度。疲劳强度不足,会造成连杆杆身或螺栓断裂,造成整机破坏;刚度不足,会造成杆身弯曲变形及大头失圆变形,导致活塞、气缸、轴承及连杆轴颈偏磨,加大连杆螺栓附加弯矩。

② 尽可能地减小重量。

5.1 连杆的结构设计

连杆的结构形式一般有直列式内燃机的连杆、V形内燃的并列连杆、叉形连杆和主副连杆几种。并列连杆的结构与直列式内燃机连杆基本一致,叉形连杆和主副连杆的使用机型较少,可以参考并列连杆的结构进行设计。

连杆的基本结构包括小头、杆身和大头三部分(见图5-2)。

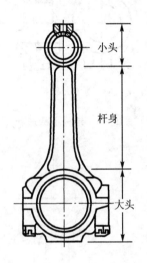

图5-2 连杆的基本结构

5.1.1 连杆小头

连杆小头位于活塞内腔,其尺寸小、轴承比压高、轴承表面相对运动速度低,不利于形成承载油膜,工作温度一般为100～120 ℃。

连杆小头结构取决于活塞销的尺寸及其固定方式,多为厚壁圆桶形结构,浮式活塞销使用广泛,其连杆小头结构如图5-3所示,半浮式活塞销也有应用,其连杆小头结构如图5-4所示。

在增压柴油机上,由于燃气作用力比往复运动惯性力要大得多,作用在小头上、下两面的载荷差别较大,为增大小头下表面的承力面积,将小头做成梯形(见图5-3(b))或阶梯形(见图5-3(e))。在有的强化柴油机上,将连杆小头顶部的厚度作得大于两侧的厚度,以利于增大小头的整体刚度(见图5-5,A点位置)。图5-5连杆在B、C部位削去部分材料,减小了活塞销孔两侧的刚度,使销孔的变形能更好地适应活塞销的弯曲,减小了活塞销弯曲变形后对销孔两侧的压应力。在二冲程内燃机上,由于小头单向受力,小头顶部的壁厚可以适当减小(见图5-3(f))。

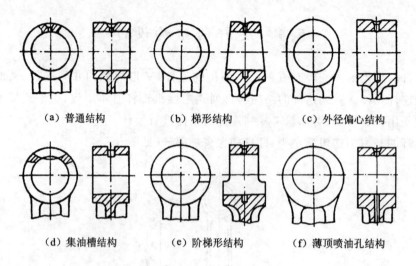

(a) 普通结构　　(b) 梯形结构　　(c) 外径偏心结构

(d) 集油槽结构　　(e) 阶梯形结构　　(f) 薄顶喷油孔结构

图 5-3　连杆小头形状

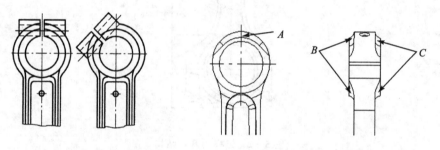

图 5-4　半浮式连杆小头结构　　　图 5-5　连杆小头去除材料位置

为了耐磨,在小头孔内压入过盈配合的衬套,其材料有锡青铜(中小功率内燃机)、铅青铜(强化柴油机)及铁基或铜基粉末冶金。其中,粉末冶金具有较好的减摩性、耐磨性、抗咬合性和较高的导热性。小头衬套与活塞销之间的间隙对小头应力也有影响,据统计,衬套内孔与活塞销之间的间隙在 (0.000 4~0.001 5)d 之间(d 为活塞销直径),小头衬套与活塞销之间的间隙过大会使小头载荷趋向为集中载荷,会使局部区域的应力峰值加大。小头衬套有时利用空心销钉来固定,空心孔还兼作润滑油孔。

连杆小头与杆身过渡处是工作时的高应力部位,一般采用大半径的单圆弧过渡(见图 5-6(a)),如果应力峰值还很

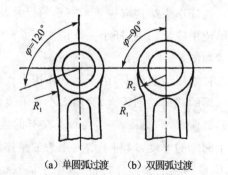

(a) 单圆弧过渡　　(b) 双圆弧过渡

图 5-6　连杆小头与杆身的过渡

高,可以采用双圆弧过渡(见图5-6(b))。

5.1.2 连杆杆身

连杆杆身用于连接连杆小头与连杆大头。为了保证其在满足刚度和强度的前提下质量较小,杆身断面一般做成"工"字形,小头采用压力润滑的杆身中部有油道(见图5-7)。

根据欧拉方程,为了保证连杆在摆动平面内的临界载荷和与摆动平面垂直的平面内的临界载荷一致,即两侧的压杆稳定性一致,需满足 $J_X=4J_Y$,实际使用时取 $J_X=(2\sim3)J_Y$,使连杆在摆动平面内有较大的抗弯能力。根据统计,杆身的断面平均宽度 H 汽油机一般为 $(0.2\sim0.3)D$(D 为缸径),柴油机一般为 $(0.3\sim0.4)D$;H 与杆身断面厚度 B 的比值一般为 $1.4\sim2$。为使连杆杆身受力均匀,杆身断面由小头至大头逐渐增大。

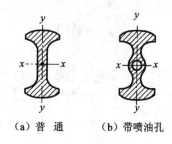

(a) 普通　　(b) 带喷油孔

图5-7 杆身的工字形断面

5.1.3 连杆大头

除了部分二冲程汽油机采用整体式大头外,一般做成分开式。

大头的刚度不足是导致抱轴、烧瓦、减磨材料剥落和连杆螺栓因附加弯矩而断裂等故障的重要原因,因此连杆大头设计要保证其有足够的刚度;连杆大头随着连杆轴颈做旋转运动,因此较轻的质量可以减小旋转惯性力;连杆大头也需有足够的强度,特别要防止局部应力集中造成疲劳破坏。

连杆大头最好设计成一个刚性较大的厚壁圆环,并在其上伸出两块螺栓支座,大头的尺寸不但取决于连杆轴颈的直径和长度,而且要使连杆体能从气缸中通过。为了使连杆体能通过气缸,连杆螺栓中心线应尽量靠近轴瓦,这也可以减小连杆大头所承受的弯矩。为了避免过大的应力集中,从杆身到大头的过渡应尽可能圆滑,连杆螺栓支承面到大头的过渡处应采用较大的圆弧过渡半径(见图5-8)。

1. 连杆大头的剖分面

一般情况下,剖分面与杆身轴线垂直,有些内燃机为了既能增大连杆轴颈直径,又能使连杆体通过气缸,把剖分面做成斜切口(见图5-9),实践经验指出,当连杆轴颈直径 $>0.7D$ 时(D 为气缸直径),应考虑采用斜切口。斜切口相对于连杆轴线的斜角 φ 愈小,大头上半部的横向宽度愈小,在连杆体能通过气缸的条件下,容许加大连杆轴颈直径的可能性愈大。但斜角愈小,螺柱穿进杆身的深度也愈大,会使杆身削弱过多。斜角 φ 一般设计为 $30°\sim60°$。

斜切口的方向与曲轴转向有关。最大燃气压力在上止点过后产生,此时连杆轴颈的反作用力 P_R 也达到最大值,其大小为燃气作用力、往复惯性力与连杆大头旋转离心力的向量和,方向如图 5-10 所示。P_R 在作用的 l 弧段内形成了高压力,图 5-10(b)所示的切口破坏了油膜的形成,不利于建立良好的润滑。

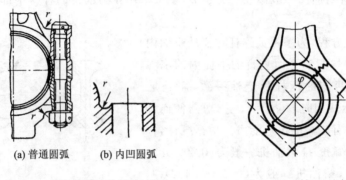

图 5-8　螺栓支撑面的圆弧过渡　　　　图 5-9　斜切口连杆

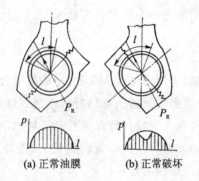

图 5-10　大头斜切口方向对润滑的影响

斜切口的连杆大头盖采用螺钉或螺柱连接,斜切口有利于减小连杆螺钉承受的拉伸负荷,但是产生了剪切力。

2. 连杆体与连杆盖间的定位

为了保证安装连杆盖时容易对正,并且在受力后不会互相错位,平切口连杆一般利用螺栓中部加工的凸出圆柱体来定位,圆柱面与大头螺栓孔有精密的配合关系(见图 5-11(a));斜切口连杆除了定位外,还需要减小螺钉承受的剪切力,往往在分界面上做成止口定位(见图 5-11(b))、锯齿定位(见图 5-11(c))、套筒定位(见图 5-11(d))或舌槽定位(见图 5-11(e))。

止口定位减小了大头盖与连杆体的结合面,使螺钉布置受到限制,止口的配合精度高;锯齿定位抗剪能力强,定位可靠,可减小大头横向尺寸,适合于大量生产,应用较广;套筒定位在连杆盖上用过盈配合,在连杆体上用过渡配合;舌槽定位的舌槽间

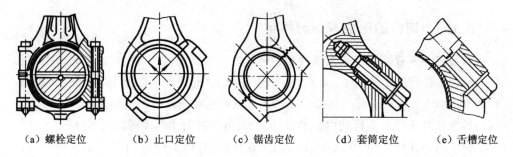

| (a) 螺栓定位 | (b) 止口定位 | (c) 锯齿定位 | (d) 套筒定位 | (e) 舌槽定位 |

图 5-11　连杆大头盖的定位

配合精度较高。

3. 连杆盖的减重

为了保证连杆盖有足够的刚度，通过减少其工作时的变形防止轴瓦变形，经常需要对连杆盖的底端圆环进行加厚处理，为了减轻重量，为此可以采用加强筋等的形式（见图 5-12）。

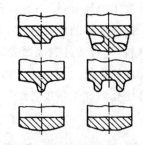

图 5-12　连杆盖断面结构

5.1.4　V 形内燃机的连杆大头结构

多数 V 形内燃机的并列连杆采用斜切口连杆。为了左、右排的连杆螺钉都容易拆装，斜切口的方向必须是相反的，此时必然有一排气缸的斜切口方向处于高压区域。为了减小左、右排气缸的错缸距离，可将连杆大头相对杆身偏置，并且在靠近曲柄臂一侧的大头轴瓦倒角较大，而另一侧的轴瓦倒角很小，以避免削弱连杆轴颈上油膜的承载能力。

叉形连杆的叉连杆和内连杆大头都做成可分的，用连杆螺栓将大头盖和杆身固定在一起上，大头孔内镶有轴瓦，轴瓦外表面的中间部分经过精加工，装有轴瓦的内连杆的大头即以此表面为轴颈回转（见图 5-13）。

主副连杆结构的主连杆大头做成可分的，用连杆螺栓将大头盖和连杆体固定在一起上，副连杆通过副连杆轴装在主连杆体上（见图 5-14）。

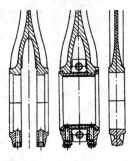

图 5-13　叉形连杆

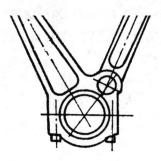

图 5-14　主副连杆

5.1.5 连杆的毛坯成形与材料

锻造连杆一般采用中碳钢或合金钢来制造。中碳钢包括 45、55、40Cr、40CrMnB 等，可以锻造汽车、拖拉机及其他小型内燃机用连杆；合金钢包括 42CrMo、18Cr2Ni4WA、34CrNiMo6、36MnVS4 等，可以锻造高强化内燃机用连杆。

铸造连杆采用球墨铸铁(如 QT 700—2)，可以铸造小功率内燃机连杆。

粉末冶金连杆采用 PFeCu2、PFeCu3 等材料，有粉末锻造和常规粉末烧结两种工艺，粉末锻造连杆有较好的机械性能和重量、尺寸精度。

此外为了减轻重量，还有钛合金材料连杆和铝基复合材料连杆。

为了提高连杆的疲劳强度，采用表面喷丸处理后，疲劳强度可提高 45%。对于合金钢材料，还可通过表面抛光减小它的粗糙度，使得疲劳强度提高。

对于连杆体与大头盖的分离，目前采用连杆胀断工艺，改善了连杆结合面定位，降低了螺栓孔的加工精度，降低了生产成本。

5.2 连杆强度计算

5.2.1 采用公式计算

采用公式计算连杆的强度时，由于在建立方程时做了大量的假设与简化，因此其结果与真实状态存在一定的差距，但是公式中体现了连杆强度、刚度与设计参数之间的关系，可以为方案设计中参数的快速修改和确定提供方向性指导。由于公式的推导过程较繁杂，下面省略推导过程，只列出需要校核计算的内容及计算公式的最终结果。

1. 连杆小头的强度计算

对连杆小头应计算以下几种工况下的应力：

（1）衬套过盈配合的预紧力及温升产生的应力

把连杆小头看作内压厚壁圆筒(见图 5-15)，在由衬套过盈及受热膨胀产生的小头径向压力 p 作用下，其外表面的切向应力为

$$\sigma_a = p \frac{2d_1^2}{d_2^2 - d_1^2} \quad (5-1)$$

其内表面的切向应力为

$$\sigma_i = p \frac{d_2^2 + d_1^2}{d_2^2 - d_1^2} \quad (5-2)$$

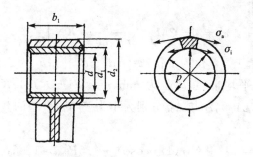

图 5-15 连杆小头尺寸及所受预应力

式中,

$$p = \frac{\Delta + d_1 t(\alpha_B - \alpha)}{d_1 \left(\dfrac{\dfrac{d_2^2 + d_1^2}{d_2^2 - d_1^2} + \mu}{E} + \dfrac{\dfrac{d_1^2 + d^2}{d_1^2 - d^2} - \mu}{E_B} \right)} \qquad (5-3)$$

其中,Δ 为衬套过盈量,单位为 mm;t 为工作时连杆小头的温升,单位为 K;d_2、d_1 和 d 分别为连杆小头外径、内径和衬套内径,单位为 mm;α_B 和 α 分别为衬套材料和连杆材料的线膨胀系数,单位为 1/K;E_B 和 E 分别为衬套材料和连杆材料的弹性模量,单位为 MPa。

（2）最大惯性力引起的应力

当活塞位于进气冲程上止点时,连杆小头受到最大往复运动惯性力 $P_{j\max}$ 的作用。假设,$P_{j\max}$ 作用在连杆小头孔的上半周呈均匀分布;在小头外径与过渡半径 ρ 连接处 $A-A$ 截面固定,小头成为对称的曲梁,取其一半计算（见图 5-16）。

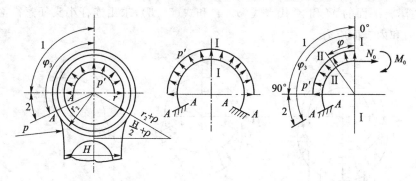

图 5-16 连杆小头受拉时的计算简图

连杆小头任意截面的外表面的应力为

$$\sigma_{aj} = \left[2M \frac{6r + h}{h(2r + h)} + KN \right] \frac{1}{b_1 h} \qquad (5-4)$$

内表面的应力为

$$\sigma_{ij} = \left[-2M\frac{6r-h}{h(2r-h)} + KN\right]\frac{1}{b_1 h} \qquad (5-5)$$

式中,h 为小头壁厚,单位为 mm,$h=(d_2-d_1)/2$;b_1 为连杆小头宽度,单位为 mm;r 为连杆小头的平均半径,单位为 mm,$r=(d_1+d_2)/4$;K 为衬套过盈压入系数,$K=EA/(EA+E_B A_B)$,A 与 A_B 分别为小头壁与衬套壁的截面积。

当 $\varphi \leqslant 90°$ 时

$$M = M_0 + N_0 r(1-\cos\varphi) - 0.5P_{jmax}r(1-\cos\varphi) \qquad (5-6)$$

$$N = N_0\cos\varphi + 0.5P_{jmax}(1-\cos\varphi) \qquad (5-7)$$

当 $90° < \varphi \leqslant \varphi_3$ 时

$$M = M_0 + N_0 r(1-\cos\varphi) - 0.5P_{jmax}r(\sin\varphi - \cos\varphi) \qquad (5-8)$$

$$N = N_0\cos\varphi + 0.5P_{jmax}(\sin\varphi - \cos\varphi) \qquad (5-9)$$

式中,N_0 和 M_0 为 $\varphi=0$ 时 I—I 断面的法向力和弯矩,由下式表示

$$M_0 = P_{jmax}r(0.00033\varphi_3 - 0.0297) \qquad (5-10)$$

$$N_0 = P_{jmax}(0.572 - 0.0008\varphi_3) \qquad (5-11)$$

式中,

$$\varphi_3 = 90° + \arccos\frac{H/2+\rho}{r_2+\rho} \qquad (5-12)$$

求出任一截面的弯矩和法向力后,即可由曲率杆公式求出。

(3)最大压缩力引起的应力

做功冲程上止点时,连杆小头受到的最大压缩力为 $P_{\Sigma max}$。假设其在连杆小头下半圆的压力按余弦规律分布(见图 5-17),按照与连杆小头受拉时的计算相似的方法计算,将下面的 M 和 N 代入式(5-4)和式(5-5),求出连杆小头任意截面的外表面应力和内表面应力。

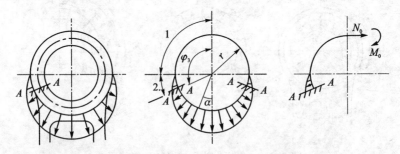

图 5-17 连杆小头受压时的计算简图

当 $\varphi \leqslant 90°$ 时,

$$M = M_0 + N_0 r(1-\cos\varphi) \qquad (5-13)$$

$$N = N_0\cos\varphi \qquad (5-14)$$

当$90°<\varphi\leq\varphi_3$ 时，

$$M = M_0 + N_0 r(1-\cos\varphi) - P_{\Sigma\max}r\left(\frac{\sin\varphi}{2} - \frac{\varphi}{\pi}\sin\varphi - \frac{1}{\pi}\cos\varphi\right) \quad (5-15)$$

$$N = P_{\Sigma\max}\left(\frac{\sin\varphi}{2} - \frac{\varphi}{\pi}\sin\varphi - \frac{1}{\pi}\cos\varphi\right) + N_0\cos\varphi \quad (5-16)$$

式中，比值φ/π内φ的单位为弧度；M_0 和 N_0 的大小查表 5-1。

表 5-1 不同 φ_3 时的 M_0、N_0 的相对值

参数	$\varphi_3/(°)$						
	100	105	110	115	120	125	130
$N_0/P_{\Sigma\max}$	0.0001	0.0005	0.0009	0.0018	0.0030	0.0060	0.0085
$M_0/P_{\Sigma\max}r$	0	0.0001	0.00025	0.0006	0.0011	0.0018	0.0030

（4）连杆小头的许用疲劳安全系数

连杆小头的应力变化为非对称循环，最小安全系数一般位于杆身到连杆小头过渡处的外表面上，安全系数为

$$n = \frac{\sigma_{-1}}{\frac{K_\sigma}{\beta\xi_\sigma}\sigma_a + \psi_\sigma\sigma_m} \quad (5-17)$$

式中，σ_{-1}为材料在对称循环下的拉压疲劳极限，单位为 MPa；K_σ为应力集中系数；ψ_σ为材料对应力循环不对称的敏感系数；β为表面质量系数；ξ_σ为尺寸系数；σ_m为平均应力；σ_a为应力幅。

连杆小头疲劳强度的安全系数一般约在 2.5~5.0 范围之内。

（5）连杆小头的变形

当用浮式活塞销时，必须计算连杆小头由于往复惯性力而引起的直径变形，为

$$\delta = \frac{P_{j\max}d_m^3(\varphi_3 - 90°)^2}{EI \times 10^6} \quad (5-18)$$

式中，d_m 为连杆小头的平均直径，单位为 mm；I 为连杆小头计算截面的惯性矩，单位为 mm^4。一般来说，δ 的许用值应小于直径方向间隙的一半。

2. 连杆杆身的强度计算

（1）最大拉伸应力

最大拉伸应力出现在最大往复惯性力 $P_{j\max}$时，为

$$\sigma_1 = P_{j\max}/A_m \quad (5-19)$$

式中，A_m 为连杆杆身断面面积，单位为 mm^2。

（2）杆身的压缩应力

连杆杆身承受的压缩力最大值发生在连杆小头受到最大压缩力 $P_{\Sigma\max}$时，为

$$\sigma_2 = P_{\Sigma\max}/A_m \quad (5-20)$$

(3) 杆身的双应力幅

连杆杆身双应力幅的最大值发生在缸内燃气最大压力 P_{gmax} 时，为

$$2\sigma_a = P_{gmax}/A_m \quad (5-21)$$

一般情况下，连杆杆身双应力幅的许用值为 250～400 MPa。

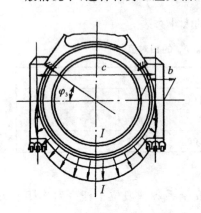

图 5-18 连杆大头盖计算简图

3. 连杆大头的强度计算

对连杆大头的应力计算方法与连杆小头相同，计算简图见图 5-18。其最大拉载荷在进气冲程开始时，为往复运动质量的惯性力 P_{jmax} 与连杆旋转运动质量（不包括大头盖）m_2' 产生的离心力之和 P_2，即

$$P_2 = P_{jmax} + m_2' R\omega^2 \quad (5-22)$$

在危险断面 $I-I$ 上的弯矩 M_0 和法向力 N_0 并分别为

$$M_0 = P_2 c(0.0127 + 0.00083\varphi_3)/2 \quad (5-23)$$

$$N_0 = P_2(0.522 - 0.003\varphi_3) \quad (5-24)$$

式中，c 为螺栓距离，单位为 mm；φ_3 为螺栓座始点位置的封闭角，单位为(°)。其余计算方法参考连杆小头强度计算。内燃机连杆大头盖的许用应力一般为 150～300 MPa。

5.2.2 采用有限元法计算

1. 几何模型

对于直切口的连杆，连杆方向的结构是对称的，可以取其一半进行分析，此时的负荷也取一半，计算时，在连杆方向的断面上施加垂直于断面的对称约束。对于斜切口的连杆，由于连杆方向的结构不对称，一般取整个连杆组进行分析。如图

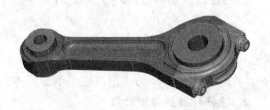

图 5-19 装配结构的三维模型

5-19 所示的斜切口连杆有限元分析装配模型中包含连杆体、大头盖、连杆螺栓、连杆轴瓦、小头衬套、活塞销和连杆轴颈的三维数据模型。

2. 载荷处理、边界约束与结构离散

凡是影响强度计算的载荷，都要经过适当处理，并施加到连杆组上。连杆在工作时受到连杆螺栓预紧力和燃气压力、活塞组和连杆组的往复惯性力的共同作用，可以

分为三种载荷工况进行计算,分别为:

(1) 安装工况

连杆主要承受螺栓预紧力,还承受连杆轴瓦和小头衬套装配时产生的过盈力。螺栓预紧力可取 $P_2=(2\sim2.5)P''_{jmax}$,或者已知螺母的预紧力矩将其转化为螺栓的拉力。螺栓预紧力通过在螺栓上定义螺栓单元来实现;连杆轴瓦和连杆小头衬套的装配压力通过装配过盈量的设置来实现。

(2) 最大受拉工况

连杆的最大受拉工况出现在接近排气过程终了的上止点,此时,连杆除了承受安装工况时的载荷外,连杆小头孔径上还作用着活塞组的往复惯性力 P_1,它与连杆的往复惯性力 P_2 一起,与大头孔径的反力 P_3 相平衡,如图 5-20 所示,则

$$P_3 = P_1 + P_2 \tag{5-25}$$

(3) 最大受压工况

该工况下,连杆除了承受安装工况的载荷外,还承受做功行程时的燃气最大爆发压力。连杆小头孔径上作用者燃气压力与活塞组往复惯性力的合力 P'_1,它与连杆的往复惯性力 P_2 一起,与大头孔径的反力 P'_3 相平衡,如图 5-21 所示,则

$$P'_3 = P'_1 - P_2 \tag{5-26}$$

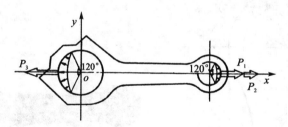

图 5-20 连杆最大受拉工况

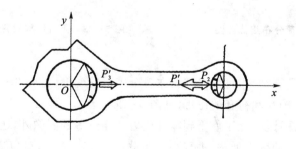

图 5-21 连杆最大受压工况

如果组合结构中没有轴,作用于孔径上的作用力一般按分布120°范围内的余弦规律处理(见图5-22)。单位半径上的分布负荷 q_β 为

$$q_\beta = q_{max}\cos 1.5\beta \tag{5-27}$$

式中，β 在 $\pm 60°$ 范围内；q_{max} 为最大分布负荷，位于 $\beta=0°$ 时

$$q_{max} = \frac{P}{1.2hR} \qquad (5-28)$$

式中，h 为孔的厚度；R 为孔的半径。

如果组合结构中有轴，即采用图 5-19 的组合结构，通常将作用于连杆小头的载荷除以 2，分开施加于活塞销的两端面，载荷对孔的作用角和作用力的分布通过轴与孔的接触状态自动分布。

对连杆进行的刚体位移约束包括：连杆轴颈两端的固定约束；对连杆小头顶端节点的位移约束，限制连杆绕连杆轴颈的转动。

对于装配结构，在装配结合面上设置接触，其间隙和过盈量按照设计确定。

选用一次或二次的实体单元剖分网格，各零件的材料特性根据设计选材分别定义，剖分后的有限元网格如图 5-23 所示。

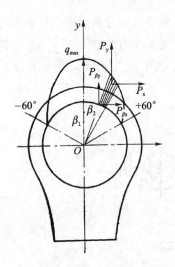

图 5-22 负荷分布规律简图　　图 5-23 组合结构的有限元模型

3. 计算结果

根据连杆的计算结果，可以得到其在各个工况的变形（见图 5-24）和应力（见图 5-25），以及连杆轴瓦和衬套的比压（见图 5-26）。

应用有限元法计算，除了能得到零件应力和变形等的图像外，还可以通过对有限元模型单元或节点的数据处理，进行进一步分析。对于连杆，可以通过处理大、小头孔节点的位移值得到大、小头孔在工作时的圆度，以判断大、小头的刚度以及在工作时是否会发生干涉。通过高应力部位节点在各个工况的应力对比，可以判断结构在工作时是否超过材料的许用应力或是否会发生疲劳破坏；通过轴瓦比压的采集可以判断轴与轴瓦接触是否正常，以及接触比压是否超过轴瓦的承受极限。

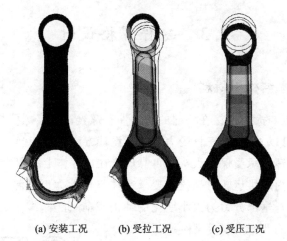

(a) 安装工况　　(b) 受拉工况　　(c) 受压工况

图 5-24　连杆的变形

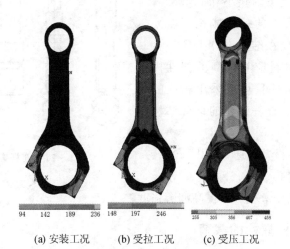

(a) 安装工况　　(b) 受拉工况　　(c) 受压工况

图 5-25　连杆的等效应力

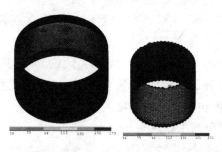

（a）连杆轴瓦　　（b）小头衬套

图 5-26　压工况主轴瓦的比压

5.3 连杆螺栓设计

5.3.1 基本结构与材料

将连杆大头盖与大头连接在一起的固定件有螺栓、螺钉、螺柱与销钉等四种。这四种固定件除销钉以外,其余三种受力形式与设计方法基本相同。

安装状态下,螺栓承受保证大头盖可靠压紧在连杆体上的螺栓预紧力,此部分力为较大的静拉力;内燃机运转时螺栓还要承受往复惯性力以及除去大头盖后的大头旋转质量的离心力,这部分力为大小变化的冲击载荷;此外,螺栓还承受一些由于大头刚性不足、零件有形状偏差、螺栓头部结构不合理等造成的附加弯矩。

由于螺栓布置位置狭小和减重的需求,固定连杆大头盖的螺栓体积不能太大。因此要求螺栓在结构设计上应尽量减小应力集中,材料应具有高的弹性极限和耐冲击性能,并且可以采用相应的工艺措施来强化。连杆螺栓的部分结构见图5-27。

连杆螺栓材料通常用40Cr、42CrMo、35CrNiMo、18Cr2Ni4WA等合金钢,采用锻造或冷镦成形以提高疲劳强度。

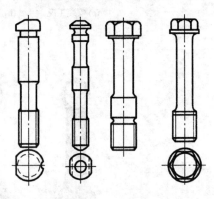

图5-27 连杆螺栓结构

5.3.2 连杆螺栓的载荷

1. 连杆螺栓的工作过程

假设,安装状态下,连杆螺栓的预紧力为F;内燃机工作时,螺栓受到静载F和动载F''_j的共同作用,F''_j为往复惯性力和回转离心力在连杆螺栓中心线上的分力之和。

如图5-28所示,横坐标为变形量,纵坐标为载荷力。其中,da为螺栓的刚度曲线,刚度为$\tan\alpha$;cb为轴瓦的刚度曲线,刚度为$\tan\gamma$;ba为连杆大头的刚度曲线,刚度为$\tan\beta$,此时的大头刚度包含轴瓦的刚度。

连杆螺栓的预紧过程与工作状态如下:

① 两片轴瓦端部接触,连杆大头与大头盖未接触,此时所有零件都不受力。

② 开始拧紧螺栓,直到大头与大头盖结合面贴紧,但未受力。轴瓦被压缩h到b点,螺栓被拉长λ_1到d点,此时螺栓与轴瓦受力都为F_1。

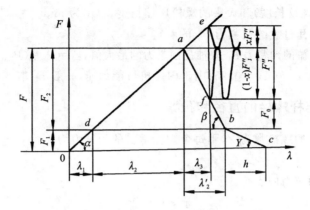

图 5-28 螺栓载荷变形图

③ 继续拧紧螺栓,直到螺栓预紧力的最大值。连杆大头被压缩 λ'_2 到 a 点,连杆螺栓继续被拉长 λ'_2 到 a 点,此时螺栓与连杆大头所受之力都为 F,其为连杆螺栓的预紧力。

④ 内燃机工作后,由于受到惯性力 F''_J 的拉伸作用,螺栓继续伸长 λ_3 到 e 点,螺栓的受力增加了 xF''_J;大头部分也相应放松了 λ_3 到 f 点,大头的受力减小了 $(1-x)F''_J$,为了保证连杆大头结合面不分开,此时大头部分保留的残余压紧力 $F_0 > 0$。

2. 连杆螺栓预紧力 F 的确定

根据图 5-28,螺栓预紧力为 $F = F_1 + F_2 = F_1 + F_0 + (1-x)F''_J$,因为 $F_0 > 0$,所以预紧力为

$$F = F_1 + F_2 > F_1 + (1-x)F''_J \tag{5-29}$$

式中,x 为螺纹连接的基本负荷系数。

(1) 螺纹连接的基本负荷系数 x 的确定

设全部螺栓的总刚度为 C_L,$C_L = \tan\alpha = xF''_J/\lambda_3$;连杆大头的刚度为 C_F,$C_F = \tan\beta = (1-x)F''_J/\lambda_3$。由于

$$\frac{C_L}{C_F} = \frac{x}{1-x}, \text{因此 } x = \frac{C_L}{C_L + C_F} \tag{5-30}$$

螺栓和连杆大头的刚度可以按照下式估算:

$$C_L = \frac{E_L}{\sum_{i=1}^{n} \frac{L_{Li}}{A_{Li}}}, \quad C_F = \frac{E_F A_F}{L_F}$$

式中,E_L、E_F 分别为螺栓材料和连杆材料的弹性模量,单位为 MPa;i 为螺栓不同直径的截面数量;A_{Li}、A_F 分别为螺栓不同直径截面总面积(包括螺纹的公称应力截面积)和大头的螺栓压缩截面面积,单位为 mm²;L_{Li}、L_F 分别为螺栓不同直径截面长度

（包括螺母下的螺纹长度）和大头的螺栓压缩长度，单位为 mm。

（2）保证轴瓦过盈的预紧力 F_1 的确定

保证轴瓦过盈的预紧力 F_1 取轴瓦预紧力的最大值，$F_1=P_{1\max}$（$P_{1\max}$见式(6-50)）。一般情况下 $x=0.20\sim0.25$；由于内燃机可能超速，一般 F_2 取 $2\sim2.5F''_{J\max}$。

5.3.3 连杆螺栓的直径和预紧

设连杆大头的螺栓数为 Z，则每个螺栓承受的预紧力为

$$F'=F/Z \tag{5-31}$$

根据螺栓的应力应满足

$$\sigma=\frac{4\times1.3F'}{\pi d_{\min}^2}\geqslant\frac{\sigma_S}{n}$$

得螺栓最小直径

$$d_{\min}\geqslant\sqrt{\frac{4\times1.3F'n}{\pi\sigma_s}} \tag{5-32}$$

式中，σ_s 为材料的屈服极限，单位为 MPa；n 为安全系数，一般 $n=1.5\sim2.0$。

对于连杆螺栓，由于力矩法控制预紧力的误差一般在 ±25% 左右，不很可靠，因此一般采用转角法预紧。当达到预紧力 F' 时，螺母的转角

$$\theta=\frac{360°}{P}\times\frac{F'}{C_L} \tag{5-33}$$

式中，P 为螺距，单位为 mm。

采用此方法时，需要先将螺栓副拧紧到紧贴位置，再转过角度 θ。也可以先采用力矩法将螺栓副拧紧到紧贴位置，再转过一个角度。

在强化内燃机上，由于需要控制预紧力更精确，可以采用测量螺栓伸长量法或螺母液压拉伸法来控制连杆螺栓的预紧力。

5.3.4 提高连杆螺栓疲劳强度的措施

连杆螺栓是在变载荷下工作的，尺寸又小，因此必须从结构设计、材料选用及工艺措施等几个方面来提高其疲劳强度：

① 减小螺纹连接的基本负荷系数 x，可以减小螺栓工作应力幅值。为此可增大连杆大头的刚度或减小螺栓的刚度。

② 螺栓过渡圆角半径、根部圆角半径等处采用大圆角，避免应力集中。

③ 螺栓头支承面尽量采用对称结构，减小附加弯曲应力。

④ 采用冷墩成型工艺，用滚压法制造螺纹。

5.3.5 连杆螺栓的校核

连杆螺栓可以采用有限元法进行强度校核。在第二节的连杆有限元强度校核

中,连杆螺栓采用了真实结构,其工作时的等效应力见图 5-29。由图可知,螺栓过渡圆角半径和根部圆角半径处为高应力部位,A 点处的应力比圆角其他部位的应力还高,为最高应力点,其是由于螺栓头支承面倾斜产生的附加弯曲应力造成的。通过计算,以判断螺栓的结构设计是否合理。

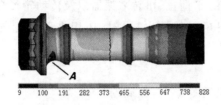

图 5-29 连杆螺栓等效应力

思考题

1. 连杆组的作用是什么?工作条件是什么?根据工作需求,连杆的基本结构应该是什么样的?

2. 减轻连杆大头的质量有什么好处?连杆大头的外形受到内燃机哪些主要结构参数的影响?如何影响?

3. 连杆大头盖依靠连杆螺栓安装在杆身上,连杆螺栓应如何布置?为了防止连杆大头盖与杆身间产生错动,应该采取什么结构措施?

4. 通过螺栓载荷变形图进行分析,说明连杆螺栓的预紧力应该如何确定?

第6章 曲轴组与轴承

曲轴组由曲轴、飞轮、平衡重、扭转减振器以及传动轮等组成,主要是将连杆组传来的气体压力转变为扭矩对外输出,同时,还用来驱动配气机构和其他各种辅助装置。

1. 工作情况

① 曲轴的受力情况见图6-1,在周期性变化的燃气作用力、往复运动和旋转运动惯性力及它们的力矩的共同作用下,承受着拉压、扭转和弯曲的复杂交变应力。

② 曲轴箱主轴承的不同心会使曲轴的受力状况恶化。

由于曲轴箱和曲柄臂刚度不足、曲轴箱主轴承和曲轴加工精度不高以及主轴承不均匀磨损造成的不同心度产生了附加应力,其使曲轴产生弯曲疲劳破坏。

③ 由于曲轴的弯曲与扭转振动产生了附加应力。

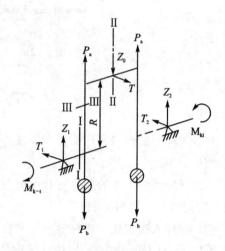

图6-1 曲轴的受力情况

曲轴在周期性变化的扭矩作用下产生扭转振动,当振动频率与轴系的自振频率相同时,就要发生共振。扭转振动产生的附加应力可达正常扭转应力的几十倍,轻则产生噪声、加速齿轮磨损、引起工作过程恶化,重则造成曲轴的断裂。

曲轴在周期性变化的法向力作用下产生弯曲振动,但是弯曲振动的自振频率很高,因此在工作转速范围内不易达到弯曲共振。

④ 曲轴主轴颈与连杆轴颈是在高比压下进行高速转动的,因而产生强烈的摩擦磨损。

⑤ 曲轴结构变化急剧,产生了严重的应力集中。

曲轴上应力集中最严重的部位在轴颈至曲柄臂的过渡圆角处和轴颈油孔周围。一般来说,弯曲疲劳断裂的裂纹源在轴颈根部的圆角表面,并使曲柄臂沿45°角折断;扭转疲劳断裂的裂纹源在连杆轴颈油孔表面,并使连杆轴颈沿45°角剪断。

从统计结果来看,曲轴的弯曲疲劳破坏高于扭转疲劳破坏。其中,主轴颈损坏占

10%,连杆轴颈损坏占34%、曲柄臂损坏占56%。

2. 设计要求

根据曲轴组的工作情况,在进行曲轴组设计时应满足以下要求:

① 具有足够的疲劳强度,尽量减小应力集中现象。
② 具有足够的弯曲刚度与扭转刚度,在工作转速范围内尽可能减小扭转振动。
③ 轴颈具有良好的耐磨性。
④ 曲轴应有良好的工作均匀性和平衡性。

6.1 曲轴的结构设计

曲轴按其支承方式可分为每个连杆轴颈的前、后端都有主轴颈支承的全支承曲轴和非全支承曲轴(见图6-2)。全支承曲轴刚度好、润滑好,在内燃机上大量采用。

曲轴按其结构可分为整体式曲轴(见图6-3(a))和组合式曲轴(见图6-3(b))。组合式曲轴的每个轴颈(包含半个曲柄臂)均单独加工,然后用螺栓将相邻曲柄臂连接,依靠接合面的压紧作用来传递转矩,其主轴承采用滚柱式滚动轴承,机体为隧道式。整体式曲轴结构简单、紧凑、刚度强度高、重量轻、工作可靠;组合式曲轴具有较高的通用性和互换性,但是拆装不便、质量大、滚动轴承噪声大。

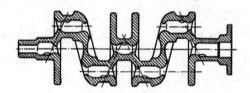

图6-2 非全支承曲轴

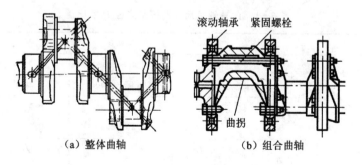

(a) 整体曲轴　　　　(b) 组合曲轴

图6-3 整体曲轴和组合曲轴

目前,采用滑动轴承的整体式曲轴用得最多。

曲轴的基本结构包括曲拐单元、曲轴前端(自由端)和曲轴后端(功率输出端)三部分(如图6-4)。

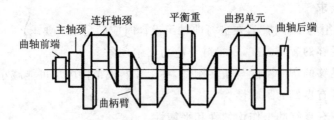

图6-4 曲轴基本结构

6.1.1 曲拐单元结构

一个曲拐单元包括主轴颈、连杆轴颈和曲柄臂3部分。

1. 曲轴轴颈

主轴颈与连杆轴颈是内燃机中最重要的两对摩擦副,轴颈的尺寸和结构对曲轴强度、刚度及润滑有重要影响。

轴颈的直径愈大,曲轴的刚度也愈大,但轴颈直径过大,会引起表面圆周速度增大,导致摩擦损失增大和机油温度升高。对于连杆轴颈,直径的增大还会引起转动惯量的增加,使连杆大头的尺寸增大,不利于连杆从气缸中取出。通常,主轴颈与连杆轴颈直径之比 $D_1/D_2=1.05\sim1.25$。

采用短而粗的主轴颈有利于缩短内燃机的长度或者加大曲柄臂的厚度,提高曲轴扭振的自振频率,减小在工作转速范围内产生共振的可能性。对于连杆轴颈,由于其直径较小,长度应大一些。一般主轴颈的有效长度(即轴瓦的有效长度)与主轴颈直径之比为 $0.26\sim0.4$,连杆轴颈的有效长度与连杆轴颈直径之比为 $0.35\sim0.55$。表6-1所列为曲轴轴颈各部分的尺寸比例统计值,供参考。

表6-1 曲轴轴颈尺寸与气缸直径 D 的比值

			直列式	V 型
柴油机	主轴颈	D_1/D	0.70~0.85	0.75~0.95
		L_1/D	0.35~0.50	0.35~0.45
	连杆轴颈	D_2/D	0.60~0.80	0.60~0.70
		L_2/D	0.35~0.45	0.50~0.70
汽油机	主轴颈	D_1/D	0.65~0.75	0.60~0.70
		L_1/D	0.30~0.50	0.25~0.35
	连杆轴颈	D_2/D	0.60~0.65	0.55~0.62
		L_2/D	0.35~0.45	0.45~0.60

各主轴颈的长度可以相等,也可以是不等的,当某个主轴承受到的负荷大时,轴颈可以略长,如内燃机的后端主轴承,4缸机的中央主轴承等。各连杆轴颈的长度都是相等的。

为了减轻曲轴重量,提高曲轴疲劳强度,对于直径较大的轴颈应设计成中空的,称其为减重孔(见图6-5)。在轴颈上设计适当尺寸的减重孔,相对地加强了曲柄臂的刚度,改善了过渡圆角处的应力集中,提高了曲轴疲劳强度。如图6-6所示,假设主轴颈为空心轴,连杆轴颈为实心轴,随着主轴颈内减重孔尺寸的加大,连杆轴颈圆角最大弯曲应力 σ_{2max} 逐渐降低,但是主轴颈圆角最大弯曲应力 σ_{1max} 在逐渐升高,反之亦然。因此,当主轴颈与连杆轴颈均有减重孔时,各圆角应力的变化则取决于减重孔的尺寸和形状。一般内孔与轴颈直径之比 d_1/D_1 约为 0.5,连杆轴颈外表面和内孔之间的最小距离应控制在 12~14 mm 以内。

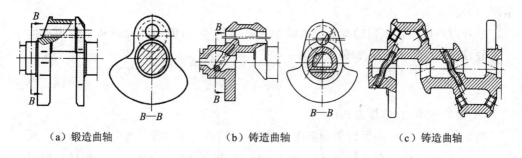

(a) 锻造曲轴　　　　(b) 铸造曲轴　　　　(c) 铸造曲轴

图 6-5　轴颈中的减重孔

连杆轴颈的减重孔有时做成向外偏心的(见图6-5(a)),更有利于减轻旋转离心质量,减轻主轴颈的负荷。

当采用鼓形减重孔时(见图6-5(b)、(c)),其圆角处的最大应力可比采用柱形减重孔时减小10%,因此采用鼓形减重孔效果更好。但是鼓形减重孔曲轴无法锻造,因此只能用于铸造曲轴中。

2. 曲柄臂

曲柄臂在曲柄平面内的抗弯刚度和强度都较差,往往因受交变弯曲应力而引起断裂,其为整体曲轴上最薄弱的环节。

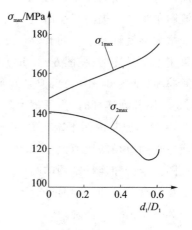

图 6-6　主轴颈减重孔对圆角应力的影响

曲柄臂的设计参数包括厚度 h 和宽度 b,曲柄臂厚度和宽度越大,其抗疲劳能力越好,增加曲柄臂的厚度,可以在曲柄平面内提高抗弯能力,并改善过渡圆角处的应力分布,比增加曲柄臂宽度更有效。因此在进行轴颈长度分配时要为曲柄臂留有足够的厚度。

现代高速内燃机大多采用椭圆形断面的曲柄臂,并且在连杆轴颈侧的外端面车削掉部分受力小的金属(见图6-5),减轻了曲柄臂的质量。但是,当采用合金钢作曲轴材料,并需要对曲柄臂进行机械加工和抛光时,为了方便制造,需要采用圆形断面的曲

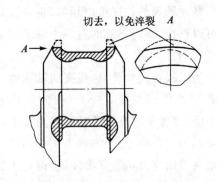

图6-7 圆角淬火对曲柄臂结构的影响

柄臂。图6-7所示的曲轴为了防止进行圆角和轴颈共同淬火时淬裂,将曲柄臂的上半圆切去。

随着内燃机曲轴半径的减小或曲轴轴颈直径的增大,使连杆轴颈和主轴颈产生了重叠,用重叠度Δ来表示,即

$$\Delta = \frac{D_1 + D_2}{2} - R \qquad (6-1)$$

式中,R为曲柄半径,单位为mm。

当重叠度增大时,曲柄臂的刚度随之增大,同时改善了过渡圆角处的应力集中现象,提高了疲劳强度。根据资料,当$\Delta=30$mm时,疲劳强度可提高73%,并且在曲柄臂较薄时,增大重叠度的影响更为显著。

3. 过渡圆角

在曲柄臂与轴颈的连接处,为了减小应力集中,采用圆角过渡(见图6-8(a))。增大过渡圆角半径与提高其表面粗糙度是增加曲轴疲劳强度的有效措施。但是,圆角半径的增大会使轴颈承压的有效长度减小,从而减小了轴承承压面积,对此,有些内燃机采用了1/4椭圆(见图6-8(b))或由几个半径不同的圆弧连续过渡形成的变曲率过渡曲线(见图6-8(c)),但是它们的制造难度较大,应用不广。在某些情况下,特别是采用并列连杆时,为了最大限度地利用轴颈长度,把过渡圆角引到曲臂中(见图6-8(d)),但其内凹不能太深,否则反而会削弱曲柄臂的强度。圆角半径与连杆轴颈或主轴颈直径的比值大于0.05时,应力集中系数趋于平缓。在设计时一般应使主轴颈圆角半径和连杆轴颈的圆角半径相等。

为了在精磨轴颈和圆角时砂轮不与曲柄臂相碰,在圆角与曲柄臂之间,需要设计一个厚0.25~1 mm的台阶。

4. 润滑油道

为了保证轴承的可靠工作,轴颈通常采用压力润滑。

将机油输送到曲轴轴承中的供油方法有集中供油和分路供油两种。集中供油

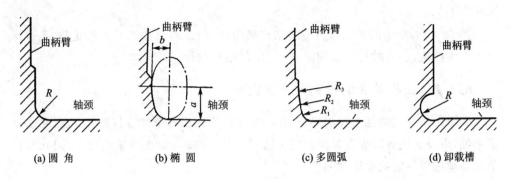

图 6-8 轴颈和曲柄臂的过渡

时,将中空曲轴作为内燃机的主油道,将机油从曲轴的一端输入供给各个轴承,曲轴油腔密封复杂、压力损失较大,除主轴承采用滚动轴承时采用外,一般用分路供油。

分路供油的机油从机体上的主油道并联进入各个主轴承,然后通过曲轴上的油道进入连杆轴承。

油孔的位置应从曲轴的强度、轴颈负荷及加工工艺等综合考虑决定。从液体润滑观点看,进入轴颈的油孔应该在轴颈负荷较大、油膜厚度也较大的区域内,而出油孔应开在轴颈负荷最小的地方;从强度观点看,油孔应布置在轴的弯曲中性层内,有利于减小油孔出口处的工作应力,钻孔也较方便。

主轴承的进油口一般设在上轴瓦上,对于现代高速柴油机曲轴来说,轴承应在360°范围全周供油,因此可在主轴瓦上开一圈油槽;连杆轴颈出油口应选在曲拐平面运转前方 $\theta=45°\sim90°$ 范围内(见图 6-9),主轴颈和连杆轴颈上油孔的最佳出口位置可用轴承负荷图来校核。

曲轴上从主轴颈通向连杆轴颈的油孔,可在曲柄臂上主轴颈和连杆轴颈圆角的中间位置穿过,应位于低应力区。在油孔出口处的锐边处应有倒角或倒圆并抛光,以减小应力集中、避免淬火时产生裂纹。油孔直径应能满足润滑所需机油量,油孔直径通常取为 0.07～0.10 倍轴颈直径,最小不能小于 5 mm。

有些内燃机利用曲轴各主轴颈的空心作为油道以润滑各曲轴轴承(见图 6-5、

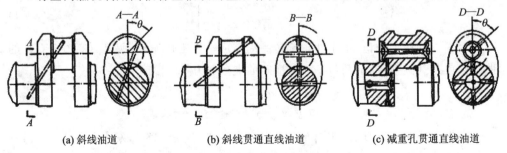

图 6-9 曲轴油道的几种布置方案

图 6-9(c))。

图 6-9(a)所示的油道布置方式结构最简单,但是斜油孔加工工艺复杂,孔边缘应力集中严重,必要时可以采用图 6-9(b)的结构取代。

6.1.2 曲拐单元的排列与发火次序

内燃机属于间隔性工作的热机,在一个工作循环中每个气缸各发火一次,对多缸机来说,应设法把各缸爆发时间合理地错开,使各缸按一定规律轮流发火,因此曲拐单元必须按照一定的规律排列。

曲拐(曲柄)排列情况可以采用曲柄图来表示,曲柄图规定从自由端来观察曲轴。根据内燃机的曲柄图,可以判断各缸的工作次序、发火间隔角、曲柄夹角以及各个曲柄的相互位置,并初步分析内燃机的平衡特性。

1. 直列式内燃机

直列式内燃机曲拐排列一般应考虑下列几方面因素:

(1) 各缸发火间隔的均匀性

为了使各缸输出功率均匀、曲轴转速平稳,同时改善零部件的受力状况,总是希望各缸发火间隔均匀地错开,只有当结构或轴系扭转振动等因素的强烈影响而不能满足这个要求时,才采用不均匀发火间隔。发火间隔角 ξ 为

$$\left.\begin{aligned}\text{二冲程发动机} \quad & \xi = 360°/Z \\ \text{四冲程发动机} \quad & \xi = 720°/Z\end{aligned}\right\} \quad (6-2)$$

式中,Z 为气缸数。

对于缸数为偶数的四冲程内燃机,由于曲轴旋转二周完成一个工作循环,所以,曲柄图上看到的曲柄数目 q 就是气缸数之半,曲柄数目 q 和曲柄间的夹角 θ 为

$$\left.\begin{aligned}q &= Z/2 \\ \theta &= 720°/Z = \xi\end{aligned}\right\} \quad (6-3)$$

对于缸数为奇数的四冲程内燃机,曲柄数目 q 和曲柄间的夹角 θ 为

$$\left.\begin{aligned}q &= Z \\ \theta &= 360°/Z = \xi/2\end{aligned}\right\} \quad (6-4)$$

对于二冲程内燃机,由于曲轴旋转一周完成一个工作循环,所以曲柄图上看到的曲柄数就是气缸数,曲柄数目 q 和曲柄间的夹角 θ 为

$$\left.\begin{aligned}q &= Z \\ \theta &= 360°/Z = \xi\end{aligned}\right\} \quad (6-5)$$

根据上述的计算方法,在图 6-10 中:(a) $q=2,\theta=\xi=180°$,发火顺序 1—3—4—2,1—2—4—3;(b) $q=3,\theta=\xi=120°$,发火顺序 1—5—3—6—2—4,1—5—4—6—2—3,1—2—3—6—5—4,1—2—4—6—5—3;(c) $q=5,\theta=72°,\xi=144°$,发火顺序 1—

2—4—5—3；(d) $q=6$，$\theta=\xi=60°$，发火顺序 1—5—3—6—2—4。

(2) 内燃机的平衡性

平衡性优劣是选择曲柄排列方式时必须考虑的一个重要因素。在二冲程内燃机和四冲程奇数缸内燃机中，曲柄图上曲柄的排列方式决定了发火顺序；在四冲程偶数缸内燃机中，一种曲柄排列方式可能有几种不同的发火顺序(见图6-10)。曲柄排列方式不同直接影响到内燃机平衡性能的好坏，因此，选择曲柄排列和发火顺序时，必须尽量采用不平衡惯性力和力矩小的方案，而且其不平衡惯性力和力矩容易采取措施加以平衡。

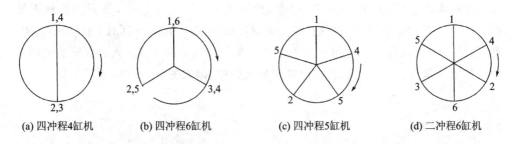

(a) 四冲程4缸机　　(b) 四冲程6缸机　　(c) 四冲程5缸机　　(d) 二冲程6缸机

图 6-10　直列式内燃机曲柄图

(3) 内燃机的负荷情况

从内燃机负荷考虑，应力求拉大相邻气缸的发火间隔时间。有以下几点好处
① 减小两缸之间的主轴承所受的合力，减小主轴承机械负荷。
② 减小曲轴所受的冲击载荷。
③ 避免相邻两缸相继发火，减小气缸盖和气缸套等零件的热负荷。例如，图6-10(b)所示的四冲程六缸机，从内燃机负荷状态考虑，以 1—5—3—6—2—4 的发火顺序最好。

(4) 轴系扭转振动程度

轴系扭转振动应力的大小与内燃机"相对振幅矢量和"的数值有密切关系，同一内燃机如发火顺序不同，则"相对振幅矢量和"的数值也不同，通过扭转振动计算或测量如发现轴系某次扭转振动应力过大，威胁轴系的安全运行，改变发火顺序可作为减振措施之一。

(5) 对排气管分支的影响

在废气涡轮增压内燃机中，选定合理的排气管分支数目和各排气歧管连接哪些气缸可以避免各缸排气互相干扰，提高换气效果和排气脉冲能量利用率，而它们与发火顺序和发火间隔角密切相关。

在确定曲柄排列和发火顺序时，首先注意各缸发火间隔均匀性和内燃机的平衡性，再按照上面分析的各项因素权衡利弊，逐一考虑。

2. V型内燃机

V型内燃机的气缸夹角 γ 的选择要考虑缸内交替爆发的均匀性、内燃机良好的平衡性以及内燃机总体布置的合理性等。

V型内燃机的发火顺序,大多采用"插入式发火"方案,这种方案的特点是单列气缸曲柄排列和发火顺序选择的原则与直列式内燃机完全一致,两列气缸的发火顺序和发火间隔完全相同,其而整机的发火顺序则按单列的发火顺序在两列气缸之间互相插入。

如图 6-11 所示,一台 V 型四冲程 8 缸机,设第Ⅰ列气缸的发火顺序是 1—2—4—3,发火间隔角为 $\xi = 720°/Z = 720°/4 = 180°$,曲柄数 $q = Z/2 = 4/2 = 2$,排列的曲柄图见图 6-11(a);第Ⅱ列气缸与第Ⅰ列气缸的发火顺序相同,由于第Ⅰ列气缸的 1 缸发火后,第Ⅱ列气缸的 1 缸可以是发火,也可以是进气,所以第Ⅱ列气缸的发火插入是在第Ⅰ列的基础上加上 γ 角或 $\gamma+360°$ 角,按整机排出发火顺序,得到图 6-11(b)或图 6-11(c)。

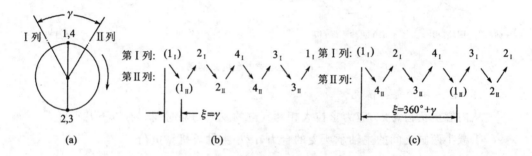

图 6-11 四冲程 V 型 8 缸机插入式发火方案

除了插入式发火方案之外,V 型内燃机也可采用"交替式发火"方案来安排整机的发火顺序。交替式发火的特点是第Ⅰ和第Ⅱ列气缸的发火顺序和发火间隔彼此不同,但因在同列中采用交替补偿的办法,仍使整机最终达到均匀发火和均匀输出转矩的要求。交替式发火方案的两列气缸正时规律不同,通常只有在采用插入式发火方案不能满足内燃机对平衡性的要求时,才会考虑采用。图 6-12 所示为采用交替式发火方案排列的"十字曲柄"和发火顺序

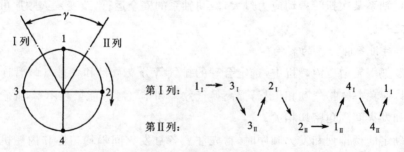

图 6-12 四冲程 V 型 8 缸机交替式发火方案

按照曲柄图进行曲拐单元的排列,即可形成曲轴的中间部分。

6.1.3 曲轴的前后端与密封

曲轴两端的结构取决于功率输出的方式。

对于大多数中、小功率的内燃机来说,曲轴前端一般装有带动配气机构的正时齿轮,带动水泵、风扇或机油泵的带轮等,如果有扭转减振器,通常也装在前端。图 6-13 所示为某曲轴的前端结构。

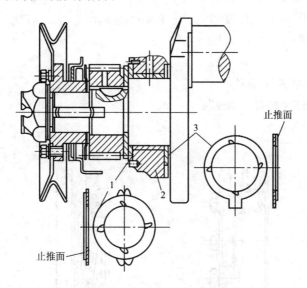

图 6-13 曲轴前端结构

曲轴后端装有飞轮,部分中型以上内燃机的传动轮也装在曲轴后端。按照功率从小到大,其连接方式包括锥面与键连接(见图 6-14(a))、采用法兰盘通过螺栓连

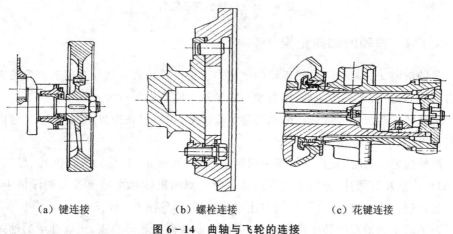

(a) 键连接　　　　　(b) 螺栓连接　　　　　(c) 花键连接

图 6-14 曲轴与飞轮的连接

接(见图6-14(b))、花键配合连接(见图6-14(c))等,为了提高结构紧凑性,传动轮和曲轴也可以采用过盈连接。

为了防止曲轴两端沿轴向漏油,必须设计油封。一般多采用组合式结构,包括:甩油盘加自紧式油封(见图6-15)、甩油盘加回油盘(见图6-16(a))、甩油盘加密封填料(见图6-16(b))、挡油凸缘加回油螺纹(见图6-16(c))和自紧式橡胶密封(见图6-16(d))等。

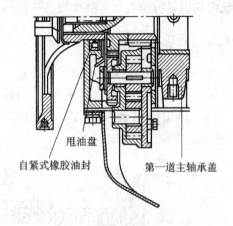

图6-15 曲轴的前端密封

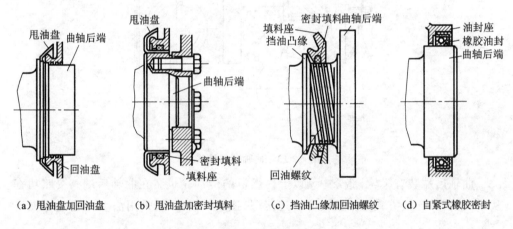

(a) 甩油盘加回油盘　　(b) 甩油盘加密封填料　　(c) 挡油凸缘加回油螺纹　　(d) 自紧式橡胶密封

图6-16 曲轴的后端密封

6.1.4 曲轴的轴向止推

曲轴轴向受到驱动附件斜齿轮的轴向力或由于踩踏离合器而对曲轴产生的轴向推力,为了防止曲轴轴向窜动,在曲轴与曲轴箱之间应设置一个止推结构。

止推结构的位置大部分在曲轴的功率输出端,也可以在中央主轴承上,少量内燃机在自由端。

当轴向力不大时,止推结构多采用翻边轴瓦(见图6-17(a))或止推片(见图6-17(b)),止推片有两片,分别安装在主轴承座两侧的机体和主轴承盖上的浅槽中;在轴向载荷较大的情况下,可采用轴向止推滚珠轴承(见图6-17(c))。

为了防止曲轴在运转中轴向咬死,考虑到制造误差和热膨胀,止推轴承的轴向间隙一般为 0.06~0.5 mm。

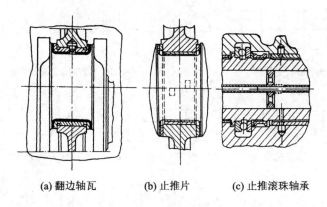

(a) 翻边轴瓦　　(b) 止推片　　(c) 止推滚珠轴承

图 6-17　曲轴的止推结构

6.1.5　曲轴的平衡及平衡重

往复式内燃机在工作过程中会产生往复惯性力和旋转惯性力,其大小和方向都是变化的,这些力如果不在机内进行平衡,会引起内燃机的振动。

平衡重的作用是为了平衡旋转离心力及其力矩,有时也可平衡往复惯性力及其力矩,并可减小主轴承的负荷。通过曲轴的静平衡设计,使曲轴旋转时的离心力合力为零,以平衡旋转离心力;通过曲轴的动平衡设计,使各个曲拐单元平面内的离心惯性力的合力矩为零,以平衡曲轴的旋转离心力产生的弯矩。

当平衡重用来减小主轴承的负荷时,应在内燃机常用转速和负荷下确定平衡重的位置、数目和离心力。

总之,曲轴上怎样安装平衡重要根据内燃机的用途、曲轴形状、常用工况的转速和负荷、结构和工艺上的简便程度等因素来定。图 6-18 所示为几种内燃机的平衡重布置。

设计平衡重时,应尽量地减小质量。因此,为了达到相同的离心力,平衡重的重心应尽可能离曲轴中心线远些,其形状多为扇形;为了平衡力矩,应在轴向距离最远的地方安置最大的平衡重。

设计平衡重时,也应尽量不增加内燃机的外部尺寸并防止发生干涉。具体设计时,要控制平衡重的外径,防止与活塞裙部和曲轴箱等发生碰撞;要控制平衡重的厚度,防止与曲轴箱和连杆等发生碰撞;如果采用滚动轴承时,平衡重的外径还必须小于轴承的外径。

平衡重可以与曲柄臂做成一个整体,也可以单独制造。铸造曲轴的平衡重一般和曲轴铸成一体(见图 6-19(a)),单独制造的平衡重通过螺栓与曲柄臂紧固为一体,其定位方式主要有图 6-19(b)、(c)、(d)的几个方式。

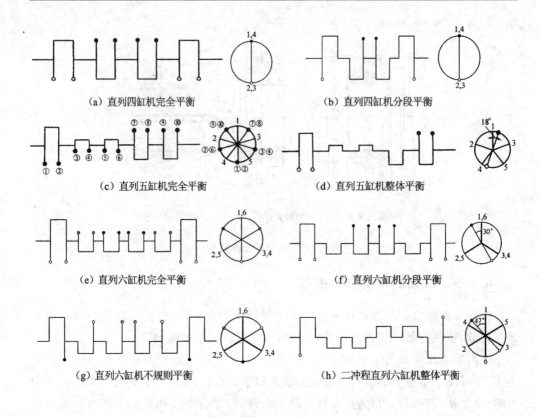

图 6-18 几种内燃机的平衡重布置形式

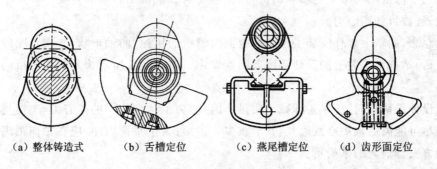

图 6-19 平衡重的安装方法

6.1.6 飞 轮

由于内燃机的输出力矩与内燃机的总阻力矩不能时时平衡,此时,内燃机的转速就出现迅速上升或下降,曲轴这种加速和减速的变化情况,可用曲轴回转不均匀度 δ 来表示,即

$$\delta = \frac{\omega_{\max} - \omega_{\min}}{\omega_{im}} \tag{6-6}$$

式中,$\omega_{\max}$和$\omega_{\min}$分别为曲轴瞬时角速度的最大值和最小值;ω_{im}为曲轴平均角速度,可取近似值为$\omega_{im} = \frac{\omega_{\max} + \omega_{\min}}{2}$,即

$$\delta = \frac{\omega_{\max}^2 - \omega_{\min}^2}{2\omega_{im}^2} \tag{6-7}$$

作为设计指标,不同用途的内燃机对δ值的要求不同。

曲轴回转速度的不均匀性,会使曲轴产生振动,会对负载零件产生冲击,为了改善这种状况,一般在曲轴功率输出端装飞轮。当输出转矩大于总阻力矩时,飞轮就把剩余转矩(盈功)储存起来使内燃机转速不会过大地升高,反之,当合成转矩小于总阻力矩时,欠缺的亏损转矩(亏功)就由飞轮释放出来补充,使内燃机转速不会过大地下降。

内燃机在任一时刻的输出转矩M_s,应与加在曲轴上的阻力矩M_Q及所有运动质量的惯性力矩相平衡,曲轴角速度的变化取决于M_s与M_Q之间的差值,即

$$M_s - M_Q = I_0 \frac{d\omega}{dt} \tag{6-8}$$

式中,I_0为内燃机中所有运动构件换算到曲轴上的转动惯量,单位为$kg \cdot m^2$。

当$M_s > M_Q$时,角加速度为正值,曲轴的角速度增大;当$M_s < M_Q$时,角加速度为负值,曲轴的角速度减小。为简单起见,假设阻力矩M_Q为常数,且等于平均转矩M_{im},因此盈亏功W_s为

$$W_s = \int_{\alpha_1}^{\alpha_2} (M_s - M_Q) d\alpha \tag{6-9}$$

根据动力学原理,物体在任意两个瞬时之间动能的变化,等于作用于该物体上的力或力矩在这个过程中所做的功,则有

$$W_s = \frac{I_0}{2}(\omega_{\max}^2 - \omega_{\min}^2) \tag{6-10}$$

将式(6-7)代入式(6-10)得

$$I_0 = \frac{W_s}{\delta \omega_{im}^2} \tag{6-11}$$

盈亏功W_s可由式6-9求出,δ为设计指标,ω_{im}也在设计时计算出,因此I_0也可以计算出。

I_0主要由飞轮的转动惯量I_F、曲柄连杆机构旋转运动质量的转动惯量I_1与曲柄连杆机构往复运动质量相当的转动惯量I_2三部分组成,其余机件的转动惯量可忽略不计。

$$I_1 \approx Zm_r R^2 \tag{6-12}$$

$$I_2 \approx \frac{1}{2} Z m_j R^2 \tag{6-13}$$

式中,Z 为气缸数;m_r 为单缸的旋转运动质量;m_j 为单缸的往复运动质量;R 为曲柄半径。

这样就有,$I_0 = \dfrac{W_s}{\delta \omega_{im}^2} \approx I_F + I_1 + I_2$。

所以,飞轮所需的转动惯量为

$$I_F = I_0 - (I_1 + I_2) = \frac{W_s}{\delta \omega_{im}^2} - Z R^2 \left(m_r + \frac{1}{2} m_j\right) \tag{6-14}$$

一般说来,I_F 比 I_1、I_2 大很多。对汽车内燃机来说,$I_F \approx I_0 \times (85 \sim 90)\%$;对拖拉机来说,$I_F \approx I_0 \times (75 \sim 85)\%$。

在一些多缸机中,按上述方法算出的 I_F 值很小,表明曲柄连杆机构本身的转动惯量已能满足曲轴回转不均匀度的需要,理论上没有必要再加飞轮。但因以上计算只考虑了平均角速度 ω_m 的因素,为保证发动机在启动和最低稳定转速下能正常工作,并作为扭矩输出的连接件,所以多缸机中也需加装飞轮。

飞轮一般做成具有矩形断面轮缘的轮形结构,质量应集中在远离回转中心的部分,它的转动惯量基本上由轮缘的转动惯量组成(见图 6-20)。若忽略轮辐的转动惯量,则飞轮的转动惯量为

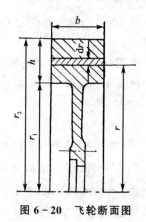

图 6-20 飞轮断面图

$$I_F = 2\pi b \rho \int_{r_1}^{r_2} r^3 \mathrm{d}r = \frac{\rho}{4} \times 2\pi b (r_2^4 - r_1^4) \tag{6-15}$$

式中,ρ 为材料密度,单位为 kg/m³;b 为轮缘宽度,单位为 m。

由于轮缘厚度 $h = r_2 - r_1$,轮缘平均直径 $r_0 = (r_2 + r_1)/2$。当 h 相对于 r_2、r_1 来说较小时,近似取 $r_0^2 = (r_1^2 + r_2^2)/2$。因此,飞轮轮缘的转动惯量可近似地表示为

$$I_F \approx 2\pi r_0^3 b \rho = G_F D_0^2 / 4 \tag{6-16}$$

式中,G_F 为飞轮轮缘质量,单位为 kg;$D_0 = 2 r_0$,单位为 m。

因此加大平均直径和轮缘质量都可以增大轮缘的转动惯量。设计中,飞轮的外径和宽度都受到安装空间的限制,从材料强度来考虑,飞轮外缘的线速度一般不超过 50 m/s。

6.1.7 曲轴的材料

曲轴常用材料根据其毛坯制造方法可分成锻造曲轴材料和铸造曲轴材料两大类。

锻造曲轴常用材料有中碳钢（40、45 和 53 等）及合金钢（35Mn2、40Cr、45Mn2、35CrMoA、42CrMoA、50CrMoA、40CrNi 和 18Cr2、Ni4WA、49MnVS3、43MnVS、38MnSiV 等）。

铸造曲轴常用材料有球墨铸铁（QT600-2、QT700-2、QT800-2、QT800-6、QT900-2、QT900-5 等）、可锻铸铁（KTZ700-2 等）、合金铸铁及铸钢（ZG270-500 等）等。

选择材料时，一般参考同类近似机型和应力水平，根据生产条件来选择。球墨铸铁的价格低、切削性能良好、减磨性好、可获得较理想的结构形状，并且和钢质曲轴一样可以进行各种热处理和表面强化处理来提高曲轴的抗疲劳强度、硬度和耐磨性，所以在国内外得到了广泛应用；强化程度较高的增压中冷发动机曲轴多采用锻钢曲轴。

6.1.8 提高曲轴疲劳强度的工艺措施

锻造或铸造的曲轴，一般都要经过热处理。轴颈部分还要经过加硬处理和研磨等。

1. 感应淬火

采用中频或高频感应加热装置，对轴颈表面进行淬火，淬硬层深度一般为 3～7 mm。如果对轴颈和圆角表面同时进行淬火，提高了圆角处的疲劳强度，球铁曲轴可提高 20% 左右，锻钢曲轴可提高 100% 左右，因此感应淬火强化在钢制曲轴中应用普遍。

2. 圆角滚压

圆角滚压可使圆角部位表层材料产生冷作硬化，形成大的残余压应力，表面粗糙度达到 $Ra0.1$，从而使锻钢曲轴的弯曲疲劳强度提高 80% 以上，球铁曲轴的弯曲疲劳强度提高 120% 以上。圆角滚压强化具有工艺简单、经济性好的特点，圆角滚压后的球铁曲轴广泛应用于轻型车和轿车发动机，并可取代部分中等增压柴油机的锻钢曲轴。

3. 氮化

氮化是使活性氮原子渗入曲轴表面而得到一种含氮组织。氮化可以使轴颈表面形成一层具有残余压应力的硬化层，从而使零件表面硬度高、疲劳强度高。氮化方法包括气体氮化和盐浴氮化，盐浴氮化的生产效率高。氮化后的曲轴，弯曲疲劳极限可提高 60%，扭转疲劳强度可提高 35%。氮化处理由于能耗高、生产效率低，目前较少采用。

4. 复合强化

球墨铸铁曲轴进行轴颈表面感应淬火与圆角滚压结合的复合强化是目前性价比最高的一种曲轴材料工艺组合，虽然其疲劳强度较同等圆角淬火钢曲轴低，但其成本可下降 40%～50%。

球墨铸铁曲轴采用圆角滚压工艺与离子氮化结合的复合强化,可使曲轴的抗疲劳强度提高 130% 以上。

6.2 曲轴的疲劳强度计算

曲轴在工作中承受的是交变载荷,其疲劳强度直接影响发动机寿命,因此,曲轴疲劳强度计算是曲轴设计中必不可少的一环。曲轴疲劳强度在估算时一般采用断开梁法,即取一个曲拐单元,将其当作一个简支梁来计算。根据作用在曲轴上的最大载荷和最小载荷计算出它的最大应力和最小应力,进一步得出平均应力和交变应力幅,再根据曲轴材料的疲劳极限,充分考虑应力集中的影响,求出曲轴的安全系数,看其是否在允许的范围内。

从曲轴的破坏形式可知,曲轴上的轴颈与曲柄臂连接处的过渡圆角,以及轴颈油孔的边缘是曲轴产生疲劳裂纹的最危险部位。但是,只要设计得当,并避免扭转共振,轴颈油孔处的疲劳损坏可以减到很低的程度,因此在疲劳计算中可不对油孔处进行分析。

采用断开梁法所得的应力幅值,一般比工作中的实际值高,因此计算结果偏于安全。

6.2.1 采用公式计算

曲轴疲劳强度的公式计算方法较多,下面采用 Ricardo 公司的曲轴疲劳强度计算方法进行介绍。

取一曲拐,不考虑其他曲拐对其的影响,以简支梁的形式支撑在主轴承座上,负荷以点力的形式作用在曲轴上,截面 A—A、B—B、C—C 为危险截面(见图 6-21)。

1. 弯曲应力的计算

(1) 弯曲载荷的计算

压缩上止点时曲轴作用力

$$F_{max} = F_{Lmax} = F_{Rmax} = \frac{F_p + F_j}{2} \quad (6-17)$$

式中,F_{Lmax}、F_{Rmax} 为左右两侧主轴承支撑力的最大值;F_p 为燃气作用力;F_j 为活塞连杆组往复惯性力和旋转惯性力的合力。

排气上止点时的曲轴作用力

$$F_{min} = F_j/2 \quad (6-18)$$

(2) 单拐三个危险截面上的弯矩

A—A 截面(曲柄臂中央)

$$M_{Amax} = F_{max}a \brace M_{Amin} = F_{min}a \quad (6-19)$$

$B—B$ 截面(连杆轴颈圆角处)

$$M_{Bmax} = F_{max}b \brace M_{Bmin} = F_{min}b \quad (6-20)$$

$C—C$ 截面(连杆轴颈中央)

$$M_{Cmax} = F_{max}c \brace M_{Cmin} = F_{min}c \quad (6-21)$$

式中,M_{Amax}、M_{Amin}、M_{Bmax}、M_{Bmin}、M_{Cmax}、M_{Cmin} 分别为曲拐三个危险截面上的最大和最小弯矩,单位为 N·mm;a、b、c 的尺寸见图 6-21,单位为 mm。

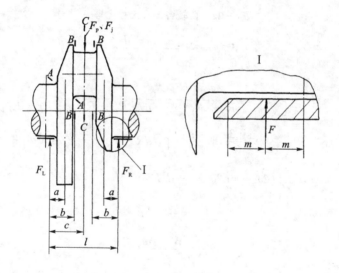

图 6-21 曲拐的受力

(3) 名义弯曲应力 σ_n

$$\sigma_{nmax} = \frac{M_{max}}{W_b} \brace \sigma_{nmin} = \frac{M_{min}}{W_b} \quad (6-22)$$

式中,σ_{nmax}、σ_{nmin} 为三个截面的最大、最小名义弯曲应力,单位为 MPa;W_b 为三个危险截面的抗弯截面系数,单位为 mm^3,其计算方法如下:

① 连杆轴颈圆角处的 W_{bB} 及连杆轴颈中央处的 W_{bC}

$$W_{bB} = W_{bC} = \frac{\pi}{32}D_p^3 \quad (6-23)$$

② 曲柄臂中央 W_{bA} 采用如图 6-22 中,$A-A$ 所示的截面计算

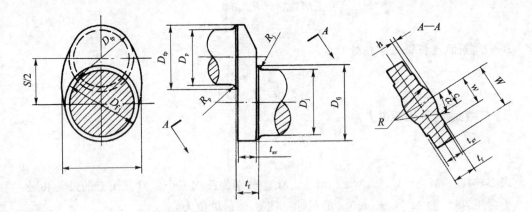

图 6-22 曲轴各部分尺寸代号

$$W_{bA} = \frac{(I_1 + I_2 + I_3)}{Y_{max}} \quad (6-24)$$

其中,

$$Y_{max} = \frac{1}{2}\left[\sqrt{(t_f + R_p + R_j)^2 + (u + R_p + R_j)^2} - R_p - R_j\right] \quad (6-25)$$

$$I_1 = R^4\left(\frac{\alpha}{2} + \frac{\sin 2\alpha}{3} + \frac{\sin 4\alpha}{24}\right) - dR^3\left(4\sin\alpha - \frac{4}{3}\sin^3\alpha\right) +$$

$$d^2R^2(2\alpha + \sin 2\alpha) - \frac{4}{3}d^3R\sin\alpha \quad (6-26)$$

$$I_2 = \frac{w-c}{6}t_f^3 \quad (6-27)$$

$$I_3 = \frac{W-w}{6}t_{av}^3 \quad (6-28)$$

在式(6-25)中,

$$u = \frac{1}{2}(D_p + D_j - S)$$

在式(6-26)中,

$$R = \frac{h^2 + c^2}{2h}, d = R - Y_{max}, \alpha = \arcsin\frac{c}{R}, h = Y_{max} - \frac{t_f}{2}$$

在式(6-27)、式(6-28)中,

$$w = \sqrt{\frac{D_{fp}^2}{4} - \left(\frac{S^2 + D_{fp}^2 - D_{fj}^2}{4S}\right)^2}, \quad c = \sqrt{\frac{D_p^2}{4} - \left(\frac{S^2 + D_p^2 - D_j^2}{4S}\right)^2}$$

所以,名义弯曲平均应力及名义弯曲应力幅分别为

$$\left.\begin{array}{l}\sigma_{nm} = \dfrac{\sigma_{nmax} + \sigma_{nmin}}{2} \\[2mm] \sigma_{na} = \dfrac{\sigma_{nmax} - \sigma_{nmin}}{2}\end{array}\right\} \quad (6-29)$$

(4) 弯曲平均应力 σ_m 及弯曲应力幅 σ_a

$$\left.\begin{array}{l}\sigma_m = \beta_b \sigma_{nm} \\ \sigma_a = \beta_b \sigma_{na}\end{array}\right\} \tag{6-30}$$

式中，β_b 为弯曲应力集中系数。

2. 切应力计算

(1) 转矩计算

最大输出转矩

$$M_{\max} = KM_{im} \tag{6-31}$$

最小输出转矩

$$M_{\min} = 2M_{im} - M_{\max} \tag{6-32}$$

式中，M_{im} 为内燃机的平均指示转矩，单位为 N·mm；K 为系数

$$K = \begin{cases} 10 & (2\text{缸机}) \\ 9 & (3\text{缸机}) \\ 8 & (4\text{缸机}) \\ 4.5 & (6\text{缸机}) \end{cases}$$

(2) 名义切应力 τ_n

$$\left.\begin{array}{l}\tau_{n\max} = \dfrac{M_{\max}}{W_t} \\[6pt] \tau_{n\min} = \dfrac{M_{\min}}{W_t}\end{array}\right\} \tag{6-33}$$

式中，$\tau_{n\max}$、$\tau_{n\min}$ 为名义最大、最小切应力，单位为 MPa；W_t 为连杆轴颈的抗扭截面系数，单位为 mm^3，$W_t = \pi D_p^3/16$。

名义平均切应力及名义切应力幅分别为

$$\left.\begin{array}{l}\tau_{nm} = \dfrac{\tau_{n\max} + \tau_{n\min}}{2} \\[6pt] \tau_{na} = \dfrac{\tau_{n\max} - \tau_{n\min}}{2}\end{array}\right\} \tag{6-34}$$

(3) 切应力 τ

$$\left.\begin{array}{l}\tau_m = \beta_t \tau_{nm} \\ \tau_a = \beta_t \tau_{na}\end{array}\right\} \tag{6-35}$$

式中，τ_m、τ_a 为平均切应力及切应力幅，单位为 MPa；β_t 为切应力集中系数。

3. 实际应力集中系数 β

(1) 理论应力集中系数 α 的计算

1) 曲柄臂重叠处及连杆轴颈圆角处的理论弯曲应力集中系数 α_{bA}、α_{bB} 及理论切应力集中系数 α_{tA}、α_{tB}

① 理论弯曲应力集中系数

非圆角滚压曲轴

$$\alpha_{bA} = \alpha_{bB} = A_{bo} V_b \qquad (6-36)$$

圆角滚压曲轴

$$\alpha_{bA} = \alpha_{bB} = A_{bo} V_b f_2 \qquad (6-37)$$

式中,$A_{bo} = 1.2 \left(\dfrac{R}{t_f}\right)^{-0.455}$

$$V_b = 1.962 - 2.434 \left(\dfrac{2w}{D_p}\right) + 1.873 \left(\dfrac{2w}{D_p}\right)^2 - 0.544 \left(\dfrac{2w}{D_p}\right)^3 + 0.0615 \left(\dfrac{2w}{D_p}\right)^4$$

$$f_2 = 1 + 81 \left[0.769 - \left(0.0407 - \dfrac{u}{D_p}\right)^2\right] \dfrac{\delta}{r} \left(\dfrac{R}{D_p}\right)^2$$

式中,δ 为圆角滚压深度,单位为 mm;u 为重叠度;R 为圆角半径,单位为 mm;D_p 为连杆轴颈直径,单位为 mm。

② 理论切应力集中系数

$$\alpha_{tA} = \alpha_{tB} = \left(\dfrac{R}{D_p}\right)^{-0.2205 - 0.1015 \left(\dfrac{u}{D_p}\right)} \qquad (6-38)$$

2) 连杆轴颈中央的弯曲应力集中系数 α_{bc} 及切应力集中系数 α_{tc}

连杆轴颈中央的应力集中系数是由曲轴上的油孔引起的,此处的应力集中系数可由图 6-23 查得。

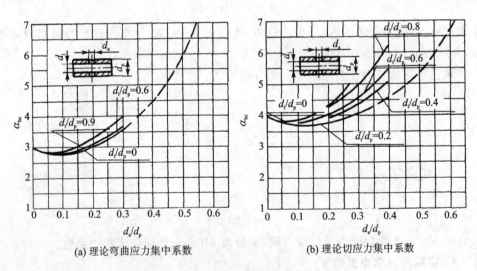

(a) 理论弯曲应力集中系数　　　　(b) 理论切应力集中系数

图 6-23　连杆轴颈中央理论应力集中系数

(2) 实际应力集中系数 β 的计算

实际应力集中系数 β 为

$$\beta = 1 + \eta(\alpha - 1) \tag{6-39}$$

其中,曲轴材料为钢时

$$\eta = 0.949 + 0.1\alpha - 0.056\alpha^2 + 0.00433\alpha^3$$

曲轴材料为球铁时

$$\eta = 1.009 - 0.642\alpha + 0.272\alpha^2 - 0.525\alpha^3 + 0.00363\alpha^4$$

4. 等效应力 σ_e

$$\sigma_e = \pm \sqrt{p_1^2 + p_2^2 - p_1 p_2} \tag{6-40}$$

式中,主应力 p_1 和 p_2 分别为

$$p_1 = \frac{\sigma}{2} + \sqrt{\left(\frac{\sigma}{2}\right)^2 + \tau^2}、\quad p_2 = \frac{\sigma}{2} - \sqrt{\left(\frac{\sigma}{2}\right)^2 + \tau^2}$$

(1) 名义等效应力为

$$\left. \begin{array}{l} \sigma_{nemax} = \sqrt{p_{1nmax}^2 + p_{2nmax}^2 - p_{1nmax} p_{2nmax}} \\ \sigma_{nemin} = \sqrt{p_{1nmin}^2 + p_{2nmin}^2 - p_{1nmin} p_{2nmin}} \end{array} \right\} \tag{6-41}$$

式中,

$$p_{1nmax} = \frac{\sigma_{nmax}}{2} + \sqrt{\left(\frac{\sigma_{nmax}}{2}\right)^2 + \tau_{nmax}^2}、\quad p_{2nmax} = \frac{\sigma_{nmax}}{2} - \sqrt{\left(\frac{\sigma_{nmax}}{2}\right)^2 + \tau_{nmax}^2}$$

$$p_{1nmin} = \frac{\sigma_{nmin}}{2} + \sqrt{\left(\frac{\sigma_{nmin}}{2}\right)^2 + \tau_{nmin}^2}、\quad p_{2nmin} = \frac{\sigma_{nmin}}{2} - \sqrt{\left(\frac{\sigma_{nmin}}{2}\right)^2 + \tau_{nmin}^2}$$

(2) 实际等效应力为

$$\left. \begin{array}{l} \sigma_{emax} = \sqrt{p_{1max}^2 + p_{2max}^2 - p_{1max} p_{2max}} \\ \sigma_{emin} = \sqrt{p_{1min}^2 + p_{2min}^2 - p_{1min} p_{2min}} \end{array} \right\} \tag{6-42}$$

式中,

$$p_{1max} = \frac{\sigma_{max}}{2} + \sqrt{\left(\frac{\sigma_{max}}{2}\right)^2 + \tau_{max}^2}、\quad p_{2max} = \frac{\sigma_{max}}{2} - \sqrt{\left(\frac{\sigma_{max}}{2}\right)^2 + \tau_{max}^2}$$

$$p_{1min} = \frac{\sigma_{min}}{2} + \sqrt{\left(\frac{\sigma_{min}}{2}\right)^2 + \tau_{min}^2}、\quad p_{2min} = \frac{\sigma_{min}}{2} - \sqrt{\left(\frac{\sigma_{min}}{2}\right)^2 + \tau_{min}^2}$$

(3) 曲轴材料为钢时的平均应力及应力幅

曲轴材料为钢时,应力集中系数只影响应力幅的值,而对平均应力无影响。因此,在计算平均等效应力时,应用名义主应力来计算等效平均应力,而用实际主应力来计算等效应力幅,即

$$\left. \begin{array}{l} \sigma_{em} = \dfrac{\sigma_{nemax} + \sigma_{nemin}}{2} \\ \sigma_{ea} = \dfrac{\sigma_{emax} - \sigma_{emin}}{2} \end{array} \right\} \tag{6-43}$$

式中,σ_{em}、σ_{ea} 为等效平均应力及等效应力幅,单位为 MPa。

(4) 曲轴材料为球铁时的平均应力及应力幅

曲轴材料为球铁时,由于球铁的伸长率小,应力幅及平均应力都应考虑应力集中系数的影响。因此,在计算平均等效应力时,应用实际主应力来计算等效平均应力及等效应力幅,即

$$\left.\begin{aligned} \sigma_{em} &= \frac{\sigma_{emax} + \sigma_{emin}}{2} \\ \sigma_{ea} &= \frac{\sigma_{emax} - \sigma_{emin}}{2} \end{aligned}\right\} \quad (6-44)$$

式中,σ_{em}、σ_{ea} 为等效平均应力及等效应力幅,单位为 MPa。

5. 曲轴的强度分析

曲轴强度在 goodman 图上判断,如图 6-24 所示,纵坐标为最大、最小应力,横坐标为等效平均应力。如果曲轴的等效应力值在疲劳强度图内,则曲轴的设计是安全的。

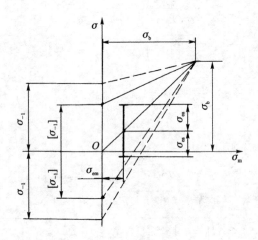

图 6-24 goodman 图

在图 6-24 中,σ_b 为材料的抗拉强度,单位为 MPa;σ_{-1} 为材料在对称循环载荷下的疲劳强度,单位为 MPa;$[\sigma_{-1}]$ 为考虑安全系数后的设计极限,$[\sigma_{-1}] = \sigma_{-1}/n$,其中安全系数 n 的取值范围为

$n = \begin{cases} 1.75 \sim 2 & \text{仅考虑弯曲应力时} \\ 1.5 \sim 1.75 & \text{同时考虑弯曲及扭转应力时} \end{cases}$,$\sigma_{-1}$ 也可以采用下式估算,当曲轴材料为钢时,$\sigma_{-1} = \frac{1}{2}\sigma_b \left(\frac{10}{D_p}\right)^{0.14}$;当曲轴材料为球铁时,$\sigma_{-1} = 0.3\sigma_b$。

6.2.2 采用有限元法计算

用有限元法计算曲轴强度时,应根据曲轴的结构特点、载荷情况以及分析的目的

采用不同的计算模型。在此,为了简化计算模型,采用断开梁法针对一个并列连杆 V 型柴油机的曲拐进行了静力学分析。

1. 实体模型的建立

由于发动机曲轴的曲拐具有不同的结构和弯曲承载条件,因此应根据曲轴结构特点和曲柄连杆机构的动力学分析结果确定工作最恶劣的曲拐,即选取最容易破坏的曲拐单元为分析对象。如果不考虑扭转载荷对曲轴的影响,可以在曲轴的三维设计模型上截取 1/2 曲拐进行计算,如果考虑扭转载荷,必需截取一个完整拐。曲轴上截取单拐三维模型,主轴承座采用简化模型,装配结构的三维模型如图 6-25 所示。

图 6-25 曲轴装配结构三维模型

2. 载荷处理、边界约束与结构离散

曲轴在工作时承受两类载荷:

① 缸内气体压力、往复运动质量产生的往复惯性力、不平衡旋转运动质量产生的旋转离心力三者的合力产生的拉压载荷,即曲轴弯曲载荷;

② 各缸输出转矩依次传递到计算曲拐的扭转载荷,即曲轴扭转载荷。

以上两类载荷在各工况下,按照分析需求可以分别在曲轴纯弯、纯扭时分别加载,或在曲轴弯扭结合时同时加载。

根据发动机的曲柄连杆机构动力学分析,得到曲轴的连杆方向作用力大小、作用角以及作用于曲拐的转矩。连杆方向作用力在连杆轴颈径上以 120°余弦分布的形式施加于连杆轴颈表面上,余弦的最大力方向与连杆作用力的作用角方向一致;由前面缸的曲拐传递过来的扭转载荷施加在曲拐模型前端主轴颈的断面上,其方向为曲轴的工作旋转方向。图 6-26 所示为某 V 型发动机曲轴在最大受压工况和最大受拉工况连杆方向作用力的方向,在左排缸爆发时曲拐受压载荷最大,在右排缸做功终了时曲拐受拉载荷最大。

根据曲轴的实际工作状况,模仿曲轴在发动机上的支撑。机体的隔板刚度相对较大,假设其固定不动,因此在主轴承座上半部分(相当于机体隔板)断面上进行垂直于断面方向和曲轴轴向的位移约束;考虑装配间隙,曲轴通过主轴颈的圆周表面和主轴承座之间建立接触;约束后端主轴颈断面的轴向平动自由度和转动自由度。

对曲轴、主轴瓦和主轴承座三个零件,分别进行网格剖分,并且分别定义其材料的弹性模量和泊松比。在零件的高应力集中区域,应减小单元尺寸,以求准确地描述边界形状,有限元网格如图 6-27 所示。

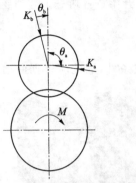
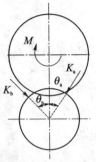

(a) 压工况时曲轴受力　　(b) 拉工况时曲轴受力

K_a 为右排缸连杆力；θ_a 为右排缸连杆与曲柄臂夹角；
K_b 为左排缸连杆力；θ_b 为左排缸连杆与曲柄臂夹角；M 为曲拐转矩

图 6-26　V 型发动机曲轴受力　　　　图 6-27　有限元模型的网格

3. 计算结果

根据曲轴的计算，可以得到其在各个工况的变形、应力以及主轴瓦的比压（见图 6-28）。可以通过对有限元模型的数据结果进行进一步处理，分析曲轴的刚度、疲劳强度以及主轴瓦比压的分布合理性，对曲轴进行评价并提出改进建议。

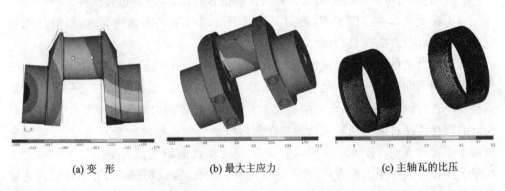

(a) 变　形　　　　(b) 最大主应力　　　　(c) 主轴瓦的比压

图 6-28　曲轴受压工况计算结果

除了断开梁法的静力学有限元分析外，由于连续梁法可以考虑支座的弹性等因素对应力的影响，因此用连续梁法，采用完整曲轴来计算应力能更完美地表达出曲轴的实际工作状态。采用完整曲轴进行动力学分析可以得到曲轴的各阶模态频率和振型（图 6-29 所示为某曲轴的一阶模态振型），进行曲轴的动力学评价；在此基础上施加激励载荷，进行瞬态动力学分析，可以进一步计算得到曲轴在工作过程中各个时刻的瞬态应力（见图 6-30），进而进行曲轴的疲劳评价。

图 6-29　曲轴的一阶模态振型　　　　图 6-30　曲轴在某一时刻的等效应力

6.3　曲轴滑动轴承设计

6.3.1　曲轴轴承的工作情况与设计要求

1. 工作情况

内燃机曲轴轴承包括主轴颈轴承与连杆轴颈轴承。它们的工作特点：

① 高压。承受气体爆发压力和活塞连杆组惯性力的作用，这些力是周期变化的带冲击性的负荷，滑动轴承的比压可达 80 MPa。

② 高速滑动。轴颈与轴承之间的相对滑动速度可达 10 m/s 以上。

在高负荷和高速相对运动下的滑动轴承会产生大量的摩擦热，使轴承的工作温度升高，此时如果不能保证液体润滑，就会使轴承强烈磨损。

2. 设计要求

① 抗疲劳。轴承材料在交变载荷下必须有足够的疲劳强度，工作中，合金层不发生开裂、剥落等疲劳破坏现象，合金的疲劳强度不应随温度升高而急剧下降。

② 抗咬合性。油膜破裂时，轴承合金能依靠自润滑作用有对抗咬合的能力。

③ 嵌藏性。具有将机油中的硬质杂质嵌入轴承合金的能力，它能保护轴颈不被刮伤。

④ 顺应性。加速轴瓦磨合，减少由于轴颈和轴承不同心或变形等原因引起的棱缘负荷过大的问题，使载荷分布均匀。

⑤ 耐腐蚀性好。

⑥ 耐磨性及导热性好。

6.3.2　曲轴轴承的结构

主轴颈与连杆轴颈的滑动轴承从中间位置分为上、下两片，称为轴瓦。轴瓦的基本结构尺寸包括轴承孔直径 d、瓦壁厚度 t、轴承外直径 D、轴承宽度 B、轴瓦自由状态下的张开量 Δ 等。

当 $t/d > 0.1$ 时，称为厚壁轴瓦，此种轴瓦重量大，不能互换，主要用于低速大型柴油机的主轴承以及某些叉形连杆的叉连杆上；当 $t/d \approx 0.02 \sim 0.065$ 时，称为薄壁轴瓦，此种轴瓦重量轻，能互换，广泛用于中、高速内燃机的曲轴上。

当 $B/D<0.4$ 时为窄轴瓦,一般为高速内燃机采用;当 $0.4<B/D<0.6$ 时为正常宽度轴瓦,一般为低速内燃机采用;$B/D>0.6$ 时为宽轴瓦。B/D 值不仅取决于总体结构状况,还要考虑到润滑的条件,过大的 B/D 值使轴承散热差,不利于润滑。

为了轴承良好地散热并减少撞击,轴瓦装于轴承座内时要求贴合紧密,为此,轴瓦在装配后应有一定的过盈度。因此,轴瓦在自由状态时,应是一个弹开尺寸 Δ 的半圆弧(见图 6-31),张开量 Δ 为 0.25~0.5 mm。

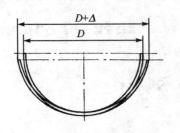

图 6-31 轴瓦自由状态下的张开量

为了防止在运转过程中轴瓦相对于轴承座产生相对移动,轴瓦安装时必须定位。定位的方式有定位唇(见图 6-32(a))和定位销(见图 6-32(b))两类。定位唇用于大多数中、小功率内燃机;定位销主要用于厚壁轴瓦与少部分薄壁轴瓦。定位唇应设计在轴瓦的结合端瓦宽的一侧,距离侧面距离 $\geqslant 1.5 t$,但不小于 3 mm,并应使定位槽距油槽边缘不小于 2 mm,以免影响轴瓦的承载能力,相应在轴承座孔中加工有定位槽,以便装配时能正确定位。

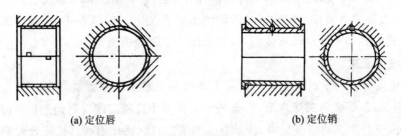

(a) 定位唇　　　　　　　　　　(b) 定位销

图 6-32 轴瓦定位

轴瓦一般是等壁厚的,但也有变厚度轴瓦,多用于强化程度较高的发动机(见图 6-33)。变厚度轴瓦可以使轴承对轴颈变形的适应性更好,可以避免轴瓦的棱缘负荷。

为了使润滑油进入主轴颈,在主轴承的轴瓦上均加工有环形油槽和油孔;在连杆小头喷油孔喷油冷却活塞的发动机上,为了使润滑油进入连杆油孔,在连杆轴承的轴瓦上也加工有环形油槽和油孔。环形油槽会破坏油膜,减小轴承的承载能力,为了保证轴瓦的承载能力,最好不在载荷较大的主轴承下轴瓦和连杆轴承上轴瓦开环形油槽。轴瓦的油槽如图 6-34 所示。

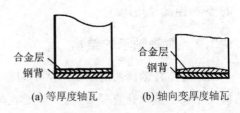

(a) 等厚度轴瓦　　　(b) 轴向变厚度轴瓦

图 6-33 轴瓦的厚度

由于轴瓦的装配过盈量较大,在装入轴瓦座内时会将轴瓦两端向内挤进,这将使这部分合金层过早地磨损,为避免这种现象,在轴瓦两端适当地削薄,形成布油槽,削薄高度 B 值推荐取 $D/6$,一般在 $10°\sim 25°$ 的范围内,削薄量 A 约为 $0.0002\sim 0.0008D$,(见图 6-35)。布油槽的存在使得负荷较小的水平方向保有较大的间隙,可以增大流过轴承的油量,改善散热,也有利于运转中冲出杂质。有些轴瓦在布油槽位置设计有沿轴向不开通的凹槽,成为"垃圾槽",其即可以储存轴瓦间隙中的杂质,又可以防止润滑油泄露过多使得油压下降过大。

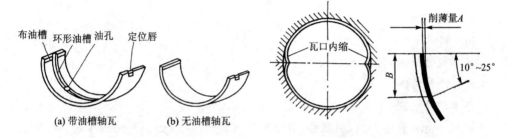

图 6-34 轴瓦的油槽　　　　　图 6-35 轴瓦两端的布油槽

曲轴止推轴承有翻边轴瓦、止推片。翻边轴瓦(见图 6-36(a))是将轴瓦两侧翻边作为止推面,在止推面上浇铸减摩合金层;止推片分为半圆环止推片(见图 6-36(b))和圆环止推片(见图 6-36(c)),它们在止推面侧浇铸减摩合金层,用定位舌或定位销定位,防止其转动,由于浇铸的减摩合金层是单面的,因此不能装反。

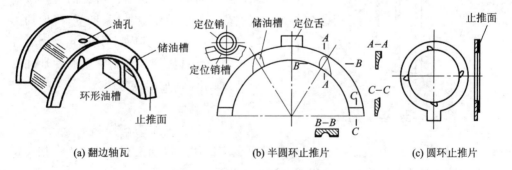

图 6-36 止推轴承

6.3.3　曲轴轴承的材料

每一片轴瓦都是由厚度 $1\sim 5$ mm 的薄钢背和厚度不到 1 mm 的减摩合金组成。它们的材料如下:

1. 低碳钢

钢背使用低碳钢(包括 15、35 钢等),其与合金层的粘接强度高,便于压延与切削。

2. 白合金(巴氏合金)

(1) 锡基白合金

基本金属为锡,耐磨性、嵌藏性及耐腐蚀性都较好。

(2) 铅基白合金

基本金属为铅,高温强度比锡基的好。

由于疲劳强度低,作为减摩合金层,常用于负荷不太高的汽油机和大型柴油机中。

3. 铜基合金

(1) 铜铅合金

基本成分是铜,含 25%～35% 的铅。

(2) 铅青铜合金

基本成分是铜,含 5%～25% 的铅及 3%～10% 的锡。

铜基合金承载能力高,耐疲劳,但顺应性、嵌藏性均较差。采用粉末烧结法制造时,其金相组织均匀,质量稳定,疲劳强度比较高,目前应用较多。铜基合金轴瓦多用于高速内燃机和大型柴油机中。

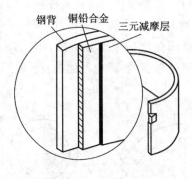

图 6-37 三层金属轴瓦

在铅青铜合金轴瓦表面再镀一层合金,成为由钢背、铅青铜合金、三元减摩层组成的三层金属轴瓦(见图 6-37),多用于高速增压柴油机和汽油机中。所镀的三元减摩层成分一般包括铅、锡、铜、铟等,厚度约为 0.02～0.06 mm。其中,铅用于增加磨合性和抗咬合性;锡、铟用于增加耐腐蚀性和磨合性;铜用于增加耐疲劳性。

4. 铝基合金

铝基合金主要为高锡铝合金(含 20% 锡)。含锡量愈多,其表面性能愈好,铝基合金广泛用于汽油机和柴油机上。如在铝基合金表面镀三元减摩层也可组成三层金属轴瓦。

6.3.4　薄壁轴瓦过盈量的确定

轴瓦与轴承座有一定的过盈量,若此过盈量太小则不起作用;若太大,则轴瓦压应力太大,有可能超过屈服极限而变形,因此,轴瓦的过盈量应适当。

轴瓦过盈的测量需用专门的检验规。检验规为半圆形,内径等于轴承座内孔直径的最大值(公差上限),半圆孔的一侧有挡块(见图 6-38)。

测量时，将轴瓦放入检验规内，一端顶住挡块，另一端施加力 P_0（P_0 是使轴瓦与检验规内表面良好贴合的力），此时的轴瓦仍有一部分突出在检验规基准面之上，称为余面高 u，轴瓦在 P_0 力的作用下产生的变形量为 v，设 $u+v=h$，此 h 值即为轴瓦过盈量。

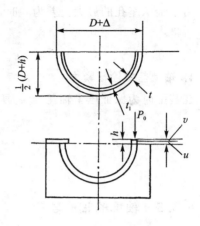

图 6-38　轴瓦过盈量的测量

1. 轴瓦最大过盈量 h_{max} 的确定

根据虎克定律，轴瓦装配后产生的最大应力

$$\sigma_{max} = E \frac{2h_{max}}{\pi D}$$

式中，E 为钢背的弹性模量；σ_{max} 值不能超出材料屈服极限，一般控制为 50～60 MPa。因此轴瓦最大过盈量

$$h_{max} = \pi D \sigma_{max}/(2E) \tag{6-45}$$

2. 变形量 v 的计算

由于轴瓦背面与模具内表面之间有摩擦力，轴瓦的压应力 p_0 在轴瓦的各个横断面上并不相等，在此取其平均值 $\sigma = 0.8 p_0$。

根据虎克定律

$$0.8 p_0 = E \frac{2v}{\pi D}$$

得变形量

$$v = 0.4 \pi D p_0 / E \tag{6-46}$$

式中，压应力 p_0 为在 P_0 力作用下产生的，其值为 $p_0 = P_0/(Bt')$，t' 为轴瓦的当量厚度，$t' = t_1 + \alpha t_2$。其中，t_1 为钢背厚度，t_2 为合金层厚度，$t = t_1 + t_2$；α 为合金层不同弹性模量时的折合系数，白合金 $\alpha = 0$，铝基合金 $\alpha = 0.5$。

3. 余面高 u 与轴瓦最小过盈量 h_{min} 的计算

由于轴瓦（半周）安装最大过盈量发生在轴承座孔出现最小公差时，余面高最大值为

$$u_{max} = h_{max} - v - (\pi \delta / 2) \tag{6-47}$$

式中，δ 为轴承座孔直径公差，单位为 mm。

一般情况下，余面高最小值为

$$u_{min} = u_{max} - (0.02 \sim 0.04) \tag{6-48}$$

u_{min} 在确定时还要综合考虑轴承座孔的制造精度对最小过盈量的影响，以防工作时轴瓦松脱。

由于轴承座孔的最大公差为 0 时,产生轴瓦(半周)安装最小过盈量,因此轴瓦最小过盈量

$$h_{\min} = u_{\min} + v \tag{6-49}$$

4. 轴承盖螺栓预紧力

在装配时为保证压紧轴瓦,螺栓所需施加的预紧力为

$$\left. \begin{array}{l} P_{1\max} = \dfrac{P_0 h_{\max}}{v} \\[2mm] P_{1\min} = \dfrac{P_0 h_{\min}}{v} \end{array} \right\} \tag{6-50}$$

6.3.5 轴承的轴心轨迹

轴心轨迹,是指轴颈在油膜压力、外负荷及角速度的周期性变化中,轴心所绘出的一条封闭运动轨迹曲线(见图 6-42)。通过轴心轨迹曲线,可以了解润滑油膜的分布情况及变化规律。

轴心轨迹用偏心率 ε 和偏心角 δ 的关系来表达(见图 6-39)。其中

$$\varepsilon = \frac{e}{r - r_0} \tag{6-51}$$

式中,e 为偏心距;r 为轴承孔半径;r_0 为轴颈半径。

获取内燃机曲轴轴承轴心轨迹的方法有实验法和计算法两大类。

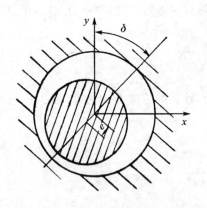

图 6-39 偏心率和偏心角

试验测量法一般将两个电涡流传感器按照一定夹角布置在轴承圆周上,利用电涡流传感器产生的电涡流效应,将位移的变化量转化成电压的变化量,用以测量轴颈与轴承孔之间的径向间隙,计算出一个工作循环内各个时刻的轴心位置,形成轴心轨迹曲线。

计算法包括静力学法和动力学法,静力学法主要有荷氏(Holland)法、汉氏(B. Hahn)法和移动率(Mobility)法;动力学法在分析计算时逐渐取消了一些不符合实际的假设,如采用连续梁法计算主轴承载荷、考虑轴瓦和轴颈表面的粗糙度、轴承和曲轴的弹性变形、供油特性、空穴效应、热效应、摩擦效应等因素的影响,是一种较为精确的计算方法。下面以荷氏法说明轴心轨迹的计算过程。

1. 轴承的流体动压润滑微分方程

根据轴承的流体动压润滑微分方程,变负荷下的润滑油膜压力表达式为

$$\frac{\partial}{\partial x}\left(\frac{h^3}{\eta}\frac{\partial p}{\partial x}\right) + \frac{\partial}{\partial z}\left(\frac{h^3}{\eta}\frac{\partial p}{\partial z}\right) = 6(U_j + U_b)\frac{\partial h}{\partial x} + 12\frac{\partial h}{\partial t} \tag{6-52}$$

式中，x 为轴承孔的周向坐标；z 为轴承孔的轴向坐标；h 为油膜厚度；p 为流体动压力；η 为机油的动力黏度；U_j 为轴颈表面的切线速度，$U_j = \omega_j r_0$；U_b 为轴承表面的切线速度，$U_b = \omega_b r$；t 为时间。

将轴颈的运动分解为轴颈的中心绕轴承中心的圆周运动和轴颈的中心纯径向运动，则

圆周运动的油膜厚增量

$$\frac{(\mathrm{d}h)_t}{\mathrm{d}t} = -U_0 \frac{\partial h}{\partial x} \tag{6-53}$$

轴向运动的油膜厚增量

$$\frac{\partial h}{\partial t} = \frac{(\mathrm{d}h)_t + (\mathrm{d}h)_r}{\partial t} = -U_0 \frac{\partial h}{\partial x} + \frac{(\mathrm{d}h)_r}{\partial t} \tag{6-54}$$

式中，$(\mathrm{d}h)_t$ 为轴心作圆周运动引起的膜厚增量；$(\mathrm{d}h)_r$ 为轴心作径向运动引起的膜厚增量；U_0 为油楔移动的线速度，$U_0 = \omega_0 r'$。

将(6-53)、(6-54)代入(6-52)，忽略轴颈和轴承在半径尺寸的微小差异，共同用 r 表示，并令 $\frac{(dh)_r}{\partial t} = \frac{\partial h}{\partial t}$，则得

$$\frac{\partial}{\partial x}\left(\frac{h^3}{\eta}\frac{\partial p}{\partial x}\right) + \frac{\partial}{\partial z}\left(\frac{h^3}{\eta}\frac{\partial p}{\partial z}\right) = 6\bar{\omega}r\frac{\partial h}{\partial x} + 12\frac{\partial h}{\partial t} \tag{6-55}$$

式中：$\bar{\omega} = \omega_j + \omega_b - 2\omega_0$，称为非稳定轴承的有效角速度。

把式(6-55)分解成计算圆周运动和径向运动油压的两个独立方程，即

$$\frac{\partial}{\partial x}\left(\frac{h^3}{\eta}\frac{\partial p_d}{\partial x}\right) + \frac{\partial}{\partial z}\left(\frac{h^3}{\eta}\frac{\partial p_d}{\partial z}\right) = 6\bar{\omega}r\frac{\partial h}{\partial x} \tag{6-56}$$

$$\frac{\partial}{\partial x}\left(\frac{h^3}{\eta}\frac{\partial p_r}{\partial x}\right) + \frac{\partial}{\partial z}\left(\frac{h^3}{\eta}\frac{\partial p_r}{\partial z}\right) = 12\frac{\partial h}{\partial t} \tag{6-57}$$

式中，p_d 为旋转油压的合力；p_r 为挤压油压的合力(径向运动产生)。

2. Holland 法计算模型

采用 Holland 法计算轴心轨迹，旋转油压的合力 p_d 和挤压油压的合力 p_r 可以表示为

$$P_d = S_{OD}\eta BD|\bar{\omega}|/\psi^2 \tag{6-58}$$

$$P_r = S_{or}\eta BD|\dot{\varepsilon}|/\psi^2 \tag{6-59}$$

式中，ψ 为相对间隙，$\psi = 2(r - r_0)/d$；S_{OD} 为轴承的旋转负荷能力，S_{OD} 及方向角 θ 是 ε 和 B/D 的函数，如图 6-40 所示，S_{OD}、θ 都为正，而且 $\theta < 90°$；$\dot{\varepsilon} = \mathrm{d}\varepsilon/\mathrm{d}t$；$S_{or}$ 为轴承的挤压负荷能力，S_{or} 与偏心率 ε 的关系式为

$$S_{or} = \frac{6\left[\dfrac{2}{(1-\varepsilon^2)^{3/2}}\arctan\sqrt{\dfrac{1+\varepsilon}{1-\varepsilon}} + \dfrac{\varepsilon}{1-\varepsilon^2}\right]}{1 + \left(\dfrac{D}{B}\right)^2 \dfrac{m+1}{2}\left(2 - \dfrac{3}{4}\pi\varepsilon + \dfrac{2}{3}\varepsilon^2\right)} \tag{6-60}$$

式中，m 为抛物线指数，一般取 $2\sim2.4$。

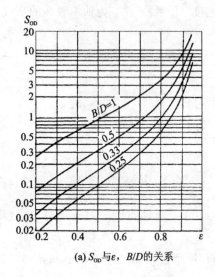

(a) S_{OD} 与 ε、B/D 的关系

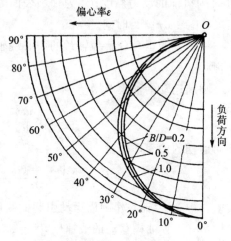

(b) θ 与 ε、B/D 的关系

图 6-40　S_{OD}、θ 与 ε、B/D 的关系

根据图 6-41，P_r 和 P_d 的合力与外负荷 F 相平衡，即

$$F\sin(\delta-\gamma) = P_d\sin\theta \tag{6-61}$$

$$F\cos(\delta-\gamma) = P_d\cos\theta + P_r \tag{6-62}$$

式中，δ 为偏心角；γ 为外负荷 F 与坐标轴 y 的夹角；θ 为 P_d 与偏心线之间的夹角。

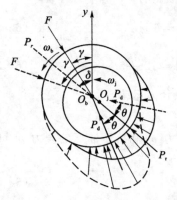

图 6-41　外负荷与油膜压力的平衡

将式(6-58)、式(6-59)、$\bar{\omega}=\omega_j+\omega_b-2\omega_0$ 代入式(6-61)、式(6-62)，考虑 $\bar{\omega}$、$\dot{\varepsilon}$ 为正、负值时等式两边的情况，得

$$\omega_0 = \frac{\omega_j+\omega_b}{2} - \frac{F\psi^2}{\eta BDS_{OD}}\frac{\sin(\delta-\gamma)}{2\sin\theta} \tag{6-63}$$

$$\dot{\varepsilon} = \frac{F\psi^2}{\eta BDS_{or}}\left[\cos(\delta-\gamma) - \frac{|\sin(\delta-\gamma)|}{\tan\theta}\right] \tag{6-64}$$

设曲轴的角速度为 ω，$\Delta\alpha$ 为曲轴转角的计算步长，则 $\Delta t = \Delta\alpha/\omega$。由于在很小的时间间隔 Δt 内，可以近似地认为 $\omega_0 = \Delta\delta/\Delta t$、$\dot{\varepsilon}=\Delta\varepsilon/\Delta t$，则式(6-63)、(6-64) 可以写成：

偏心角的增量

$$\Delta\delta = \frac{\Delta\alpha}{\omega}\left[\frac{\omega_j+\omega_b}{2} - \frac{F\psi^2}{\eta BDS_{OD}} - \frac{\sin(\delta-\gamma)}{2\sin\theta}\right] \tag{6-65}$$

偏心率的增量

$$\Delta\varepsilon = \frac{\Delta\alpha\pi F\psi^2}{180\omega\eta BDS_{or}}\left[\cos(\delta-\gamma) - \frac{|\sin(\delta-\gamma)|}{\tan\theta}\right] \quad (6-66)$$

式(6-65)中,对于主轴承,$\omega_b=0$,$\omega_j=\omega$;对于连杆轴承,$\omega_b=\lambda\omega\cos\alpha/\sqrt{1-\lambda^2\sin^2\alpha}$,$\omega_j=\omega$。

从式(6-65)和式(6-66)可知,影响轴心轨迹的因素有轴承负荷、转速、润滑油的黏度,轴承的直径、宽度和工作间隙。

3. 计算步骤

计算轴心轨迹,实际上就是确定每一瞬间的δ值和ε值。采用式(6-65)和式(6-66)进行轴承的轴心轨迹计算。

① 首先假定曲轴处于某一初始位置α_0,由它定出轴承负荷F及其方向γ,并假定此时的轴心位置为ε_0和δ_0。

② 代入式(6-65)和式(6-66)中,求出$\Delta\delta$和$\Delta\varepsilon$。

③ 算出曲柄转过$\Delta\alpha$后的新的轴心位置ε_1和δ_1,并有$\varepsilon_1=\varepsilon_0+\Delta\varepsilon$,$\delta_1=\delta_0+\Delta\delta$。

④ 当$\dot{\varepsilon}>0$时,轴心做离心运动,将上述ε_1和δ_1作为新的起点(即令$\varepsilon_1=\varepsilon_0$,$\delta_1=\delta_0$),重复步骤②~④,求另一个$\Delta\alpha$后的$\varepsilon_1$和$\delta_1$;若$\dot{\varepsilon}<0$时,轴心做向心运动,将上述$\varepsilon_1$和$\delta_1$代入式(6-65)求出$\Delta\delta$,$\theta\approx\delta-\gamma$,根据图6-40(b)得到$\varepsilon_1$,直至算完一个工作循环。若终点的$\varepsilon$和$\delta$与初始假定的$\varepsilon_0$和$\delta_0$的误差小于一定值,则计算结束,否则,进行下一循环计算。

图6-42为计算得到的轴心轨迹图,其表达的意义如下:

① A区是油膜厚度最小的部位,最小油膜厚度h_{min}应大于根据轴颈和轴瓦表面不平度的平均高度、轴颈在轴承中的弯曲变形及加工、安装误差引起的偏移量的和。

② B区负荷较轻,适于布置供油孔、油槽等。

③ 轴在C区急速靠近、偏离,可能引起轴瓦穴蚀。

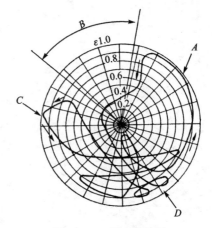

图 6-42 轴心轨迹图

④ 轴在D区形成离心和向心的高速往复交替,使局部的油膜压强剧增,甚至可达平均压强10倍以上,造成合金层的疲劳剥落。

轴心轨迹图可作为轴承优化设计的依据。通过改变轴瓦结构参数、润滑油的黏度等,得到比较合理的轴心轨迹图。

思考题

1. 曲轴组的作用是什么？工作条件是什么？根据工作需求，曲轴的基本结构应该是什么样的？
2. 曲轴的弯曲疲劳破坏容易在什么地方产生？为什么易在此处产生？从结构设计上如何避免此处的疲劳破坏？从工艺设计上如何提高此处的抗疲劳性？
3. 曲拐单元的排列应考虑什么因素？试举例说明如何考虑？
4. 曲轴平衡重的作用是什么？平衡重设计的原则是什么？
5. 采用 goodman 图评价曲轴疲劳强度的思路和过程是什么？
6. 轴瓦的结构应如何设计？高速高强化柴油机曲轴大多采用什么轴瓦？
7. 荷氏法轴心轨迹的计算思路是什么？轴心轨迹图如何解读？

第 7 章 机体组

机体组是指由内燃机的机体、气缸盖、气缸垫、气缸盖罩、下曲轴箱等组成,镶气缸套的发动机,机体组还包括干式或湿式气缸套。这些零件用来安装内燃机的曲柄连杆机构、配气机构、驱动机构和各种附件,并作为内燃机安装用的支座。它们结构复杂,承受的载荷较大,体积和重量占内燃机整个体积和重量的大部分。机体组的主要零件应有足够的刚度,以保证内燃机工作时各部分变形小,从而提高可靠性与耐久性。

7.1 机体设计

机体由气缸体、上曲轴箱、主轴承盖组成。把气缸体和上曲柄箱整体铸成一体的结构一般也称其为机体,由于结构紧凑,刚度大,重量较轻,普遍用于中小型高速水冷内燃机中。机体是内燃机的骨架,用以安装其他固定件及零部件,并通过机体上的支座来安装内燃机。

7.1.1 工作情况与设计要求

1. 工作情况

机体承受不变的螺栓预紧力作用和周期性变化的气体作用力、往复惯性力和离心力的作用。

(1) 气体作用力 P_g(见图 7-1(a))

作用于气缸盖上的 P_g 通过缸盖螺柱传到缸体的上端;而活塞上的 P_g 则通过连杆、曲轴作用在主轴承盖上,并通过主轴承盖上的螺柱传到曲轴箱的下端,因此缸体曲轴箱承受拉伸作用;活塞侧压力 N_g 和作用在主轴承上的力 N_g 产生扭矩 $N_g A$,而在支座上则产生一个反扭矩 $N'_g B$,其大小与 $N_g A$ 相等,方向相反,这使缸体曲轴箱承受着横向弯曲作用。

(2) 往复惯性力 P_j(见图 7-1(b))

P_j 作用于主轴承盖上,通过主轴承盖上的紧固螺柱传到缸体曲轴箱下端,这样,除了产生与前述相类似的扭矩 $N_j A$ 以及反扭矩 $N_j B$ 外,支座上还承受 P_j 的反力,使缸体曲轴箱承受纵向弯曲与横向弯曲的联合作用。

(3) 离心力 P_r(见图 7-1(c))

通过主轴承作用在缸体曲轴箱上,并在支座上产生相应的反力,使缸体曲轴箱产生弯曲和局部拉压作用。

(4) 多缸内燃机的发火时刻不同,使得同一时刻作用在各个气缸体上的反扭矩的大小或方向不同,使缸体曲轴箱还承受扭转的作用。

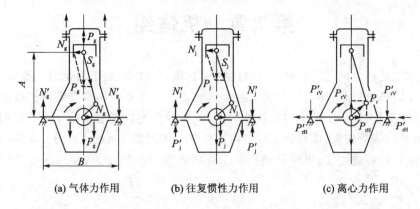

(a) 气体力作用　　(b) 往复惯性力作用　　(c) 离心力作用

图 7-1　机体的受力情况

2. 设计要求

根据机体的工作情况,设计机体时必须满足以下几点要求:

① 保证有足够的刚度,考虑降噪措施。
② 保证有足够的强度,合理设计承力部位的结构,减小应力集中。
③ 拆装与维修方便。

7.1.2　机体的结构设计

根据内燃机结构形式的不同,机体可以分为水冷式内燃机的机体与风冷式内燃机的机体。水冷式内燃机多采用一体式结构(见图 7-2);主副连杆结构的 V 形内燃机和风冷式内燃机采用缸体与上曲轴箱分开式的结构(见图 7-3)。

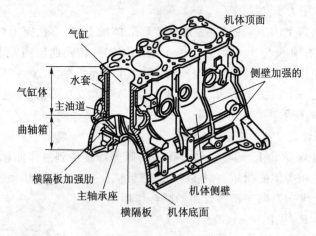

图 7-2　直列水冷内燃机机体

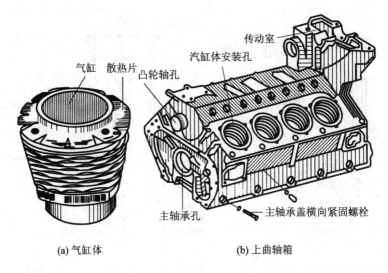

(a) 气缸体　　　　　　　　　(b) 上曲轴箱

图 7-3　V 型风冷内燃机机体

1. 机体的基本尺寸

当曲柄连杆机构、配气机构、驱动机构及辅助系统的形式及其零件的尺寸确定后,就可以在内燃机的纵横剖面草图上确定机体的结构形状及其基本尺寸。

对于横剖面图(见图 7-4),首先在图纸或计算机上绘出曲柄连杆机构零件的外形图,模拟曲柄连杆机构运动,将其运动轨迹的边缘逐点相连,形成曲柄连杆机构运动轨迹的外包络线 P;当凸轮轴下置时,配气机构也画出其运动轨迹的外包络线。考虑到零件的配合间隙、磨损、加工误差和变形等原因,机体内壁与上述外包络线之间应保留有一定的最小间隙 Δ,一般 Δ_1 和 Δ_2 在 5~15 mm;Δ_3 为 1.5~5 mm;平衡重和活塞裙部之间的 Δ_4 为 2 mm 以上;凸轮轴应尽量靠近曲轴中心线,并适当高一点,Δ_5 为 2~3 mm。水套高度尺寸应尽量与活塞第一环在气缸上、下止点位置相对应,使活塞热量容易传出。气缸长度包容活塞运动轨迹,上缘高度考虑压缩比,下缘位置允许活塞从气缸中伸出 10~25 mm(活塞裙部有油环时,不允许油环伸出气缸下缘)。根据下曲轴箱的形式,确定下曲轴箱的形状和尺寸。对于凸轮轴下置结构,再确定挺柱、推杆室,整个机体横剖面图也就定下来了。

在纵剖面图上,主要用来确定气缸中心距。根据气缸盖形式、气缸套形式、曲轴结构形式、水套布置和各部分的尺寸等画出机体纵剖面图。

V 型内燃机机体的结构形状和基本尺寸可以用同样方法确定。

2. 气缸体

(1) 水冷气缸体

水冷内燃机气缸的结构形式有无气缸套式(见图 7-5(a))、干式气缸套式(见图 7-5(b))和湿式气缸套式(见图 7-5(c))。无气缸套式气缸体在缸体上直接加工出气缸,机体的刚度大、工艺性好、可以缩短气缸中心距,但是为了保证气缸的耐磨性,

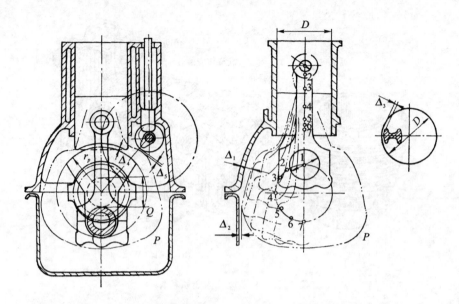

图7-4 直列内燃机机体的横剖面草图确定

须采用耐磨的合金铸铁制造,此结构目前已广泛应用于高度紧凑和强化程度较高的高速车用汽油机和柴油机上;镶嵌干式气缸套的优点是机体刚度大、气缸中心距小、质量轻和加工工艺简单,缺点是传热较差、温度分布不均匀、容易发生局部变形;湿气缸套的优点是冷却效果好、制造和维修方便,但它使发动机的缸心距加大,而且可能出现冷却水密封问题。

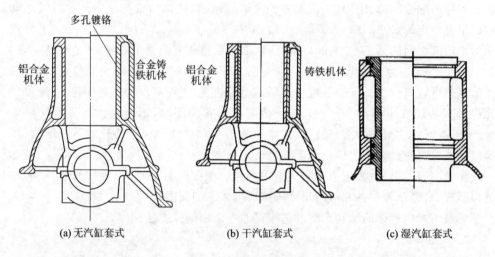

图7-5 气缸的结构形式

气缸体的顶面应保证一定的厚度,刚性好的顶面有助于增强整个机体的抗弯刚度,减小气缸孔的变形。为了提高气缸体的刚度和强度,在外壁和受力严重的部位都需要布置加强筋,加强筋的布置随内燃机的具体结构的不同而不同,图7-6示出了几种内燃机纵截面上内表面加强筋的布置情况。如果将气缸体外壁设计成波浪形曲面(见图7-7),具有较强的抗变形能力和消减噪声能力。水套外壁应与气缸盖螺栓中心线尽量在一直线上,以免错距使气缸体受到附加的弯曲变形。镶干式缸套的气缸壁厚度约为 $0.6D$,D 为气缸直径,最小壁厚为 5 mm。在水道壁上应设计水孔及

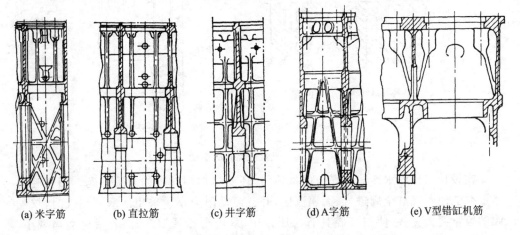

图7-6 几种内燃机纵截面上内表面加强筋的布置情况

(a) 米字筋　(b) 直拉筋　(c) 井字筋　(d) A字筋　(e) V型错缸机筋

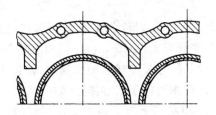

图7-7 波浪形曲面气缸体外壁

清沙孔,孔的位置可以在顶面和侧壁,但是不能放在高应力的区域,防止影响缸体的刚强度。

　　机体上固定气缸盖螺栓孔的结构细节设计对气缸体局部变形有很大影响。因为螺栓孔的外壁应有足够的壁厚,所以当厚度不足时应设计圆柱结构,并且在孔的端部一般设计为球状结构,形成螺栓搭子,用于包容螺栓孔;在螺栓搭子下应有加强筋,防止顶面变形凸起;螺栓搭子与气缸壁应保持一定距离,防止由于螺栓预紧力使气缸壁孔产生变形(见图7-8(a))。另外,在螺孔处一般应加工有直径比螺孔外径大1～2 mm、深度为5～30 mm 的沉孔,使缸盖螺栓孔的螺纹部分尽可能下沉到机体平面以下,防止孔缘隆起,并使作用在气缸套凸缘上的密封压力分布均匀(见图7-8(b));螺孔轴线两侧的刚度应尽量一致,防止安装后螺栓轴线偏斜(图7-8(b))。另外,为了使缸盖螺栓的拉力均匀地传到缸壁,避免应力集中,可以采用图7-8(c)的结

构,采用斜坡结构在螺栓搭子和缸壁之间进行过渡。介于气缸盖螺栓轴线方向之间的气缸体部分应具有足够而又均匀的刚度,以保证密封力能均匀地传递到气缸垫上。

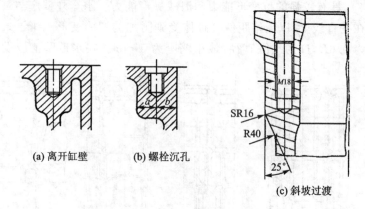

(a) 离开缸壁　(b) 螺栓沉孔　(c) 斜坡过渡

图 7-8　气缸盖螺孔的结构

在设计二冲程水冷式内燃机的机体时,还要考虑扫气腔的布置问题。扫气腔的布置要能使各气缸全周进气,无涡流区,并且流动阻力小。采用活塞泵扫气时,扫气腔的容量要大一些,使扫气腔具有稳压作用;采用离心泵扫气时,容量可适当减小。对着扫气腔方向应设置窗口,以便在清洗扫气口时可以不拉出气缸套。

(2) 冷却水腔

为了使多缸内燃机各缸冷却均匀和水流速度一致,在气缸体上设计有水道,各缸体冷却水腔的布置方式有并联布置(见图 7-9(a))和串联布置(见图 7-9(b))两种。并联布置时,纵向水道是向各缸分配冷却水的总通道,其位于缸体的一侧,冷却水通过分水孔流入各缸水套,纵向水道位于气缸体上部时,结构紧凑,水泵装拆方便;纵向水道位于气缸体腰部时,冷却水由下向上强迫冷却,使气缸套冷却均匀。串联布置时,冷却水从缸体的一端流入,通过缸间通水孔流入相邻气缸水套,减小缸间通水孔的面积并尽可能降低其位置,有利于提高机体的刚度。

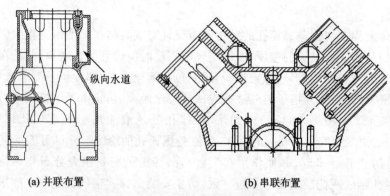

(a) 并联布置　(b) 串联布置

图 7-9　缸体上冷却水腔的布置

在水套的冷却水进、出口处不应有剧烈的压力降,否则会引起气缸套的穴蚀;在进水管道中的水流速度不能大于 5 m/s,最好让水流按切线方向向气缸套流去;水套不能太宽,太宽则水流速度缓慢,冷却效率低,但也不能太窄,太窄则铸造时清砂不易,而且容易引起穴蚀;水套不应有死区,以免形成空气囊或蒸气囊,引起局部过热。水套的放水口应设在水套最低位置,使放水时能够将水放干净。一般内燃机的水套宽度推荐值如表 7-1 所列。

表 7-1　水套宽度推荐值　mm

气缸直径	水套周围宽度
65～100	10～12
100～125	12～15
125～160	15～22
160～200	22～26

(3) 风冷式气缸体

风冷式内燃机的气缸体是单体的,为了增加散热面积,增强散热能力,必须在风冷气缸的外壁铸制散热片。气缸体与上曲轴箱和缸盖的连接方式如图 7-10 所示,一般多采用图 7-10(a)、(b)的形式,强化程度较高的可能采用图 7-10(c)的形式。气缸体刚度较差,特别是采用贯穿式气缸体螺柱固定时,由于承受很大的预紧力,更容易变形,所以在设计气缸体时应保证其有足够的刚度。

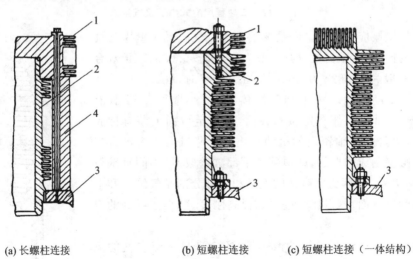

(a) 长螺柱连接　　　(b) 短螺柱连接　　　(c) 短螺柱连接(一体结构)

1—气缸盖;2—气缸体;3—曲轴箱;4—框架结构兼空气导流罩
图 7-10　风冷式内燃机气缸体与上曲轴箱连接方式

气缸体的结构随内燃机类型及制造材料而异。图 7-11 所示为四冲程风冷式内燃机气缸体的结构,图 7-12 为二冲程风冷式内燃机气缸体的结构,其包含了扫气结构。

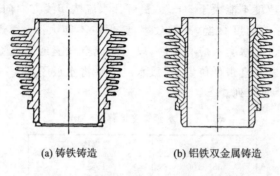

(a) 铸铁铸造　　　　(b) 铝铁双金属铸造

图 7-11　四冲程风冷式内燃机气缸体

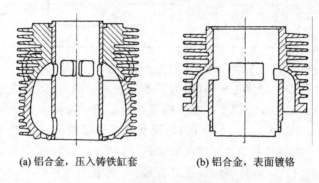

(a) 铝合金，压入铸铁缸套　　　　(b) 铝合金，表面镀铬

图 7-12　二冲程风冷式内燃机气缸体

气缸壁厚应保证气缸有足够的刚度。气缸最小壁厚与气缸直径的比值：对于铸铁气缸一般为 $0.005\sim0.096$；对于双金属气缸一般为 $0.082\sim0.162$。气缸直径小时，气缸壁厚约在 $5\sim10$ mm 范围内。对于钢气缸体，其最小壁厚不得小于 2.5 mm。气缸体下部有定位圆柱面，并在定位面上装有橡胶密封圈，以防止曲轴箱内的机油流出。有些风冷式内燃机气缸体的缸壁制成凹形的，即顶部和下部缸壁较厚，中间缸壁较薄（见图 7-13），因为气缸体的上部和下部分别是气缸盖和上曲轴箱的支承面，制得厚一些可以提高刚度，减小接触处的应力集中。

散热片应保证有足够的散热量，还应满足冷却空气的流动阻力小、噪声低等要求。一般气缸体散热片布置常用横向布置（见图 7-14(a)），但为了适应冷却气流流向，也有采用纵向布置的（见图 7-14(b)）。气缸体上的散热片布置必须保证活塞在上下止点位置时，第一道活塞环处于散热片区域内。

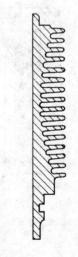

图 7-13　凹形缸壁

在散热片横向布置的气缸体上（见图 7-14(a)），为了保证气缸体上部的刚度，

上部可以采用连续整体式散热片,第一片散热片应适当加厚;为了增大散热效果,在活塞上止点时第一环以下部分,采用 $A—A$ 剖面和 $B—B$ 剖面所示的带缺口的间断交错式散热片,以增加冷却空气的紊流,提高散热效率。气缸体的散热片断面有梯形和矩形两种形式(见图7-15),它们有足够的强度防止破坏并且方便制造。

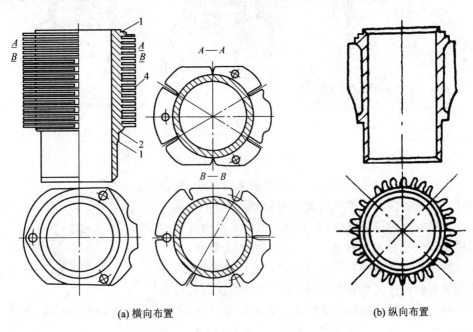

(a) 横向布置　　　　　　　　　　　(b) 纵向布置

图 7-14　气缸体散热片的布置

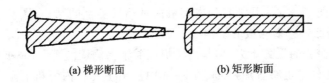

(a) 梯形断面　　　　　　　(b) 矩形断面

图 7-15　气缸体散热片断面形状

3. 上曲轴箱

根据上、下曲轴箱接合面的情况,曲轴箱分为平分式曲轴箱(见图7-16(a))、龙门式曲轴箱(见图7-16(b))和隧道式曲轴箱(见图7-16(c))三种。平分式曲轴箱的机体重量轻,但刚度较差,一般只用于小功率汽油机上;龙门式曲轴箱机体刚度较大,但是重量也较大,多用于功率较大的汽油机和一般柴油机中;隧道式曲轴箱机体的刚度最好,但是重量也最大,在小型单缸内燃机中,由于曲轴安装方便,多采用这种结构;多缸内燃机须采用盘形滚动轴承,但是由于大直径滚动轴承的圆周速度不能很大,因此限制了其在高速发动机上的应用,如果采用盘形滑动轴承座(见图7-17),由于结构比较复杂,因而也应用不多。

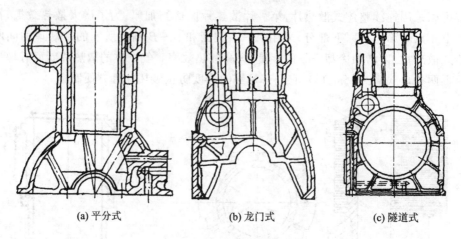

(a) 平分式　　　(b) 龙门式　　　(c) 隧道式

图 7-16　曲轴箱的形式

上曲轴箱的轴承座横隔板为主要的承力结构，它的设计直接影响曲轴和轴承的使用寿命、噪声和工作的可靠性。横隔板为筋板结构，非主要承力的板结构可以薄到铸造技术能够允许的程度。主要承力的为筋结构，主轴承座隔板加强筋的布置应当提高主轴承座的刚度，并使主轴承螺柱传来的作用力沿加强筋向气缸盖螺栓搭子平顺传递，尽可能地将加强筋布置成等强度结构，筋与板之间采用大半径倒圆进行过渡，不引起过大的应力

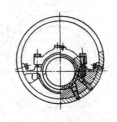

图 7-17　滑动轴承座

集中。主轴承盖螺栓孔外圆柱结构与气缸盖螺栓搭子结构一致，布置在横隔板的中间平面位置。图 7-16 为几种直列内燃机曲轴箱横隔板的结构，图 7-18 所示为几种 V 型内燃机曲轴箱横隔板的结构。

上曲轴箱侧壁的受力不大，但是为了提高曲轴箱侧壁的刚度，减小内燃机噪声传播，通常在其内外壁也布置加强筋，图 7-6 中示出了几种内燃机的上曲轴箱侧壁内侧的加强筋的布置情况。在一些特殊情况下，为了进一步提高上曲轴箱侧壁的刚度，也可以将其设计为缸心线位置横剖面曲率半径大，横隔板位置横剖面曲率半径小的鼓形曲面(见图 7-19)。

风冷式内燃机曲轴箱设计中应考虑的问题与水冷式内燃机基本相同。

4. 辅助系统各结构的布置

对于配气机构凸轮轴中置或下置的结构，在气缸体部分或上曲轴箱部分设计有凸轮轴承座，轴承孔的位置应避开气缸盖螺栓与主轴承盖螺栓之间作用力的传递路线。内燃机在机体中一般设置主油道和分油道，主油道一般设计在曲轴箱上，为了避免钻深孔，一般采用埋铸管道的形式贯穿整个机体，机体上的主轴承和凸轮轴承均由分油道供给润滑油，油道的位置不应妨碍力流的传递。油道的孔径取决于供油量的大小，一般主油道孔径为 12~15 mm，分油道孔径为 6~10 mm。

第 7 章 机体组

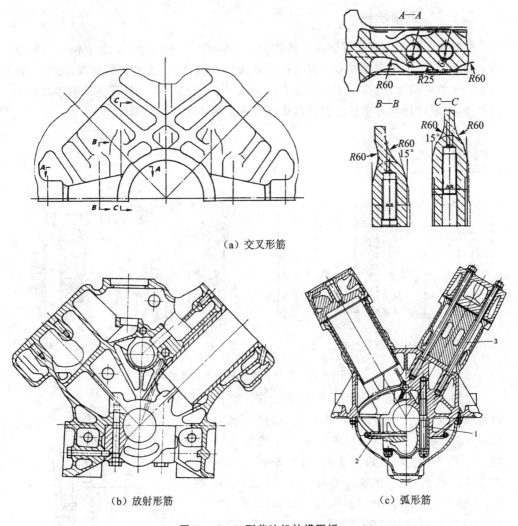

(a) 交叉形筋

(b) 放射形筋

(c) 弧形筋

图 7-18 V 型柴油机的横隔板

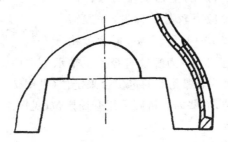

图 7-19 下曲轴箱侧壁的鼓形曲面

7.1.3 主轴承盖

曲轴主轴承盖用螺栓紧固在上曲轴箱上。如图7-20(a)所示,对于铝合金制造的上曲轴箱,为了避免螺栓多次拧进拧出造成螺纹损坏,一般采用螺柱连接;为了保证主轴承盖的刚度并减重,主轴承盖大都制成工字形截面;为了保证主轴承盖紧贴上曲轴箱,接触面转角处主轴承盖应制成倒角或者箱体制成沉割圆槽。

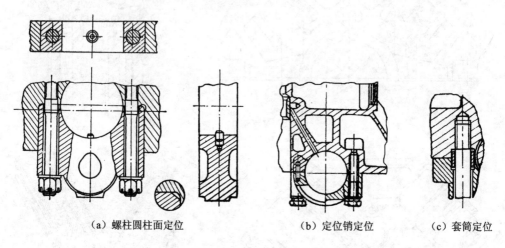

(a) 螺柱圆柱面定位　　　　(b) 定位销定位　　　　(c) 套筒定位

图7-20 采用螺栓紧固的主轴承盖

主轴承盖大多数采用两个螺栓来固定。当中间主轴承及靠近飞轮端的轴承较宽时,或主轴承盖较长时(见图7-18(a))则采用四个螺栓来固定。为了减小主轴承盖所受的弯曲,螺孔与曲轴中心线之间的距离应尽量缩短。在现代内燃机中,主轴承盖两螺孔之间的距离一般为$(0.8\sim1.1)D$,D为气缸直径。箱体螺孔应加工沉孔,防止拧紧螺栓时结合面变形,影响主轴承盖与箱体的贴紧。螺纹拧入箱体中应有较长的深度,一般铸铁箱体,螺纹拧入长度约为$(1.5\sim2)d$;铝合金箱

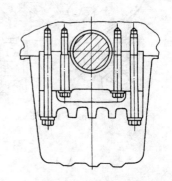

图7-21 主轴承盖下的横梁

体,螺纹拧入长度应大于$2d$,d为螺纹直径。主轴承盖在曲轴箱上的定位可以利用螺柱上的圆柱面与主轴承盖螺孔上的定位台来定位(见图7-20(a)),或采用定位销(见图7-20(b))来定位,有些内燃机则采用套筒定位(见图7-20(c))或主轴承座侧面定位。

在高强化内燃机中,为了增强主轴承座的支撑刚度,减小曲轴的弯曲变形,常将龙门式上曲轴箱的横隔板设计成与主轴承盖紧压配合,并用横向螺钉(见图7-18(b))或横向螺柱(见图7-18(c))紧固为一体的形式,或者在平分式上曲轴箱的主轴

承盖下方加横梁,将各个主轴承盖串联在一起(见图 7-21),这样不仅可提高主轴承盖的刚度,还可提高上曲轴箱的刚度。另外,还可以把各个主轴承盖铸成一个整体(见图 7-22),来增加各个主轴承盖的抗变形能力。图 7-22(a)的结构可以放置于下曲轴箱中,其上的圆管为主油道;图 7-22(b)结构的侧壁可以作为曲轴箱侧壁的一部分。

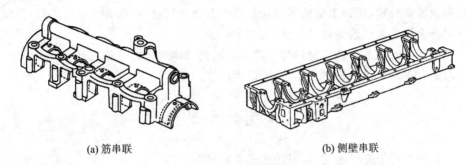

(a) 筋串联　　　　　　　　　　(b) 侧壁串联

图 7-22　框架式主轴承盖

为了保证各个主轴承座孔的同心度(一般不大于 0.04 mm),主轴承盖应与上曲轴箱安装好后同时镗内孔,并打上标记。

7.1.4　机体支座

机体支座一般设计在上曲轴箱,用来固定内燃机。支座承受着内燃机的重量及其工作时的力和力矩,在车用内燃机的支座上还承受车辆行驶时产生的振动。所以,支座应有足够的强度,并可以减小内燃机的振动,同时还要考虑内燃机拆装的方便性等。

各支座间的距离要尽可能加大,以增强稳定性。一般内燃机多用四支座,一些小型的车用内燃机采用三支座。支座支承的方式有刚性与弹性两种,汽车内燃机常采用弹性支承,以避免内燃机工作时的振动传到车辆上去,同时避免车辆行驶中引起内燃机的振动。

7.1.5　机体的材料

机体的材料要兼顾高强度和轻量化。制造水冷式内燃机机体的材料有铸铁和铝合金。

铸铁强度大、刚度好、价格低廉,但是质量较大,一般采用高强度的灰铸铁(HT 200~400),合金铸铁,部分采用强度更高的蠕墨铸铁。用铸铁制造的机体比用铝合金制造的刚度几乎大一倍。

铝合金密度小、导热性好,但是比铸铁的强度低、刚度差、价格贵,一般采用共晶成分的铝硅系合金(ZL101、ZL104 和 AlSi17Cu4Mg 等)。用铝合金制造的机体比用铸铁制造的轻约 26%。

风冷式内燃机的气缸体采用耐磨性好的合金铸铁或铝合金来制造。

合金铸铁一般是在铸铁内加入合金元素（如铬、钛、钒和硼等），或者提高其含磷量，来增加铸铁的耐磨性和强度。

用铝合金制造的气缸体散热性好，为了提高耐磨性，可在气缸体中压入一个薄壁的铸铁气缸套（见图7-12(a)）；为了提高铸铁与铝的结合紧密性，可以采用铸铁气缸套表面渗铝处理，再铸上铝的散热片形成的双金属气缸体（见图7-11(b)）；目前，还有铝合金缸孔表面镀铬的气缸体（见图7-12(b)）。

风冷式内燃机上曲轴箱材料与水冷式内燃机机体的材料一致。

内燃机主轴承盖的材料采用铸铁、锻铝或钢。

7.2 气缸套设计

气缸套是用于密封燃气，并对活塞运动起导向作用。

7.2.1 工作情况与设计要求

1. 工作情况

① 内燃机工作时，气缸内壁受到交变的高温气体压力作用，使气缸承受机械应力和热应力的共同作用，气缸套的温度场分布如图7-23所示。

② 气缸内壁承受着活塞对气缸的侧压力，引起气缸壁弯曲变形。

③ 在活塞的侧压力和高速相对运动作用下，气缸内壁产生强烈的摩擦、磨损。

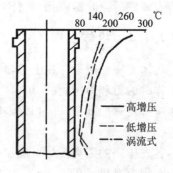

图7-23 气缸套的温度分布

气缸内壁的磨损有正常磨损、磨料磨损、熔着磨损及腐蚀磨损等几种情况。正常磨损时，最大磨损位置在活塞上止点时第一环附近的位置，其次在活塞下止点时第一环附近的位置，因为在这两个位置活塞运动速度为零，油膜不容易形成，且活塞上止点位置时的工作温度高，活塞侧压力大，其他位置磨损较小；磨料磨损与吸入空气中的含尘量、积碳及机油污染有关，吸入的尘土和积炭使缸孔上部磨损严重，机油污染使缸孔下部磨损严重，磨料磨损时缸孔壁上可看到均匀的平行直线状拉伤痕迹；熔着磨损是润滑不足造成了摩擦面间极小部分金属直接接触，在摩擦形成的局部高温下金属熔融粘连，如果油膜恢复迟缓，熔着就扩展，大面积熔着时就是所谓的"拉缸"，熔着磨损一般靠近第一环在上止点的位置；腐蚀磨损是燃油含硫及其他杂质且低温启动频繁而引起的，发生在第一环上止点附近，腐蚀使金属微粒剥落，形成疏松的细小孔穴，剥落的金属微粒同时会造成缸孔中部严重的磨料磨损，在燃油品质较好时，发生腐蚀磨损的倾向较小。

④ 湿式缸套的外表面受到冷却水的穴蚀作用。

气缸套外壁的穴蚀主要是由于化学作用、电化作用、液体的冲击作用和机械振动等引起的,随着内燃机转速的提高、平均压力的增大及活塞作用在气缸壁的侧压力增大,使得气缸套发生剧烈振动,产生严重的穴蚀现象。冷却水流动产生的液体冲蚀和腐蚀作用如果与穴蚀作用相互影响,会对气缸套产生更大的危害。

2. 设计要求

根据气缸套的工作情况,设计时必须满足以下几点要求:

① 气缸内壁必须有良好的耐磨性,外表面应有一定的抗穴蚀能力。
② 要有足够的强度来承受机械应力和热应力。
③ 要有足够的刚度以保证工作时气缸孔变形小。

其中,气缸内壁的磨损量和穴蚀情况决定了气缸的使用寿命。

7.2.2 气缸套的结构设计

气缸套的结构形式可以分为干式缸套(见图 7-5(b))和湿式缸套(见图 7-5(c))两种。干式缸套不与冷却水直接接触,可以用于风冷内燃机和水冷内燃机中;湿式缸套的外表面直接与冷却水接触,用于水冷内燃机中。由于气缸壁的最大磨损位置在活塞上止点第一环附近处,所以有的干式缸套可以只有上半部分长度,称为半干式缸套。

1. 干式缸套

水冷内燃机中的干式缸套为薄壁套筒,如果采用铸铁离心浇铸制造,其壁厚一般为 1.2~3.5 mm;如果采用低碳无缝钢管拉制,其壁厚可以薄到 1 mm。

干式缸套与缸孔的配合为过渡配合,装配时有压入装配和滑动装配两种形式。压入装配的配合可以采用 H6/r6,将干式缸套压入气缸座孔后进行精加工。这样装配的缸套与缸孔贴合紧密,利于散热,但是更换起来不方便;滑动装配的配合可以采用 H6/g6,可以用手轻轻推入座孔而不需要压入后再加工,修理方便,导热性好,但在制造过程中必须对气缸体上的座孔进行珩磨和对气缸套的外圆进行精磨。为了防止活气缸套发生位移,要在气缸套上端作出凸肩(见图 7-24(a))或在气缸套下端装上弹性锁圈来定位(见图 7-24(b))。采用前一种方式时,气缸套凸肩超出气缸体上端平面的高度一般为 0.04~0.06 mm,使气缸垫压紧后,既能保证气体的密封能力,又不至于引起气缸变形;采用后一种方式可以避免拧紧气缸盖螺栓时由于支承端面的不平而引起的气缸变形。

干气缸套式铝合金机体则是将合金铸铁气缸套与铝合金机体铸在一起。

2. 湿式缸套

湿式缸套的壁厚较大,受机体的变形影响相对较小。装入气缸体的缸孔中时,轴向定位大部分采用缸套上凸肩定位(见图 7-25(a)),在缸套上凸肩高度较大时,会造成缸套上部传热较差;轴向定位还有采用缸套中部止口定位(见图 7-25(b))和缸

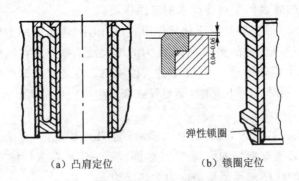

(a) 凸肩定位　　　(b) 锁圈定位

图 7-24　干式缸套的定位方式

套下部止口定位(见图 7-25(c))的,避免了缸套上部传热较差的问题,但是可能使缸套安装变形较大。

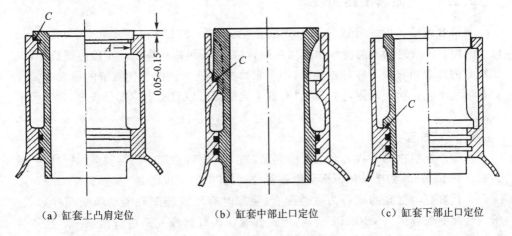

(a) 缸套上凸肩定位　　　(b) 缸套中部止口定位　　　(c) 缸套下部止口定位

图 7-25　湿式缸套的轴向定位

(1) 基本尺寸

湿式缸套的基本尺寸如图 7-26 所示。一般内燃机湿式缸套的壁厚 $\delta=(0.045\sim 0.09)D$,D 为气缸直径,增加壁厚可以改善缸套的刚度。$D_1=D+2\delta$,上定位带直径 $D_3=D_1+(2\sim 4)$mm,下定位带直径 D_2 应略小于 D_3,上下定位带用于保障缸套径向位置,与缸孔有一定的间隙。一般凸肩外径 $D_4=D_3+(6\sim 8)$mm,D_4 要尽量小,以保证气缸中心距尽量小。由于凸肩处的温度较高,与气缸体间应留下必要的膨胀间隙 Δ_1,一般 $\Delta_1=0.3\sim 0.7$ mm。为保证压紧密封,气缸套凸肩顶面应略高出气缸体顶面 Δ_2,一般 $\Delta_2=0.05\sim 0.15$ mm,各气缸共用一个气缸盖时,各缸之间的 Δ_2 差值不应超过 0.03 mm。

一般气缸套凸肩高度 $h_1=5\sim 10$mm,h_1 过大,缸套上部冷却不好;h_1 过小,气缸套安装后容易失圆,而且影响凸肩的强度。气缸套上定位带高度 $h_2=7\sim 15$ mm,应尽可能短一些,否则不利与活塞第一环的传热。h_3 由活塞下止点时第一环的位置决定,第一环应在冷却水可以冷却到的范围内。气缸套的总长度 h_4 允许活塞从气缸套中伸出 10～25 mm,如活塞裙部有油环时,则不允许油环伸出气缸套下缘。

(2) 缸套的水封

为了保证湿式缸套上端不漏水,当气缸体为铸铁时,凸肩与气缸体的接合面可以采用磨合面(见图 7 - 27(a)),或者在气缸套凸肩下加紫铜垫片(见图 7 - 27b);当气缸体为铝合金时,由于铝体本身较软,在压力作用下可以保证密封。

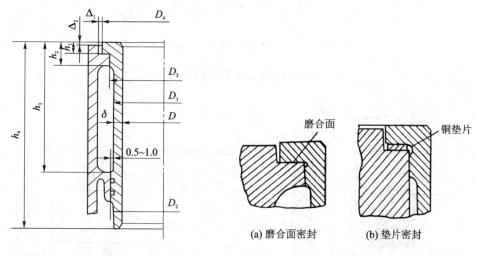

图 7 - 26 湿式缸套的基本尺寸　　　　图 7 - 27 湿式缸套上端的密封

湿式缸套下端的水封通常用 2～3 个耐热、耐油的橡胶密封圈来密封(见图 7 - 28)。密封槽的形状必须与密封圈不同,并且密封槽的断面应比密封圈的断面大一些(一般大 10%～15%),使密封圈既产生弹性变形而起到密封作用,又不因为密封槽容纳不下密封圈而引起气缸套变形。为了便于加工与安装,密封槽一般做在气缸套上(见图 7 - 28(a、b)),但是当密封槽处的缸套壁厚过小时,也可以做在气缸体上(见图 7 - 28(c)),密封槽处的缸套壁厚一般应不小于 4～5 mm。少数内燃机的气缸体上,在两道密封圈之间设计有漏水孔(如图 7 - 28(a)中 1 所示),用以观察密封圈工作情况是否正常,并可将水引到气缸体外面,避免漏到下曲轴箱中去。有些柴油机气缸套的最上一道密封圈直接与冷却水接触(见图 7 - 28(b)),可以借其吸振,防止冷却水进入缝隙产生缝隙穴蚀。

(3) 缸套的凸肩

如图 7 - 29(a)所示,在工作时,湿式气缸套的凸肩受到气缸垫压紧力和气缸体上密封带凸缘支撑力的共同作用。作用于凸肩顶面的压力 P_D 是螺栓预紧力和缸内气体压力共同作用的结果,其大小在 P_S 到 $(P_S - P_g)$ 之间波动。其中,P_S 为螺栓的预紧力;$P_g = p_g \pi D_i^2 / 4$,为缸盖上的气体作用力。作用于缸套顶面的压力 P_G 是缸内气体压力作用的结果,其大小为 $P_G = p_g \pi (D_i^2 - D^2)/4$。

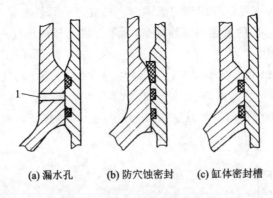

(a) 漏水孔　　(b) 防穴蚀密封　　(c) 缸体密封槽

图 7-28　湿式缸套下端的密封

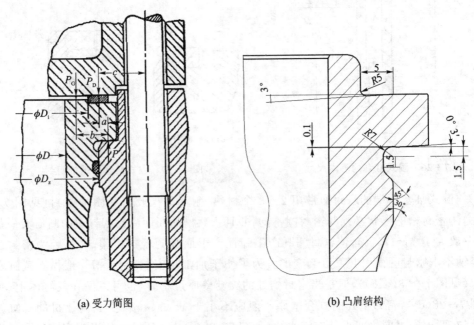

(a) 受力简图　　　　　　　(b) 凸肩结构

图 7-29　湿式缸套凸肩的受力与结构

作用于缸套凸肩底面的支撑力与 P_D 的距离为 a，与 P_G 的距离为 b，当两个力不在同一直线上时，产生弯矩 M_a 和 M_b，其中

$$M_a = P_D a$$
$$M_b = P_G b$$

M_a 作用在缸垫、缸套凸肩以及气缸体上密封带凸缘上，要想减小 M_a 值，应尽量减小 a 值；M_b 仅作用在缸套凸肩上，要想减小 M_b 值，应使 D_i 减小，但这意味着缸垫要尽可能靠近缸套内孔，然而这又会使 a 增加。因此，恰当地选择缸垫位置可使弯矩 M_a 和 M_b 减小，将缸套凸肩上波动的弯曲应力减至最小，如果设计不妥，将在凸肩与缸壁的结构突变部位产生高应力，并产生裂纹导致气缸套的断裂。为减小缸套凸肩到

缸套外壁过渡圆角的应力集中系数,在此处应设计较大半径的圆角,在凸肩上表面和下表面设计锥度很小的锥面,也有利于减小力臂 a 和 b (见图 7-29(b))。

水冷式二冲程内燃机湿式缸套设计时所考虑的问题与上述相同,只是由于气缸套上有换气口,装入气缸套时必须通过径向定位槽来定位。有些二冲程内燃机气缸套上的气口之间有冷却水道孔,当气缸直径较大时,采用铸造水道孔;当气缸直径较小时,采用加工水道孔。

7.2.3 提高气缸套使用寿命的措施

1. 湿式气缸套的穴蚀

穴蚀是由于缸壁的高频振动,而冷却水的流动又跟不上缸壁的快速振动,于是在缸壁附近的冷却水中形成许多很小的空隙,在这些空隙中的压力小于水的饱和蒸汽压力,因此产生了气泡或蒸汽泡,而这些气泡又随即爆裂使缸壁很小的表面上产生非常高的压力,并超过了材料的强度极限,使气缸壁的金属层剥离脱落,逐步形成孔穴和裂纹的现象。因此,为了避免产生严重的穴蚀,需要抑制空气泡的形成并减小缸套的振动。穴蚀主要产生在与曲轴轴线垂直方向上的气缸外壁上,特别是在活塞主推力面一侧。

为了抑制空气泡的形成,可以采用如下措施:

图 7-30 冷却水切向流动的水套

① 使冷却水沿气缸切线方向进入气缸水套(见图 7-30),然后围绕气缸套外围成螺线上升,以减少空气泡的产生,即使有气泡产生,也因切向流动使它离开强烈振动区域,而没有足够的时间挤入气缸壁上微小针孔中去。

② 增加气缸穴蚀区域的冷却水流速,可将穴蚀形成过程所产生的气泡很快带走。

③ 当冷却水温达 80 ℃ 以上时,蒸气对空穴气泡的破裂起机械阻尼作用,可以减轻穴蚀。

为了减小缸套的振动,可以采用如下措施:

① 应尽可能减小活塞与气缸套之间的间隙,以减少活塞对气缸套的冲击。

② 减小往复运动件的重量以减小往复惯性力,可以减小活塞对气缸套的侧压力,也可以减小气缸套的振动。

③ 增加气缸套的支承以增加刚度,减小缸套振幅。

④ 在气缸穴蚀区周围的气缸体上装吸振橡胶环,在环与气缸套之间的间隙中可以通过冷却水,当气缸套来回振动时,水也来回撞击,橡胶环可吸收部分撞击能量以减少振动。

此外,在冷却水中加入重铬酸盐、乳化液和乳胶液等添加剂可以改善抗穴蚀能力。

2. 气缸套的磨损

为了减小气缸套的磨损,可以采用如下措施:

① 提高气缸套内孔几何形状的精度,保证与活塞组良好配合。

② 选择粘-温特性比较稳定的机油,以保证油膜的形成。

③ 正确地选择和使用空气滤清器,并定期保养,以减小磨料磨损。

④ 严格控制所用燃料的含硫成分,机油应具有一定的耐酸蚀能力或添加碱性添加剂,以减小腐蚀磨损。

⑤ 控制冷却水温度在 80 ℃以上。使燃料在燃烧过程中形成的酸性化合物随废气排入大气,减小腐蚀性磨损。

7.2.4 气缸套的材料和表面处理

1. 气缸套的材料

气缸套的材料可以分为铸铁和钢两大类。

(1) 铸　铁

壁厚大于 1.5 mm 的干式气缸套和湿式气缸套一般采用铸铁材料。

① 球墨铸铁。具有密致强韧的珠光体基体和球状分布的石墨,强度比普通铸铁高一倍,抗穴蚀性和耐磨性也比普通铸铁好。当经过适当的研磨和热处理后,可以减小石墨球的尺寸,得到良好的耐磨表面。

② 高磷铸铁。在一般铸铁中添加 0.3%～0.8% 的磷,其耐磨性与球墨铸铁气缸套接近,但工艺性比球墨铸铁好,而且磷还可以改善耐腐蚀性能。

③ 合金铸铁。目前使用量较大,主要以强韧的珠光体为基体,通常选用具有混合石墨的中磷合金铸铁。对于壁厚小于 2 mm 的干式气缸套一般采用低磷合金铸铁。在铸铁中的合金元素包括镍、铬、钼、铜等,添加合金元素可以使材料组织均匀,珠光体致密,或促进高硬度的碳化物形成,进一步提高强度、耐磨性和耐腐蚀性。此外,还有含硼铸铁、加铌铸铁、钛钒铸铁、硼钛铸铁等。

(2) 钢

壁厚小于 1.5 mm 的干式气缸套一般采用低碳无缝钢管制造,内表面采用镀铬或气体碳氮共渗处理,以增加气缸套内表面的硬度。在强化内燃机中,还可以采用氮化钢(38CrMoAl)来制造气缸套,氮化钢的耐热性和耐腐蚀性好。在 500 ℃高温下,氮化层的硬度也下降很少,可以保证缸套的耐磨性。

2. 气缸套的表面处理

为了加速活塞、活塞环与气缸套的磨合,可以对气缸套内表面进行磷化处理;为了提高气缸套的耐磨性,可以采用镀铬、表面激光淬火、气体碳氮共渗、表面等离子喷钼或其他耐磨合金等表面处理方法。

镀铬表面有硬度高、熔点高、摩擦系数小、耐腐蚀性好等优点,气缸套外壁镀铬后可防止穴蚀和腐蚀,但其对耐熔着磨损不理想;表面激光淬火对于磨料磨损有良好效果,但对熔着磨损无效;表面等离子喷钼可以提高硬度和熔点,而且具有良好的多孔性,耐磨性显著提高,其磨合性、耐热性也较好,对防止熔着磨损和腐蚀磨损都有利。

气缸套内表面如何处理,需要与采用的活塞环相匹配,否则得不到理想的效果。

气缸套镜面过于光洁会降低其储油能力,因此,现代内燃机的气缸套广泛采用平台网纹珩磨技术(见图7-31)。珩磨后的缸套内表面形成交叉的,深度为 4～6.5 μm 的沟槽网纹,沟槽内储存润滑油用于提高润滑油膜的建立能力,网纹之间的众多小平台用于承受活塞侧压力,从而改善了气缸的润滑性和磨合性。

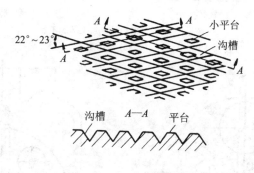

图 7-31 平台网纹珩磨表面

7.3 气缸盖设计

气缸盖用来密封气缸的上面部分,它与活塞顶及气缸内壁共同组成燃烧空间。气缸盖上通常布置有燃烧室,进、排气道,进、排气门座,气门导管孔和润滑配气机构零件的机油孔道等。在水冷式内燃机中,气缸盖上设有冷却水道,而在风冷式内燃机中,气缸盖设有散热片。同时,在气缸盖上还装有喷油器或电火花塞、进排气管和气门传动件等。结构形状非常复杂。

7.3.1 工作情况与设计要求

1. 工作情况

① 承受着缸内气体作用力和气缸盖螺栓的预紧力作用。

② 承受着高温燃气的热负荷作用。气缸盖火力面温度很高(见图7-32),在进、排气门之间的鼻梁区形成很高的热应力;另外,由于气缸盖各部分温度分布很不均匀,也形成高的热应力。它们反复作用,往往形成热疲劳裂纹。

③ 气缸盖的热变形和机械变形过大,会影响燃气的密封,加速气门座的磨损产生气门杆"咬死",甚至造成漏气、漏水和漏油等现象。

2. 设计要求

① 具有足够的强度和刚度,保证工作时变形小,从而保证良好的密封,防止气门

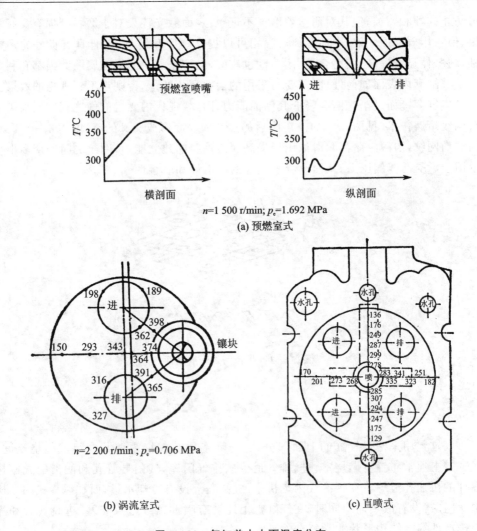

图 7-32 气缸盖火力面温度分布

磨损、气门杆咬死。

② 要根据混合气的形成和燃烧方式,正确设计燃烧室,合理布置气门和气道。

③ 保证高温部分能得到可靠的冷却,使气缸盖的温度分布均匀,避免出现热疲劳裂纹。

④ 结构简单、铸造工艺性好,便于生产;便于拆装与维修。

7.3.2 气缸盖的结构设计

根据内燃机的冷却方式,气缸盖可以分为水冷式气缸盖和风冷式气缸盖两大类。气缸盖的结构与气缸盖的结构形式、气门的数目、气缸盖螺栓的数目与位置、燃烧室的布置、气门和气道的布置以及冷却水套或散热片的设计等密切相关,同时,还要考虑装在气缸盖上的机件的布置。

1. 水冷式气缸盖

(1) 水冷式气缸盖的结构形式

水冷式气缸盖可以分为整体式、分块式和单体式气缸盖三种形式。整体式气缸盖是整列气缸共用一个气缸盖(见图7-33(a)),它缸心距小,重量轻,内燃机刚度好,水腔容易布置,制造成本最低。但是,它沿气缸盖长度方向的刚度差,热应力和热变形大,容易翘曲破坏气缸的密封性,铸造复杂,通常用于缸径小于105 mm的内燃机。分块式气缸盖常常为两个或三个气缸共用一个气缸盖(见图7-33(b)),单体式气缸盖是每个气缸为一个气缸盖(见图7-33(c))。它们长度短,刚度大,缸盖底面的加工平面度容易保证,翘曲变形相对较小,提高了气缸的密封性。但是,它们的缸心距大,各气缸盖之间需要考虑增加油管、水管进行互联。当缸径大于150 mm时,大多数采用单体式气缸盖。

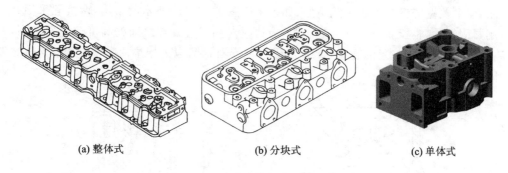

(a) 整体式　　　　　　(b) 分块式　　　　　　(c) 单体式

图7-33 水冷式气缸盖结构形式

(2) 气门的数目

在中小型非直喷柴油机上,由于燃烧室偏置在气缸的一侧,多采用两气门结构;转速和增压度不高的机型可用两气门;对于气缸直径大于140 mm的直喷柴油机,基本上采用四气门结构;对于气缸直径小于140 mm的中型直喷柴油机以及半球形或篷形燃烧室的汽油机,也大量的应用四气门结构。与两气门结构相比较,四气门结构可使喉口总面积增加20%以上,使充量更换潜力提高;喷油器可以垂直放在缸盖中央,有利于油气充分混合;气缸盖中心冷却好;气门尺寸减小,可增大气门刚度,并改善了气门的散热条件,使气门的热负荷下降;由于气体通过断面增大,就有可能适当地减小气门升程,这有利于改善配气机构的动力性能。但是,四气门结构的气门机构复杂,气道复杂,型芯复杂且空间狭小,并且可能会使缸心距增加。

对于两气门结构,进气门头部直径为$(0.4 \sim 0.45)D$(D为气缸直径),排气门头部直径为$(0.35 \sim 0.4)D$;对于四气门结构,进气门头部直径为$0.32D$左右。

(3) 气缸盖螺栓数目及其布置

气缸盖螺栓的数目及其布置影响气缸的密封性以及气缸套的变形,因此直接影响内燃机工作的可靠性和耐久性。

气缸盖总预紧力一定时,螺栓数目应该尽可能多一些,这样会使气缸垫的压紧力均匀,燃气密封性好,并且避免由于单个螺栓的高安装压力引起的气缸盖底面变形以及气门座的变形。但是,螺栓数目受到气道、水道、推杆孔以及气缸中心距等很多因素的限制,不能过多,通常每缸的螺栓数目(包括两缸间的共用螺栓)为4~8个。在气体压力较低、气缸直径较小时,宜采用四螺栓结构;对于大多数中小缸径柴油机,一般使用六螺栓结构;对于重型车用增压柴油机,常常采用7~8个螺栓结构。

气缸盖螺柱的布置应尽量对气缸中心均匀分布,应尽量靠近气缸中心线以减小螺栓之间的距离,从而减小气缸盖的弯曲应力和变形,气缸盖螺栓的间距一般在(0.32~0.875)D 之间。但是,与气缸中心线靠得太近会引起气缸套上部的变形,引起漏水、漏气等现象。

对于单体式和分块式气缸盖来说,由于缸盖螺栓的布置使缸心距增大,如果采用图7-34(a)所示的缸盖间侧壁扭曲,两缸侧壁相互对应的结构,可获得较小的缸心距,但两侧壁的机械加工工艺不好;如果采用图7-34(b)所示的结构,两缸间采用共用紧固螺栓,也能获得较小的缸心距,但这时对相邻气缸盖之间的高度公差要求高,否则会出现一松一紧的现象,特殊情况下,在装配时可以采用垫片来调整相邻两缸之间的高度差至最小值。

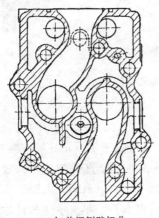 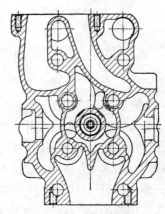

(a) 缸盖间侧壁扭曲　　　　　　　(b) 缸盖间共用螺栓

图7-34　八螺栓小中心距气缸盖结构

对于有两缸共用螺栓的缸盖结构,如果共用螺栓与其他螺栓的预紧力相等,会使气缸盖所受的压紧力不均匀,缸套变形较大,如果是采用软钢片缸垫的柴油机在高速和增压工况下工作,上述问题会更严重。为了使缸盖和气缸套等零件承受较均匀的压紧力,可将共用螺栓的直径适当放大,拧紧力矩相应增加,或者通过提高气缸盖和机体的刚度也可解决。

足够大的气缸盖螺栓预紧力可以保证密封,但预紧力过大会使气缸盖、气缸体过度变形,反而影响密封。一般情况下,对于环形缸垫,每缸周围螺栓的总预紧力应为最大缸压的 2~2.5 倍;对于平缸垫,每缸周围螺栓的总预紧力应为最大缸压的 2.5~3 倍。

(4) 燃烧室的布置

燃烧室的布置,随燃烧室的形式而异。绝大多数汽油机采用平顶活塞,将燃烧室布置在气缸盖上,它对发动机的性能影响很大。汽油机常用的燃烧室有楔形、盆形和半球形等(见图 7-35)。楔形燃烧室在压缩终了时能形成挤气涡流,进气阻力小,充气效率高,气门斜置可以增大气门尺寸,火花塞倾斜布置。盆型燃烧室热损失小,进气阻力小,气门平行于气缸中心线安装,由于气门头部尺寸受到燃烧室限制,充气性能在高速时受到影响,其火花塞也为倾斜布置。半球形燃烧室结构最紧凑,火花塞可以布置在燃烧室中央,火焰行程短,宜于提高压缩比,加快燃烧速度,由于气门倾斜安装,可以增大气门直径,也有利于多气门的布置。

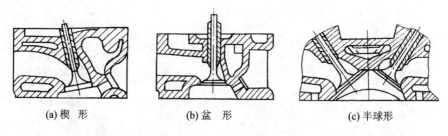

(a) 楔 形　　　　(b) 盆 形　　　　(c) 半球形

图 7-35　汽油机的燃烧室

柴油机混合气的形成和燃烧方式与汽油机有很大不同,直喷式燃烧室的气缸盖底面是平的,可以布置多气门结构,若燃烧室是涡流室式或预燃室式,则副燃烧室布置在气缸盖上。涡流室式燃烧室的辅助燃烧室是涡流室(见图 7-36(a)),其高速性能好,多用于轿车和轻型汽车的柴油机上。预燃室式燃烧室的辅助燃烧室即为预燃室,通常用耐热钢制成单独零件装在气缸盖上(见图 7-36(b)),在压缩行程中,空气在副燃烧室内形成强烈的紊流,燃油迎着气流方向喷射,并在副燃烧室顶部预先发火燃烧。

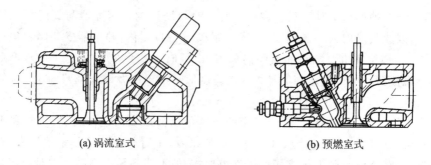

(a) 涡流室式　　　　　　(b) 预燃室式

图 7-36　柴油机分隔式燃烧室

(5) 气门、气道的布置

除个别内燃机外,现代内燃机一般采用顶置气门,气门和气道都布置在气缸盖中。

当采用每缸两气门时,气门在气缸盖上的布置可以沿曲轴轴线呈一列(见图 7-37(a)),也可以呈两列(见图 7-37(b))。当气门呈两列布置时,气门轴线与气缸中心线可以成一定角度,可以增大气门直径。在柴油机中为了避免进气空气受到预热而影响充气系数,可将其进、排气通道分别布置在气缸盖的两侧,在有些汽油机中为了预热进气管中的混合气,可将进、排气通道置于气缸盖的同一侧(图 7-38)。

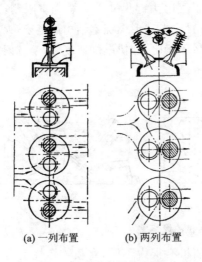

图 7-37 两气门的布置

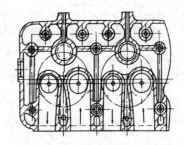

图 7-38 进、排气道同侧布置

气门在缸盖火力面上的位置需要兼顾气门有足够大的尺寸,燃烧室、火花塞(或喷油器)和气门的相互距离等多方面的要求。在如图 7-39 所示的两气门直喷式燃烧室柴油机上,从改善油气混合的角度来看,喷油器和燃烧室都在气缸中心最好,但在两气门结构上喷油器和燃烧室中心都必须偏置,并且气门必须向另一侧偏移。一般情况下,气门偏移量应控制在 $(8\%\sim10\%)D$ 以内。在小型高速机上,为追求大的气门尺寸,这种偏移量甚至只容许在 $(6\%\sim8\%)D$ 以内。喷油器与气门须保持一定的距离,因此只能向另一侧偏移,一般控制在 $10\%D$ 以内,喷油器安装倾斜角一般为 $15°\sim25°$。燃烧室也要与喷油器同向偏置,设计时偏移量应不大于 $5\%D$,否则会影响内燃机性能。两气门之间的鼻梁区的宽度应不小于 $(8\%\sim10\%)D$。进、排气门阀盘与气缸壁的间隙约 $1\%D$,但不小于 1 mm。

当采用每缸四气门时,进、排气道的布置可以分成切向进气、扭转进气和平行进气三种形式(见图 7-40)。从气道流动品质来看,平行气道的流量系数最大,涡流强度最低,是载货汽车柴油机常用的进气道形式,但不能满足小型高速机对涡流强度的要求。为了达到足够的涡流强度,须采用切向进气道或扭转进气道。扭转气道有较

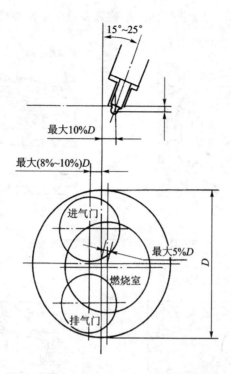

图 7-39 直喷式柴油机的气门与喷油器

好的综合流动性能,切向气道内侧进气门进气时受到外侧进气门的干扰,流量系数比较低,且前面排气门由于废气的冲刷时间长,工作热应力大。

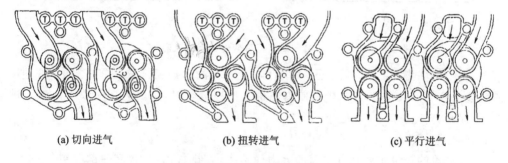

(a) 切向进气　　　　(b) 扭转进气　　　　(c) 平行进气

图 7-40 四气门的布置

在内燃机进气道上,还可安装涡流控制阀,形成可变进气涡流气道。图 7-41 所示的为两气门可变进气涡流气道,图 7-42 所示的为四气门可变进气涡流气道,通过涡流控制阀对进气道进行节流或关闭,从而实现对进气涡流的控制。在中低速或部分负荷工况时,需要较高的涡流比,可关闭涡流控制阀。在高速全负荷工况时,低涡流比可以降低气缸盖、活塞等受热件的热负荷,提高燃油经济性;较低的涡流比可以降低 NO_x 的排放;在低温冷启动时,低涡流比可以减少燃烧室的热损失与冒白烟,此时可以打开涡流控制阀。可变进气涡流结构较多地用于柴油机上。

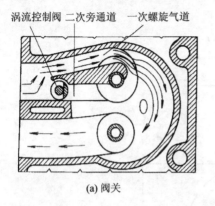
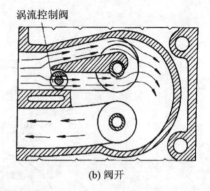

图 7-41　两气门可变进气涡流气道

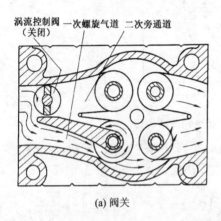
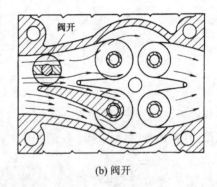

图 7-42　四气门可变进气涡流气道

为了使内燃机气缸得到更多的新鲜充量，有的内燃机还采用了 5 气门（3 进 2 排）甚至 6 气门技术（3 进 2 排），使内燃机在低速运转时，缸内的充气效率得到了进一步提升。

(6) 冷却设计

气缸盖的热量主要从气缸盖的火力面传入，在排气道中，也有一部分热量流入，在气缸盖底板上存在很大的温度差，冷却水应使气缸盖的各部分温度分布尽可能均匀，避免局部温差过大产生热变形和热裂纹。冷却水道的布置，应能使冷却水首先进入热负荷较高的地方，然后再流向热负荷较低的地方。

在设计水腔时，应遵循以下原则：水流不应有死区，否则会使局部温度过高；流进水腔的水应经过有组织的冷却后再从出水口流出，防止水流短路；布置进水口时，必须要与气缸盖螺栓孔或机油通道有适当距离，否则不易互相密封；进水口位置与各股冷却水流的布置应注意不要形成很强的涡流，因为在涡流区易形成蒸气，引起局部过热;气缸盖顶板应略有倾斜,出水口必须布置在最高处,以避免形成气囊而影响散热;水腔最热部分的通道不应窄于 4 mm,否则就会有强烈的蒸气产生;水流通道断面也不应过大,否则会使水的流速减低影响散热。

气门座之间的鼻梁区以及喷油器座或火花塞座与气门之间的狭壁,或气门与涡流室、预燃室之间的狭壁处在气缸中央,热流量大,结构狭窄,铸造质量控制困难,是气缸盖中容易产生热裂的地方,应首先保证有足够的冷却,为此,可在气缸盖上设计导水筋片(见图 7-43)和喷水管,将水流引向这些部位。图 7-44(a)的喷水管为埋铸钢管结构,图 7-44(b)为铸造喷水管,它们将水喷向喷油器座与排气管之间,加强喷油器的冷却。柴油机喷油器温度过高会造成喷孔堵塞,研究和经验表明,对于多孔喷嘴尖端的金属最高温度为 280 ℃,相应的喷嘴座金属最高温度为 230 ℃,必要时还可以将喷油器安装在铜套

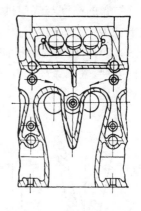

图 7-43 缸盖的导水筋片

中来加强冷却(见图 7-45),这种结构还可以减少该处的金属堆积,有利于水腔的铸造。

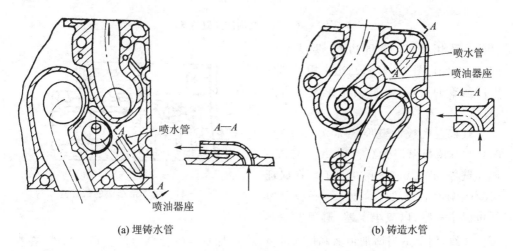

(a) 埋铸水管　　　　　　　　　　　　(b) 铸造水管

图 7-44 带喷水管的气缸盖

在鼻梁区的狭小空间中,冷却水通道的最小半径 R 应不小于 3 mm,狭壁也不宜过高(见图 7-46(a)),或者在此钻水孔加强冷却(见图 7-46(b))。一般钻孔流向鼻梁区的水流量应占总水流量的 1/3,流速应达到 3 m/s。

气缸盖水道的高度一般不应小于 4~5 mm,否则铸造砂芯的强度也难以保证。

(7) 基本尺寸与刚、强度

决定气缸盖的基本尺寸时应保证其有足够的强度和刚度。影响气缸盖刚度最主

要的尺寸是气缸盖的高度。加大高度,可以增加刚度,改善气缸盖与气缸体之间的密封性,减少螺栓中的动应力及气缸盖的安装应力。气缸盖的高度与气门进、排气道布置、燃烧室形式及水腔高度等因素有关,一般为$(0.9\sim 1.2)D$,现代内燃机向高速、高功率密度方向发展,气缸盖高度有的已达$1.5D$。在气缸盖高度一定的情况下,为增加气缸盖刚

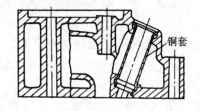

图 7-45 喷油器安装在铜套中的气缸盖

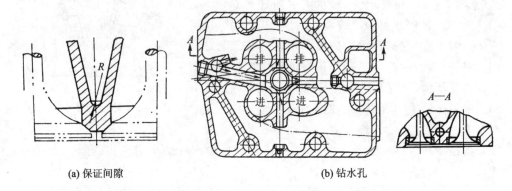

(a) 保证间隙   (b) 钻水孔

图 7-46 气门之间的狭壁冷却

度,可采用上部带凸边的设计(见图 7-33(c)、图 7-47),凸边占用了部分气门室罩的高度,不提高整个发动机的高度。

气缸盖底板的壁厚通常为$(0.05\sim 0.11)D$;顶板壁厚为$(0.08\sim 0.095)D$;侧面壁厚为$(0.055\sim 0.085)D$。在保证必要的刚度和强度的条件下,底板壁厚尽可能小一些,以减小温差,避免发生热

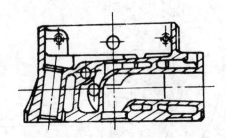

图 7-47 上部带凸边的气缸盖

疲劳裂纹,但要适当增加顶面和侧面的壁厚,增加缸盖螺栓凸台的直径。另外,在螺栓之间如果用筋连接起来,也可以增加底板的刚度(见图 7-48),但考虑到铸造和底面水流的要求,筋不能太高,通常只有 3~4 mm,因此只能将筋加宽。将气缸盖的侧壁设计成弯曲近似波浪形,侧壁厚度视受力情况而进行相应增减,气门导管之间铸造相连接的加强筋,气缸盖中部采用铸造的喷油器套连接顶板和底板(见图 7-34),对气缸盖刚度的提高大有益处。

气缸盖其他部分的壁厚主要决定于铸造工艺,在铸造工艺许可的条件下应尽可能减薄壁厚,一般约为 5~6 mm。由气门座上锥面到气门导管端面的尺寸一般为

$0.9d_{进}$($d_{进}$为进气门直径);由气缸盖底平面到气门座上锥面的尺寸一般为$(0.095\sim 0.105)d_{进}$。

水冷式内燃机气缸盖冷却水腔设计过程中必须考虑到取放型芯的方便和清除内部型芯的可能,为此,气缸盖的侧壁和上部要开设一定大小和数目的出砂口,而在铸造时还可以作为型芯的支撑孔。为使气缸盖的强度不被过多的削弱,其直径一般不大于40 mm,并尽量避免开在受热严重的区域。型芯工艺孔通常由钢皮冲成的盖板(见图7-49(a))或采用带螺纹的塞子(见图7-49(b))覆盖。

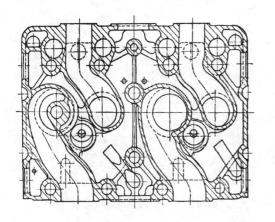

图7-48 底板上的加强筋

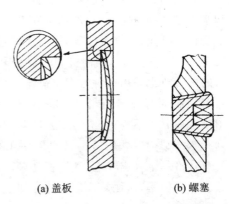

(a) 盖板　　(b) 螺塞

图7-49 水冷式气缸盖型芯孔的覆盖

2. 风冷式气缸盖

(1) 风冷式气缸盖的结构形式

风冷式内燃机的气缸盖一般采用单体式。根据摇臂室是否与气缸盖做成一体,可以分为一体式(见图7-50(a))和分开式(见图7-50(b))两种。一体式气缸盖刚度大,加工面小,对气缸盖的冷却和气道的布置有利,但铸造较难,气缸直径较小时采

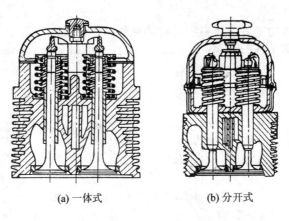

(a) 一体式　　(b) 分开式

图7-50 风冷式气缸盖结构形式

用;分开式气缸盖铸造方便,但是加工面较多,并需在摇臂室与气缸盖接合面处加密封装置,多用于气缸直径较大时或采用硬膜铸造时。

风冷式气缸盖通常用3~4个螺栓固定在气缸体上或经过气缸外壁而固定在上曲轴箱上。

(2) 气道的布置

风冷式内燃机气缸盖限于散热片的布置和冷却空气气流的要求,通常采用两个气门。气门在气缸盖上的布置可以沿曲轴轴线呈一列,也可以呈两列。

呈一列布置进排气道异侧的结构(见图7-51(a))得到广泛应用。进气口在冷却空气进气端,排气口在冷却空气出气端,冷却空气又首先经过进气道散热片,进气不受排气预热,充气系数高,铸造工艺性也好。呈一列布置进排气道同侧的结构(见图7-51(b))多用于汽油机和一些分开式燃烧室的柴油机上,有些直接喷射式燃烧室的柴油机也采用这种方案。进排气口均在冷却空气出气端,对于柴油机,另一边可布置喷油泵,有利于保养;对于汽油机,可用排气预热混合气,促使燃料气化。但是,由于金属分布不均匀,浇铸工艺性差,并且进气受排气预热,使充气系数降低。呈两列布置的结构(见图7-51(c))多用于小型单缸机上,进气口在冷却空气进气端,排气口在冷却空气出气端,气道长度最短,气流阻力小,进气道不受排气道预热,充气系数较高。但是,通往排气道处的冷却空气被进气道挡住,气缸盖温度分布不均匀。

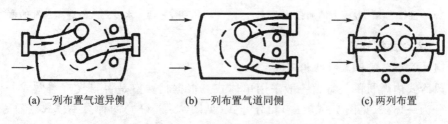

(a) 一列布置气道异侧　　(b) 一列布置气道同侧　　(c) 两列布置

图 7-51　气门与气道的布置

(3) 散热片的设计

气缸盖散热片的布置主要根据气缸盖具体结构、冷却空气流向等来确定,可采取横向、纵向、斜向或混合布置(见图7-52),散热片的布置垂直于要散出热量的表面时,散热效果最好。

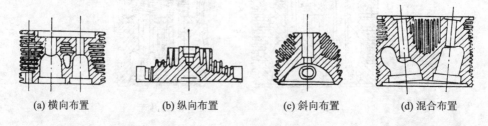

(a) 横向布置　　(b) 纵向布置　　(c) 斜向布置　　(d) 混合布置

图 7-52　气缸盖散热片布置形式

横向布置时,由于散热片不能垂直鼻梁区,所以鼻梁区的温度较高,热应力较大,因此横向布置一般只用于非强化的内燃机中。在二冲程横流换气和回流换气的汽油机与直接喷射式燃烧室的柴油机中,由于气缸盖结构简单,通常采用纵向布置或斜向布置的散热片,这时,散热片垂直燃烧室壁,散热效果好。在强化的四冲程柴油机上,一般多采用混合布置的散热片,气缸盖两侧散热片采用横向布置,而在两气门之间采用纵向布置,从而使鼻梁区的热量能有效散出。

(4) 喷油器的冷却

在风冷式柴油机的气缸盖中,为了使喷油器得到有效的冷却,通常将喷油器布置在冷却空气的进气侧。有的风冷式柴油机在喷油器与气缸盖之间安装由铜皮或铝皮包上石棉制成的隔热垫片(见图7-53(a)、(b)),或安置紫铜锥体,减轻喷油器的热负荷(见图7-53(c))。

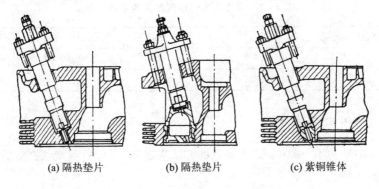

(a) 隔热垫片　　(b) 隔热垫片　　(c) 紫铜锥体

图7-53　风冷式柴油机喷油器的安装

(5) 鼻梁区的处理

有些风冷式柴油机气缸盖两气门之间的鼻梁区部分温度过高,热应力太大,为了避免该处产生热疲劳裂纹,可在鼻梁区铸入两片"八"字形钢片,减少热约束,降低热应力。

采用铝铁双金属熔接铸造技术,将合金铸铁制成的"眼镜形"的进、排气门座熔接铸在铝合金气缸盖内,由于铸铁的热强度高,可以消除鼻梁区的裂纹。

(6) 基本尺寸

风冷式内燃机气缸盖的基本尺寸如图7-54和表7-2所示,其中,H为气缸盖高度;h为布置散热片的高度;δ为鼻梁区高度;b为鼻梁区宽度;D为汽缸直径。

风冷式内燃机气缸盖的高度H一般要比水冷式气缸盖的大,这可提高刚度,并满足散热片布置的要求,但是二冲程横流和回流换气的内燃机的气缸盖,由于构造简单,散热片布置较方便,气缸盖高度比水冷式内燃机的气缸盖高度小。气缸盖鼻梁区的高度δ对气缸盖的刚度、强度和热负荷影响很大,一般也要比水冷式的厚,而其宽度b不能太小,至少要大于5 mm。

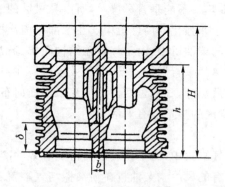

图 7-54 风冷式内燃机气缸盖的基本尺寸

表 7-2 风冷式内燃机气缸盖的基本尺寸

气缸盖结构形式	H/D	h/D	δ/D	b/D
一体式	1.15~1.5	0.86~1.1	0.25~0.37	0.05~0.12
分开式	0.85~1	h=H	0.25~0.37	0.05~0.12

7.3.3 气缸盖的材料

气缸盖的结构十分复杂,采用铸造的方法来制造。目前,制造气缸盖的材料有铸铁和铝合金两类。

铝合金材料(ZL101、ZL104、ZL106 等)气缸盖导热性好,质量小,加工工艺性好,但是当工作温度过高或温度聚变时,容易产生热裂纹,工作温度一般不应超过 220 ℃。由于良好的导热性,铝合金气缸盖被越来越多地采用,在风冷式气缸盖中,只有少数采用铸铁来制造。

铸铁材料包括灰铸铁(HT250 等)、合金铸铁和蠕墨铸铁(Rut300)等,价格低廉,具有较高的热强度,工作温度一般不超过 375~400 ℃。

由于铝合金不能耐冲击,耐磨性差,因此,在铝合金铸造的气缸盖气门处必须镶有合金铸铁制造的气门座圈,为了减小热应力,其线膨胀系数与铝合金材料一致。

7.4 气缸垫设计

7.4.1 工作情况与设计要求

1. 工作情况

气缸垫在气缸盖螺栓预紧力的作用下,利用材料变形来补偿气缸盖、气缸体与气缸套接合面之间的粗糙度、不平度以及接合面的变形,以保证可靠的密封,防止漏气、漏油和漏水。气缸垫在高温环境下工作,它除了承受气缸盖螺栓预紧力外,还承受高温、高压的气体压力以及接合面之间不均匀变形产生的交变附加力。同时,它与机油、冷却水接触的部分还受油、水的腐蚀。

2. 设计要求

① 在高温、高压气体作用下具有足够的机械强度,不易损坏。

② 具有一定的弹性,能补偿接合面粗糙度、不平度所造成的缝隙,保证密封。

③ 具有耐热性、耐腐蚀性,在高温下不致烧坏。

④ 拆装方便,能够重复使用,寿命长。

7.4.2 气缸垫的结构和材料

目前,气缸垫从结构上可以分为平缸垫(见图 7-55)和环形缸垫(见图 7-29(a))。

1. 平缸垫

平缸垫包括金属石棉垫和纯金属垫。

(1) 金属石棉垫

金属石棉气缸垫一般用于爆发压力在 11 MPa 以下的中小功率内燃机。如图 7-55(a)、(b)所示,外包铜皮或钢皮,且在气缸孔、水孔、油道孔周围卷边加强,内填石棉(常掺入铜屑或铜丝,以加强导热,平衡缸体与缸盖的温度差)。这种衬垫压紧厚度为 1.2~2 mm,有很好的弹性和耐热性,能重复使用,但厚度和质量的均一性较差。

另一种是金属骨架——石棉垫,用编织的钢丝网(见图 7-55(c))或有孔钢板(冲有带毛刺小孔的铜板)(见图 7-55(d))为骨架,外覆石棉及橡胶粘连剂压成垫片,表面涂以石墨粉等润滑剂,只在气缸孔、水孔、油道孔周围用金属片包边。这种缸垫弹性更好,但易粘连,一般只能使用一次。还有的气缸垫既有金属骨架,石棉外又包金属皮。为了提高气缸孔处的防烧蚀能力,有的镶以抗高温氧化能力较强的镍边;有的缸口部分只有几层薄钢片,没有石棉。

(2) 纯金属垫

纯金属气缸垫一般为高压缩比的强化汽油机和一些气体压力较高的柴油机采用。有波纹式钢片气缸垫(见图 7-55(e))和层叠式钢片气缸垫(见图 7-55(f))等,波纹式钢片气缸垫为了加强密封,在气缸孔、水孔、油道孔处将夹层钢片冲为有弹性的波纹,加强密封性。

一般中小型柴油机气缸垫的气缸孔直径应比气缸直径大 1~1.5 mm;气缸垫中的油、水孔直径应比铸件上的孔道直径大 2~3 mm,在水孔周围应有不少于 5 mm 的密封宽度;气缸垫的螺栓孔直径应比螺栓直径大 1~2 mm;定位销孔直径应比定位销大 0.2~0.3 mm;孔的位移度为±0.2~0.25 mm。

2. 环形缸垫

环形缸垫可用在爆发压力很高的大功率增压发动机上,用于密封燃气,油、水和

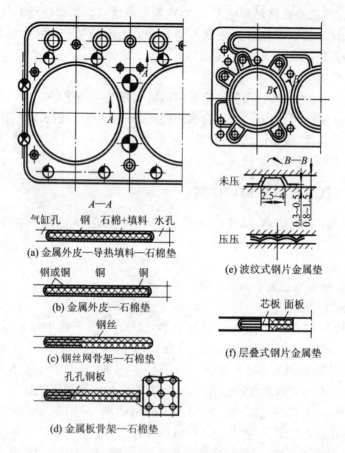

图 7-55 平缸垫的结构

挺杆孔道必须采用特殊的橡胶密封圈。环形缸垫的厚度一般为 1～4 mm，并按压力的大小，可采用镀铜的软铁、铜板或铝板制造。它的内侧通过缸套顶面的凸起部分定位，外侧则通过缸盖、机体或缸套上相应的凹槽来定位。

国外一些发动机开始使用耐热密封胶取代气缸垫。使用耐热密封胶和纯金属垫的发动机，对缸体和缸盖结合面要求有较高的加工精度。

7.5 气缸盖罩和下曲轴箱设计

7.5.1 工作条件和设计要求

下曲轴箱用多个螺钉紧固在机体下底面，用于储存和冷却机油，并封闭曲轴箱。气缸盖罩用多个螺钉紧固在气缸盖上平面，用于密封配气机构等零部件。它们可以防止灰尘污染润滑油或灰尘进入，减缓曲柄连杆机构和配气机构的磨损。由于它们不承力或者承受的作用力较小,因此采用薄壁结构。

7.5.2 基本结构和材料

1. 气缸盖罩

气缸盖罩用铝合金铸造或薄钢板冲压制成,一般用双头螺栓或用单独的气缸盖罩螺钉紧固在气缸盖上。图7-56(a)所示的为整体式气缸盖的气缸盖罩,有加机油口和曲轴箱通风管接口,与气缸盖结合面通过橡胶衬垫密封;图7-56(b)所示的为上部带凸边的单体式气缸盖的气缸盖罩,其高度较低。气缸盖罩将壁面冲压为波浪形,或者在罩室内侧铸造加强筋,有利于提高气缸盖罩的刚度,减小噪声辐射。

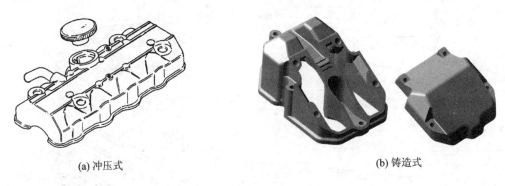

(a) 冲压式　　　　　　　　　　　　(b) 铸造式

图7-56　气缸盖罩结构

2. 下曲轴箱

根据润滑油的储存方式,下曲轴箱可以分为湿式和干式两种。

(1) 湿式下曲轴箱

湿式下曲轴箱的形状可以是等高形,也可以是台阶形,在下曲轴箱的最低位置设有放油螺塞,保证能放尽下曲轴箱的机油。湿式下曲轴箱的最低点有利于磨料和润滑油里杂质的收集,有的放油螺塞有磁性,更容易吸附机油中的金属磨料。湿式下曲轴箱的尺寸应该考虑储存机油的容量,其最高油液面位置应保证不与连杆以及曲轴平衡重相碰撞,以避免强烈搅动润滑油,其最低油面应保证机油泵可靠吸油。对车用内燃机应当考虑车辆停放在最大倾斜路面时,机油不从曲轴前后密封端漏出,为了避免车辆在行进中引起的机油飞溅,一般还装有挡油板或集油板。为了增强机油的散热,在下曲轴箱外表面制可有有散热筋,这些散热筋还起增强刚度的作用。

湿式下曲轴箱一般采用1~2 mm厚的钢板冲压而成,以减轻重量;对于一些尺寸大、形状复杂的比较深的湿式下曲轴箱,则分成几部分冲压,然后焊接而成,或者采用铸铁或铸铝来制造。图7-57所示的为铸造湿式下曲轴箱;图7-58所示的为冲压或焊接结构。图7-57(a)中前后有吸油滤网,保证前后倾斜度较大时,吸油可靠;

图 7-57(a)、(b)中有挡油板,用于车辆内燃机即可避免车辆在行进过程引起机油的飞溅;图 7-57(c)、(d)所示为铸有散热片的结构。

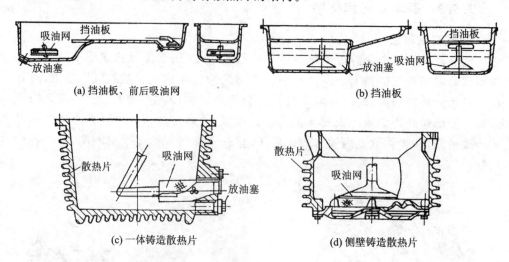

图 7-57 几种铸造湿式下曲轴箱结构

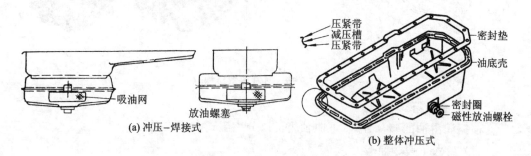

图 7-58 几种冲压湿式下曲轴箱结构

(2) 干式下曲轴箱

干式下曲轴箱的结构形式也很多,其设计需要考虑集油池和回油管道等的布置,以及这些管道不能与运动件相碰撞。图 7-59 所示的干式下曲轴箱结构中,在底部有前后两个集油池,前后集油池内的机油分别经两根回油管被机油泵抽回机油箱;集油池上盖有集油板,以减少机油的飞溅和形成泡沫;在下曲轴箱的前端铸有驱动机油泵以及其他机件的安装孔;在下曲轴箱的外部铸有纵向的加强筋,起增强刚度和散热作用;下曲轴箱内腔中部和尾部的弧形加强筋可增加横向刚度。

对于干式下曲轴箱,由于振动大,并且往往还在其上布置驱动附件的传动装置,一般多采用铸铁或铸铝来制造。

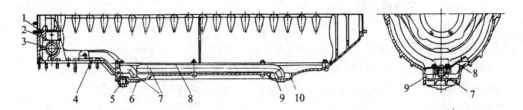

1—总输油管路安装孔;2—各机件驱动齿轮轴承安装孔;3—齿轮组衬套孔;4—机油泵安装孔;
5—放油螺塞;6—前集油池;7—回油管;8—集油板;9—后集油池;10—滤网

图 7-59 干式下曲轴箱结构

7.6 机体组的计算

7.6.1 气缸套的校核估算

1. 缸壁强度估算

气缸套承受着由气体作用力、活塞侧压力以及热负荷所引起的应力。其中,最大燃烧压力 P_{gmax} 是最危险的负荷,它使气缸的纵向截面上产生拉应力 σ_p(见图7-60)。对于薄壁气缸套(缸套外壁 $D_2/D \leqslant 1.11$),其大小可按下面的近似公式计算,即

$$\sigma_p = P_{gmax} D/(2\delta) \tag{7-1}$$

式中,P_{gmax} 为最大燃烧压力,单位为 MPa;D 为气缸直径,单位为 mm;δ 为气缸套壁厚,单位为 mm。

许用应力,铸铁气缸套 $\sigma_p \leqslant 40 \sim 60$ MPa;钢质气缸套 $\sigma_p \leqslant 80 \sim 120$ MPa。

内燃机工作时,气缸套内外气缸壁之间温差产生的热应力为

$$\sigma_t = E\alpha\Delta T/[2(1-\mu)] \tag{7-2}$$

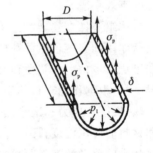

图 7-60 气缸套计算简图

式中,E 为材料的弹性模量,单位为 MPa;α 为材料的线膨胀系数,单位为 1/℃;ΔT 为内外壁温差,单位为℃(气缸套上部表面的 ΔT 一般在 100~150 ℃范围内);μ 为泊松比。

气缸套外表面上的拉伸应力取正号,而内表面上的压缩应力取负号。

气缸套外表面上由气体压力和温差造成的复合应力

$$\sigma'_\Sigma = \sigma_p + \sigma_t \tag{7-3}$$

在内表面上的复合应力

$$\sigma''_\Sigma = \sigma_p - \sigma_t \tag{7-4}$$

对于气缸套外表面上的复合应力 σ'_Σ,铸铁气缸套不应超过 100~130 MPa,钢质气缸套不应超过 180~200 MPa。

2. 缸套支撑凸肩的强度估算

如图 7-61 所示,已知支承凸肩高度 H,缸盖密封槽平均直径 D_e,气缸体支承力直径 D_1,危险截面 OO' 与轴线的夹角 $\alpha(°)$,OO' 面高度 H_1,OO' 面中点直径 D_0,气缸盖螺栓预紧力 P_D。

O 点的最大切应力:

$$\tau_{max} = \sqrt{(\sigma_w + \sigma_N)^2 + 4\tau^2} \quad (7-5)$$

其中,弯曲应力 $\sigma_w = 3P_D(D_1 - D_0)/(\pi D_0 H_1^2)$;正应力 $\sigma_N = P_D \sin\alpha/(\pi D_0 H_1)$;剪应力 $\tau = P_D \cos\alpha/(\pi D_0 H_1)$。

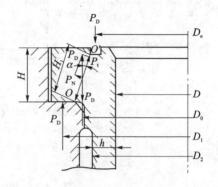

图 7-61 气缸套凸肩计算简图

良好的设计应使 τ_{max} 尽量小,以减少缸套的安装变形,其最大值一般应小于 100 MPa。

7.6.2 机体组的有限元计算

机体组中的机体和气缸盖是内燃机中结构复杂且体积庞大的零件,无法进行估算校核,采用有限元法计算是获取其温度分布、变形、应力和冷却水在水腔中的流动状态的有效手段。

机体组零件在安装状态承受着螺栓的安装预紧力,在工作中承受着相对稳定的热负荷作用和交变机械载荷的作用,其刚度和强度直接影响发动机的寿命。根据作用在燃烧室零件上的热负荷和冷却水道中冷却水的流动传热计算出气缸套和气缸盖的温度场,根据作用在机体组零件上的最大机械载荷和最小机械载荷计算出它们的最大热-机耦合应力和最小热-机耦合应力以及工作时的变形。根据零件的温度场分布和材料的许用温度,评价零件是否超出许用温度范围;根据冷却水的流速分布和各路冷却水的流动状态,评价冷却水道设计的合理性;根据计算得到的工作应力和零件材料的屈服极限或疲劳极限,评价零件的强度安全性;根据气缸孔、主轴承座孔等运动件支撑部位的变形量,评价结构的刚度;根据气缸垫的比压分布和大小评价气缸的密封性。

由于机体组零件结构尺寸大,为了减小有限元分析的计算规模,通过曲柄连杆机构的运动学和动力学分析对比,找到受载严重的工况和危险缸。基于机体组零件的三维结构设计,截取至少一个整缸的结构(机体要有完整的横隔板),将机体、主轴承盖、主轴瓦、气缸盖、气门座圈、气缸套、气缸垫、缸盖螺栓、主轴承盖螺栓和曲轴进行三维装配并剖分网格,将机体和气缸盖的冷却水道剖分为非结构网格,共同形成机体组有限元计算的网格模型(见图 7-62)。模型中的曲轴进行了较大的简化,用于施加连杆方向作用力。

(a) 机体组零件有限元网格　　　　　　(b) 冷却水道非结构网格

图 7-62　机体组的有限元网格

1. 接触边界条件

对于由机体、气缸盖、气缸套、气缸垫等组成的装配结构,以及由机体、曲轴、主轴承盖组成的装配结构,在螺栓力作用下,装配结合面上有接触效应。有限元模型中建立了气缸盖与气缸垫、缸套与气缸垫、气门座圈与气缸盖、缸套与机体、机体与主轴承盖、机体与主轴瓦、曲轴与主轴瓦、主轴承盖与主轴瓦,以及螺栓与机体、缸盖和主轴承盖之间的接触边界条件,计算时接触单元根据接触状态在接触面上传递作用力,完成装配接触模拟。

2. 机械载荷边界条件

在内燃机的一个工作循环中,缸内爆发压力最大时刻为机体组零件承受最大机械载荷时刻,机体组零件承受的力从安装载荷到最大爆发压力载荷之间循环变化。因此,采用静态计算时需要分析预紧工况和最大爆发压力工况。

(1) 预紧工况载荷

在预紧工况下,气缸盖、气缸套、机体和主轴承盖主要承受气缸盖螺栓和主轴承盖螺栓的预紧力,以及主轴瓦对机体主轴承座的装配过盈力,气门座圈对气缸盖的装配过盈力。

螺栓预紧力通过在螺栓上定义螺栓单元来实现。装配过盈压力通过定义零件间的装配过盈量来实现。

(2) 爆发工况载荷

该工况下,机体组零件不但承受预紧工况时的载荷,还承受气缸的燃气爆发压力、活塞侧压力和连杆方向作用力。分别将各缸的气压力按均布面力施加在相应的缸盖火力面及气缸孔内侧的燃气接触部位上;将作用在气门上的燃气压力按照面积比换算到气门座圈的承力斜面上,也按均布面力加载;活塞侧压力以余弦分布函数的形式(参见连杆强度计算中图 5-22)施加在缸孔的活塞作用面上;连杆力施加在曲轴的连杆相应位置上。

3. 缸盖热载荷边界条件

气缸盖上发生传热的区域可以分为：缸盖火力面区域、进气道壁面、排气道壁面、冷却水道壁面和气缸盖表面其他区域。

(1) 火力面换热系数的确定

发动机换热问题的研究，实质上是研究工质与受热零件之间的换热系数。对于稳态温度场计算，需要计算一个工作循环的等效的平均换热系数和综合燃气平均温度。等效平均换热系数在缸盖火力面上不是均匀分布的，其分布与燃烧室的形状有关，不同燃烧室的分布规律请参考相关文献。

(2) 进、排气道换热系数

气缸盖进排气道中有气体流动时，气道壁与气体的换热系数按如下公式进行估算：

对于进气道：

$$\alpha_i = 0.027(1 - 0.765\frac{h_i}{d_i}) \cdot T_{wi}^{0.362} \cdot \dot{m}_i^{0.675} \cdot d_{mi}^{-1.675} \tag{7-6}$$

对于排气道：

$$\alpha_o = 3.27(1 - 0.797\frac{h_o}{d_o}) \cdot T_{wo}^{0.517} \cdot \dot{m}_o^{0.5} \cdot d_{mo}^{-1.5} \tag{7-7}$$

式中，h 为气门升程；d 为气门座内径；d_m 为气道平均直径，单位为 mm；T_w 为气道壁温，单位为℃；$\dot{m}$ 为气体质量流量，单位为 g/s。下标 i 代表进气，o 代表排气。

(3) 气缸盖表面其他区域的换热系数

气缸盖外表面与空气进行自然对流换热，由于缸盖表面与大气的换热量在总的换热中比例小，因此在这个区域的换热系数多数是近似取值，对于静止空气，换热系数取 $0 \sim 23$ W/(m²·K)；对于流动空气，换热系数在 $11 \sim 290$ W/(m²·K)。

4. 缸套热载荷边界条件

考虑标定工况的稳态温度场。在燃气对气缸孔壁面传热的一个工作循环中，由于活塞对气缸孔表面的周期性覆盖，因此在缸孔的不同部位燃气的当量温度和平均换热系数也不同，活塞的运动将会引起气缸壁面非均匀的温度分布，在活塞上止点附近，当量温度和放热系数最大，但是在 $40 \sim 50$ deg 的曲轴转角后，它们急剧下降，因此大部分热量是通过 1/4 气缸上壁面传递出去的。依据文献，在已知综合燃气平均温度和等效的平均换热系数基础上，柴油机气缸套内表面燃气冲刷部位的稳态换热系数和温度在轴向高度上有如下分布规律：

$$\left. \begin{array}{l} \alpha_m(h) = \alpha_m \cdot (1 + k_1\beta) \cdot e^{-\sqrt[3]{\beta}} \\ T_{res}(h) = T_{res} \cdot (1 + k_2\beta) \cdot e^{-\sqrt{\beta}} \end{array} \right\} \tag{7-8}$$

其中：β 为轴向位置 h 和冲程 S 之比，$\beta = h/s (0 \leqslant \beta \leqslant 1)$；$k_1 = 0.573 (S/D)^{0.24}$；$k_2 = 1.45 k_1$；$D$ 为缸径。

图 7-63 和图 7-64 为根据上述的计算公式进行拟合计算得到的某型号柴油机气缸孔燃气侧燃气的综合平均温度和燃气与气缸孔内壁的等效平均换热系数沿气缸孔高度的变化曲线,依据曲线施加气缸孔各个高度环面上的介质温度和换热系数。

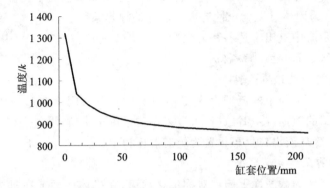

图 7-63 燃气综合平均温度沿缸孔高度的变化

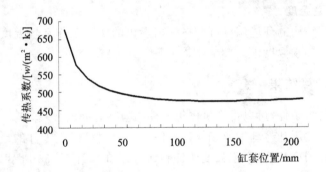

图 7-64 燃气与缸孔内壁平均换热系数沿缸孔高度的变化

缸孔其他部位的换热受到曲轴箱内废气的作用;缸套与机体间的换热系数由缸套与机体间的接触热阻决定,其值取决于材料的性质、接触面粗糙度和表面压力,根据文献,缸套凸肩顶面和缸套下支撑面由于面积较小、热交换弱,可以作绝热处理;气缸孔水套中冷却水与气缸套外壁的换热由冷却水的流体动力学分析确定。

冷却水与缸套的换热边界还可以采用下面的方法简化处理。将流动的冷却水截面看成是环状的,从无量纲的努谢尔特(Nusselt)数 N_u 可知

$$N_u = \frac{\alpha D_d}{\lambda_f} \tag{7-9}$$

式中,α 为气缸套与水之间的换热系数;D_d 为当量直径,$D_d = \sqrt{D_1^2 - D_2^2}$,$D_1$、$D_2$ 分别为冷却水腔环形截面的外径和内径;λ_f 为流体温度为定性温度的流体的导数系数。

根据经验公式

$$N_u = 0.021 R_e^{0.8} P_r^{0.43} (P_r/P_w)^{0.25} \qquad (7-10)$$

式中，R_e 为雷诺数，$R_e = \overline{W} D_d / \nu_f$，$\overline{W}$ 是流体平均流速，ν_f 是流体温度为定性温度时的运动黏性系数；P_r 为流体的普郎特数，$P_r = \nu_f / \alpha_f$，α_f 是流体温度为定性温度时流体的导热系数；P_w 为固体的普郎特数，$P_w = \nu_w / \alpha_w$，ν_w 是固体壁温为定性温度的流体的运动黏性系数，α_w 为固体壁温为定性温度时流体的导热系数。

在传热学手册中查出上述各特征数后代入式(7-9)、式(7-10)中，就可以求出气缸套与冷却水之间的换热系数 α。

5. 冷却水的流动边界条件

冷却液在冷却水腔中的流动为湍流，在计算时可以采用标准 $k-\varepsilon$ 湍流模型。根据实验中可测试的数据，冷却液进口可以采用质量流量进口，设置进口处冷却液的质量流量和温度，冷却液出口处可设置为绝对静压力出口。

6. 位移边界条件

在机体组零件的截断面上施加对称位移约束，在机体底面或在机体上的内燃机安装位置施加固定约束，限制机体组零件的刚体位移。

7. 工作环境温度

机体组装配结构的环境温度可以根据内燃机的实际工作环境温度来确定，或者施加 1.2 倍的冷却水温度。

7.6.3 计算结果

根据上述边界条件，可以得到机体组零件的稳态温度场、静态应力场、静态变形、气缸垫密封面的比压和冷却水流场等计算结果。根据机体组零件的设计要求，可以进一步开展零件的冷却分析、刚强度评价和疲劳评价。图 7-65 所示为机体组零件有限元计算可以得到的部分计算结果。

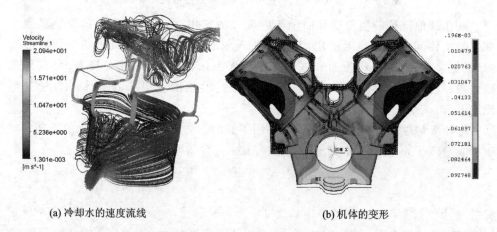

(a) 冷却水的速度流线　　　　　　(b) 机体的变形

图 7-65　机体组零件的部分计算结果

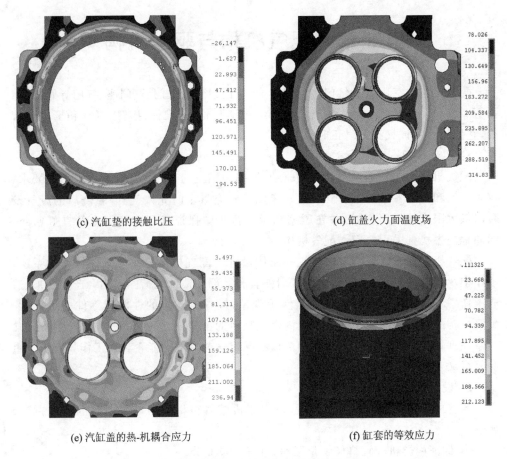

图 7-65 机体组零件的部分计算结果(续)

思考题

1. 说明曲柄连杆机构的包络线应如何绘制？已有曲柄连杆机构包络线后，如何根据其设计机体？

2. 内燃机工作时，机体承受哪些载荷？机体在设计时需要在哪些地方布置加强筋？这些加强筋的作用是什么？

3. 采取什么措施可以保证湿式缸套的密封？减小缸套凸肩的应力？

4. 气缸盖的作用是什么？气缸盖的外形尺寸由什么确定？在气缸盖上有哪些功能结构？

5. 气缸盖冷却水腔的设计原则是什么？

第8章 配气机构与驱动机构

配气机构由气门组和气门传动组组成,气门组包括气门、气门座、气门导管、气门弹簧、气门锁夹和气门油封等,气门传动组包括凸轮轴、推杆、摇臂、挺柱和挺柱导管等,它们用于保证气缸配气正时。

1. 工作情况

配气机构由曲轴通过驱动机构驱动,根据内燃机的工作循环和着火次序的要求,定时开启和关闭各缸的进、排气门,以保证新鲜充量定时充入气缸,燃烧后的废气及时以最大限度地排出气缸,并在压缩和做功行程中保证气门和气门座的良好密封。四冲程内燃机都采用气门式配气机构。

配气机构的布置影响着内燃机的总体设计。配气机构是一个刚性较差的系统,工作中承受着冲击载荷,并且由于气门弹簧和零部件惯性载荷的作用会产生变形,造成工作中系统的脱离、跳动、提前落座等现象,影响发动机的性能和零件的可靠性。配气机构的零部件工作中的冲击是内燃机噪声的主要来源之一。配气机构中有好几对摩擦副,它们的润滑状态、摩擦和磨损状况对这些摩擦副能否长期工作具有十分重要的意义。

2. 设计要求

随着内燃机向高转速方向发展,对内燃机配气机构提出越来越高的要求,综合如下:

① 保证内燃机气缸排气尽量干净,进气尽量充分。
② 保证内燃机工作平稳可靠,具有良好的动力性,并使噪声减至最低。
③ 磨损小,以延长使用寿命。
④ 布置紧凑,结构简单,便于调整。

3. 气门机构的通过能力评价

为了保证内燃机有良好的换气品质,获得最大的充气系数,要求配气机构具有尽量大的通过能力,可以用以下指标来评价。

(1) 气门开启的时间断面

气门开启的时间断面简称"时面值",用气门开启断面积与开启时间的乘积来表示。气门从活塞上止点到活塞下止点这一时间段(t_2-t_1)中的气门机构的时间断面可表示为

$$A_t = \int_{t_1}^{t_2} A \mathrm{d}t \qquad (8-1)$$

其中,A 为某一时刻气流通过的断面积,当气门开度不大时,$A = \pi h \cos\gamma (d_1 + d_2)/2$,$h$ 为气门升程;γ 为气门锥角;d_1 为气门头部直径;d_2 为气道喉口直径(图 8-1)。当

气门开度大时，

$$A = \pi \frac{d_1+d_2}{2}\sqrt{\left(\frac{d_1-d_2}{2\cos\gamma}\right)^2 + h^2 - (d_1-d_2)h\tan\gamma}$$

由图 8-1(a)可知,气门通道的通过能力与气门升程的大小、开启时间的长短、升启的快慢等因素有关。气门开度越大,开启的时间越长,开启得越快,气门通道的通过能力也就越大。气门开启的时间断面如图 8-1(b)的曲线所示。

气门通道的通过能力虽然与气门升程有关,但当气门升程超过某一数值时,随着升程的加大,气体流量不再增加,甚至有时还出现下降的趋势,这是由于当升程达到某一数值后,结构对气流的导引作用减弱,并且气流还受到气门通道喉口处面积的限制,使气流不再增加。因此现代内燃机气门最大升程 h_{max} 一般取为气门头部直径的 25%。

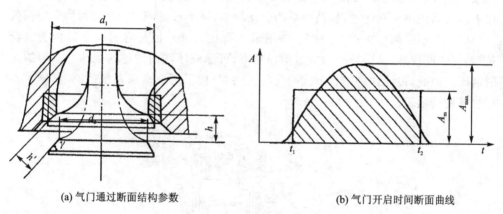

(a) 气门通过断面结构参数　　　　(b) 气门开启时间断面曲线

图 8-1　气门开启时间断面

(2) 气门通道的平均通过断面

气门通道的平均通过断面为气门开启的时间断面除以(t_2-t_1),即

$$A_m = \frac{1}{t_2-t_1}\int_{t_1}^{t_2} A\,\mathrm{d}t \tag{8-2}$$

(3) 气门机构时间断面的丰满系数

为了评价气门机构的时间断面,引入丰满系数的概念。丰满系数 ψ 为气门通道的平均通过断面 A_m 与最大通过断面 A_{max} 的比值。即

$$\psi = \frac{A_m}{A_{max}} = \frac{1}{(t_2-t_1)A_{max}}\int_{t_1}^{t_2} A\,\mathrm{d}t \tag{8-3}$$

丰满系数越大越好,丰满系数的大小决定于气门升程曲线的形状,而气门升程曲线的形状取决于凸轮外形的设计。

确定气门机构时间断面的丰满系数时,除了提高时间断面获取大的换气效率外,还要协调充气性能与平稳性之间的关系,并考虑配气机构零件可靠性和寿命的要求。

8.1 配气机构的形式

配气机构的形式是指凸轮轴在配气机构中的位置,它可以分为三类:一类是凸轮轴置于上曲轴箱与气缸体之间,称为凸轮轴下置式配气机构;一类是凸轮轴置于气缸体上部,称为凸轮轴中置式配气机构;还有一类的凸轮轴置于气缸盖上,称为凸轮轴顶置式配气机构。

8.1.1 凸轮轴下置式配气机构

凸轮轴下置式配气机构是一种最常见的结构形式,其凸轮轴通过挺柱、推杆和摇臂来驱动气门(见图 8-2),凸轮轴下置顶置气门式配气机构广泛用于 4 000 r/min 以下的发动机中。其优点是:凸轮轴的驱动简单,易于布置,安装调整容易;气门与气门导管几乎不受侧压力;设计成熟,制造成本也比较低。但是它的缺点是传动链较长,系统刚度较低,易引起严重的振动和噪声,可能破坏气门的运动规律和气门的定时启闭。因此,设计这种结构形式的配气机构时,应尽可能提高系统的刚度,同时不增加系统的质量。

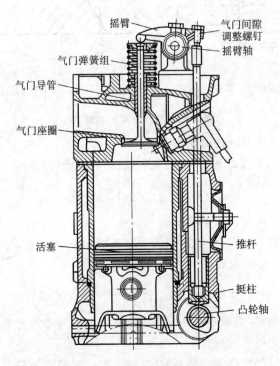

图 8-2 凸轮轴下置式配气机构

8.1.2 凸轮轴中置式配气机构

凸轮轴中置式配气机构的凸轮轴由于距离气门较近,可以通过挺柱直接驱动摇臂,没有推杆(图8-3(a));某些凸轮轴中置式配气机构的组成与凸轮轴下置式配气机构的组成没有太大区别,只是推杆较短(图8-3(b))。凸轮轴中置式配气机构的往复运动件质量相对较小,机构刚度较高,可以满足较高转速内燃机的需要。

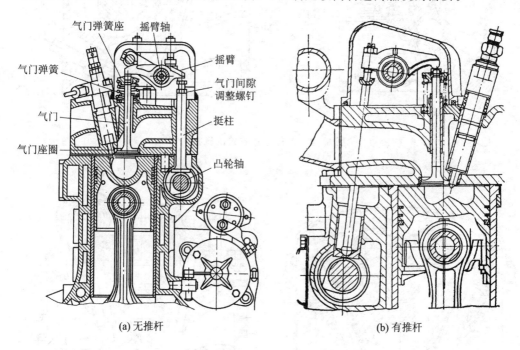

(a) 无推杆　　　　　　　　　　(b) 有推杆

图8-3　凸轮轴中置式配气机构

8.1.3 凸轮轴顶置式配气机构

随着发动机转速的提高,下置凸轮轴结构刚度较低的弱点成为内燃机提高转速的限制,而凸轮轴顶置式配气机构结构刚度大,更适合高速内燃机使用。按凸轮轴是否直接作用于气门组又可分为凸轮轴直接驱动气门(见图8-4(a))和凸轮轴带动摇臂驱动气门(见图8-4(b))两种形式。

其优点是:结构紧凑,零件数目少,运动件的惯性质量小,有利于提高发动机的转速;结构传动链短,系统刚性好,自振频率较高,有利于配气准确,减小配气机构的噪声;摩擦副数目少,使摩擦损失减小,机械效率提高。

它的缺点是:其在缸盖上的高度较大,会使发动机高度尺寸增加;凸轮轴距离曲轴较远,驱动比较复杂;凸轮轴直接驱动气门的结构使凸轮作用于气门导管上的侧压力大,气门导管与气门杆易磨损,从而造成窜漏机油,并积碳。

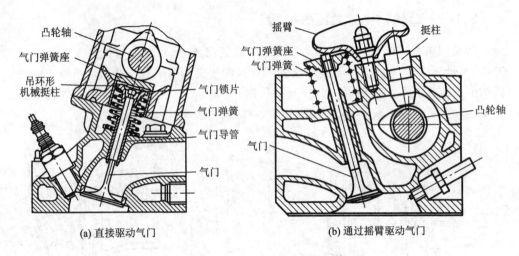

(a) 直接驱动气门　　　　　　　(b) 通过摇臂驱动气门

图 8-4　凸轮轴顶置式配气机构

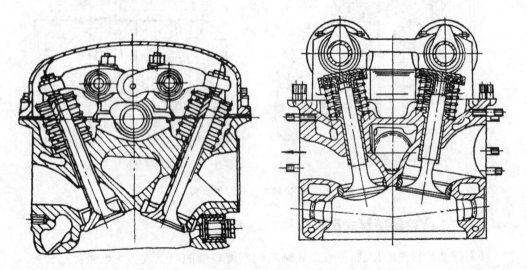

图 8-5　带有摇臂的顶置凸轮轴式配气机构　　图 8-6　直接驱动气门的顶置凸轮轴式配气机构

在两气门布置形式中,对于两气门一列布置的结构,可以采用一根凸轮轴直接驱动(图 8-4(a)),；对于两气门两列布置的结构,可以采用一根凸轮轴通过摇臂驱动(图 7-34(b)、图 8-5),也可以采用两根凸轮轴分别直接驱动(图 8-6)。在四气门布置形式中,对于同名气门分排在气缸盖两侧的结构,可以利用一根顶置凸轮轴通过压桥来同时驱动两个同名气门;对于同名气门排在气缸盖同一侧的结构,可以采用两根凸轮轴分别直接驱动(图 8-6),也可以采用一根凸轮轴通过叉形摇臂来驱动(图 8-5)。在五气门或六气门的布置形式中,可以采用两根凸轮轴分别直接驱动同名气门(图 8-7)。

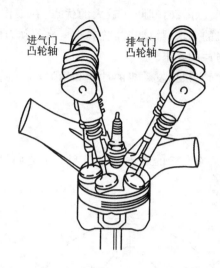

图 8-7　五气门直接驱动顶置凸轮轴式配气机构

8.2　凸轮型线设计

凸轮型线设计在配气机构设计中极为重要，这是由于气门开关的快慢、开度的大小、开启时间的长短都取决于配气凸轮的外形。因此，配气凸轮的外形就决定了时间断面的大小、配气机构各零件的运动规律及其承载情况。

在设计凸轮型线时应满足下列要求：

① 凸轮外形设计应保证能获得尽可能大的时间断面或丰满系数，即气门开启和关闭得快，以求在尽可能大的凸轮转角内气门接近全开位置；

② 凸轮外形设计应保证配气机构各零件所受的冲击和跳动尽可能小，即正、负加速度要小，并且加速度不产生突变，使配气机构工作的平稳性、可靠性和耐久性好；

③ 凸轮与挺柱间的接触应力不应过大。凸轮与挺柱的异常损是配气机构常见的故障，设计凸轮时应限制它们之间接触应力的大小。

上述几方面的要求是互相矛盾的，必须根据具体情况妥善加以解决。

目前常用的凸轮型线可分为圆弧凸轮和函数凸轮两大类，函数凸轮大体来说可以分成组合式凸轮和整体式凸轮两类。组合式凸轮就是凸轮的基本工作段升程曲线由若干段不同的函数曲线组合而成，函数曲线包括三角函数、低次多项式等。常见的组合式凸轮有：复合正弦凸轮、复合摆线凸轮、复合正弦抛物线加速度凸轮等。整体式凸轮就是凸轮的基本工作段升程曲线为一个函数曲线。常见的整体式凸轮有高次多项式凸轮、多项动力凸轮和谐波凸轮等。

圆弧凸轮有较大的时间断面，但其加速度不连续，这会引起配气机构振动和噪声，甚至产生气门反跳，破坏配气相位，在较低转速的发动机上仍有一定的使用价值；

组合式凸轮兼有动力性能较好及时间断面较大的优点,在工作段加速度曲线不出现突变,适合中、高速发动机的要求;整体式凸轮具有良好的动力性能,能满足较高转速发动机配气机构工作平稳性的要求。

在确定了系统参数后,应根据发动机的性能和用途,正确选择凸轮型线类型及凸轮参数。

8.2.1 凸轮过渡段

在设计凸轮型线时,应在凸轮的基本工作段和基圆之间设计过渡段(图8-8)。其原因如下:

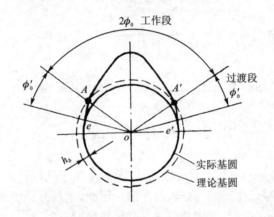

图8-8 凸轮外形的过渡曲线

① 配气机构的工作环境温度是变化的,因此,在不同工况下,配气机构的零件会有不同的伸长量,为了保证气门在任何工况下都能闭合,在配气机构的运动链中必须留有间隙;

② 配气机构的零件在工作时会产生弹性变形,使凸轮在驱动挺柱开始上升时,由于零件的变形,气门并没有同时升起,使配气机构的时间断面值比理论值小,为了克服此现象,应使气门在设计的打开点之前就消除由于弹性变形而引起的升程误差;

③ 为了获得足够大的气门开启时间断面值,挺柱的起始加速度和停止加速度都很大,使凸轮与挺柱之间及气门与气门座之间冲击大、磨损大。因此,应减小挺柱升程的起始和终止加速度。

为了凸轮在进入工作段之前消除间隙和变形量,保证气门正常开闭,把理论基圆半径略为缩小一个 δ 值,形成实际基圆,然后用过渡曲线 $\overset{\frown}{eA}$ 和 $\overset{\frown}{e'A'}$ 把实际基圆与凸轮的工作段圆滑连接。

过渡段曲线的设计内容包括:过渡曲线函数的选择、过渡段的凸轮转角和最大升程。过渡段最大升程 h_δ 为配气机构的间隙和弹性变形之和,一般在 0.15~0.50 mm 范围内。过渡段曲线所在的凸轮转角 ϕ'_0 一般为 15°~40°。当 h_δ 确定后,ϕ'_0 越大,过渡段的速度及加速度曲线就越平坦,但是,如配气间隙发生变化,也会使配气相位发生较大的变化。

过渡段曲线的种类很多,目前常用的有等加速-等速过渡段、余弦过渡段等。

1. 等加速-等速过渡段

等加速-等速过渡段的挺柱升程方程为

$$h_t = \begin{cases} \dfrac{a}{2}\varphi^2 & (0 \leqslant \varphi \leqslant \phi_{01}) \\ a\phi_{01}(\varphi - \phi_{01}) + \dfrac{a}{2}\phi_{01}^2 & (\phi_{01} < \varphi \leqslant \phi_0') \end{cases} \quad (8-4)$$

式中,a 为预先选定的加速度值,单位为 $mm/(°)^2$;ϕ_{01} 为预先选定的等加速段所占凸轮转角,单位为°,一般为 $4°\sim 6°$;ϕ_{02} 为预先选定的等速段所占凸轮转角,单位为°。

其相应的速度和加速度为

$$v_t = \begin{cases} a\varphi & (0 \leqslant \varphi \leqslant \phi_{01}) \\ a\phi_{01} & (\phi_{01} < \varphi \leqslant \phi_0') \end{cases} \quad (8-5)$$

$$a_t = \begin{cases} a & (0 \leqslant \varphi \leqslant \phi_{01}) \\ 0 & (\phi_{01} < \varphi \leqslant \phi_0') \end{cases} \quad (8-6)$$

等加速-等速过渡段的挺柱升程、速度和加速度曲线如图 8-9(a)所示。其等速段能保证当配气机构间隙有变化时,气门总以不变的速度开启和落座,且气门开启与落座点的变化较小,从而对配气定时影响较小;等加速段可保证挺柱从实际基圆滑到过渡段工作时,速度由零逐渐增大,无突变,工作平稳,且过渡段的终点加速度为零,冲击和噪声也较小。因此,应用较为广泛。

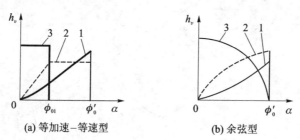

(a) 等加速-等速型　　(b) 余弦型

1—升程曲线;2—速度曲线;3—加速度曲线

图 8-9　几种过渡段曲线形式

2. 余弦过渡段

余弦过渡段的挺柱升程方程为

$$h_t = h_\delta \left(1 - \cos\dfrac{\pi}{2\phi_0'}\varphi\right) \quad (8-7)$$

其相应的速度和加速度为

$$v_t = h_\delta \dfrac{\pi}{2\phi_0'} \sin\dfrac{\pi}{2\phi_0'}\varphi \quad (8-8)$$

$$a_t = h_\delta \left(\frac{\pi}{2\phi_0'}\right)^2 \cos\frac{\pi}{2\phi_0'}\varphi \tag{8-9}$$

余弦函数过渡段的挺柱升程、速度和加速度曲线如图 8-9(b)所示。这种过渡曲线终点的加速度为零,冲击和噪声小;对配气定时的影响较小。但是,其从过渡段到工作段的加速度仍有一突变,不过因过渡段加速度不大,影响不严重。余弦函数过渡段在函数凸轮设计中用得较为广泛。

8.2.2 圆弧凸轮工作段

圆弧凸轮有凸弧凸轮、凹弧凸轮和切线凸轮等三种形式。挺柱有平面挺柱与滚子挺柱两种形式。平面挺柱仅用于凸弧凸轮。

1. 双圆弧凸弧凸轮型线

双圆弧凸轮是圆弧凸轮中最简单的结构(图 8-10)。它有基圆半径 r_0、腹弧半径 r_1、顶弧半径 r_2、基本工作段作用角 $2\phi_0$ 和挺柱最大升程 h_{tmax} 五个参数。为使圆弧凸轮能可靠地工作,凸轮型线外形应连续圆滑,因此各段圆弧在交接点处应有公切线或公法线。凸轮型线连续圆滑的条件为,腹弧与顶弧的交点 B、顶弧圆心 O_2 和腹弧圆心 O_1 这三点应在同一条直线上。

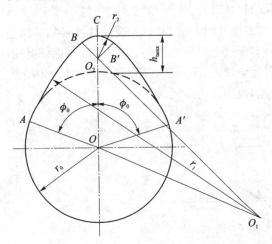

图 8-10 圆弧凸轮的几何参数

在 $\triangle OO_1O_2$ 中,根据余弦定理,可得

$$\overline{O_1O_2}^2 = \overline{OO_2}^2 + \overline{OO_1}^2 - 2\overline{OO_2}\,\overline{OO_1}\cos\angle O_2OO_1 \tag{8-10}$$

根据凸轮的几何关系,有

$$\left.\begin{aligned}
\overline{OO_1} &= r_1 - r_0 \\
\overline{OO_2} &= r_0 + h_{tmax} - r_2 \\
\overline{O_1O_2} &= r_1 - r_2 \\
\angle O_2OO_1 &= 180° - \phi_0
\end{aligned}\right\} \tag{8-11}$$

将式(8-11)代入式(8-10)可得双圆弧凸轮型线方程

$$(r_1 - r_2)^2 = (r_0 + h_{tmax} - r_2)^2 + (r_1 - r_0)^2 + 2(r_0 + h_{tmax} - r_2)(r_1 - r_0)\cos\phi_0 \tag{8-12}$$

式中,基圆半径 r_0 由凸轮轴直径 d_t 决定,为了保证可加工和修理,常取 $r_0 = 0.5d_t +$ (1~3) mm;凸轮作用角 $2\phi_0$ 由配气相位决定,单位为°,对进气凸轮有 $2\phi_0 = 0.5(180°+\alpha_1+\alpha_2)$,其中,$\alpha_1$ 为进气提前角,α_2 为进气滞后角。对排气凸轮有 $2\phi_0 = 0.5(180°+\beta_1+\beta_2)$,其中,$\beta_1$ 为排气提前角,β_2 为排气滞后角;挺柱最大升程 h_{tmax} 由气门最大升程 h_{qmax} 决定,$h_{tmax} = h_{qmax}/i$,其中,i 为摇臂比,一般 $i = 1.2 \sim 1.7$,常用 1.5,在凸轮直接驱动气门的顶置凸轮轴式配气机构中,$i = 1$。

由于 r_0、$2\phi_0$、h_{tmax} 三个参数在设计凸轮型线前即可初步确定,所以双圆弧凸轮的设计,实际上是在 r_1、r_2 两个参数中任选一个,确定一个。

r_2 与凸轮和挺柱的接触摩擦力大小有关,r_2 过小使凸轮变尖,导致凸轮尖端处接触应力过大,而使凸轮与挺柱间产生早期损伤,一般认为 r_{2min} 应大于 2 mm。r_2 确定后,r_1 即确定。

2. 双圆弧凸弧凸轮运动学

下面讨论双圆弧凸孤凸轮与平面挺柱的运动学。即平面挺柱的升程 h_t、速度 v_t 和加速度 a_t 在凸弧凸轮型线上随凸轮转角 α 的变化规律。

(1) 腹弧半径 r_1 弧段

如图 8-11(a)所示,从平面挺柱与腹弧相接触(A 点为起点),并且凸轮转过 α 角后,挺柱升程为

$$h_{t_1} = \overline{A_1A_2} = \overline{A_1O_1} - (\overline{A_2A_3} + \overline{A_3O_1}) \tag{8-13}$$

式中,$\overline{A_1O_1} = r_1$;$\overline{A_2A_3} = r_0$;$\overline{A_3O_1} = \overline{OO_1}\cos\alpha = (r_1 - r_0)(1-\cos\alpha)$。

代入式(8-13)得

$$h_{t_1} = (r_1 - r_0)(1 - \cos\alpha) \tag{8-14}$$

挺柱的速度

$$v_{t_1} = \frac{dh_{t_1}}{dt} = \frac{dh_{t_1}}{d\alpha}\frac{d\alpha}{dt} = \omega_t(r_1 - r_0)\sin\alpha \tag{8-15}$$

式中,ω_t 为凸轮的转角速度,单位为 1/s。

挺柱的加速度

$$a_{t_1} = \frac{dv_{t_1}}{dt} = \omega_t^2(r_1 - r_0)\cos\alpha \tag{8-16}$$

腹弧段凸轮的最大转角 α_{max} 由 $\triangle OO_1O_2$ 的关系确定,即

$$\frac{\sin\alpha_{max}}{\sin(180° - \phi_0)} = \frac{\overline{OO_2}}{\overline{O_1O_2}} = \frac{D}{r_1 - r_2}$$

由此得

$$\sin\alpha_{max} = \frac{D}{r_1 - r_2}\sin\phi_0 \tag{8-17}$$

(2) 顶弧半径 r_2 弧段

如图 8-11(b)所示,假设凸轮从 C 点开始逆转,在 β 角处挺柱的升程为

$$h_{t_2} = \overline{C_1C_2} = \overline{C_1O_2} + \overline{O_2C_3} - \overline{C_2C_3} = r_2 + D\cos\beta - r_0$$

同时加减一个 h_{tmax},得

$$h_{t_2} = h_{tmax} - D(1 - \cos\beta) \tag{8-18}$$

挺柱速度

$$v_{t_2} = \frac{dh_{t_2}}{dt} = \frac{dh_{t_2}}{d\beta}\frac{d\beta}{dt} = \omega_t D\sin\beta \tag{8-19}$$

挺柱的加速度

$$a_{t_2} = \frac{dv_{t_2}}{dt} = -\omega_t^2 D\cos\beta \tag{8-20}$$

顶弧段凸轮的最大转角

$$\beta_{max} = \phi_0 - \alpha_{max} \tag{8-21}$$

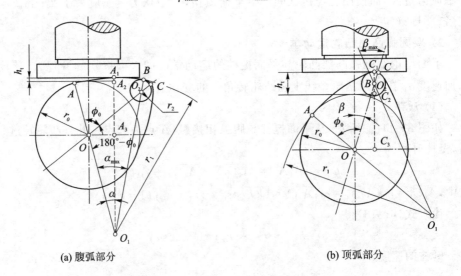

(a) 腹弧部分　　　　　　　　(b) 顶弧部分

图 8-11 凸弧凸轮平面挺柱的升程

对于凸轮直接驱动气门的配气机构,气门的运动规律,即挺柱的运动规律。对于通过摇臂驱动气门的配气机构,气门的运动规律为挺柱的运动规律乘以摇臂比。

凹弧凸轮、切线凸轮及滚子挺柱运动学的分析方法与凸弧凸轮平面挺柱运动学的分析方法相同。图 8-12 表示了基圆半径、挺柱最大升程和基本工作段作用角一致的凸弧凸轮平面挺柱(曲线 1)、凹弧凸轮滚子挺柱(曲线 2)、切线凸轮滚子挺柱(曲线 3)和凸弧凸轮滚子挺柱(曲线 4)配气机构的挺柱运动学分析结果。由曲线可以看出:

① 从升程曲线的饱满程度来看,凸弧凸轮平面挺柱的时面值最大,通过能力最强;凸弧凸轮滚子挺柱最差。

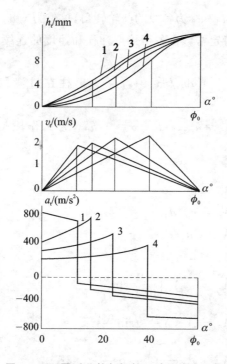

图 8-12 圆弧凸轮与挺柱运动规律的比较

② 从加速度曲线来看,凸弧凸轮平面挺柱的正加速度值最大,负加速度绝对值最小,说明凸弧凸轮与平面挺柱这一对摩擦副之间的磨损最大,可能承受的冲击也较大;凸弧凸轮滚子挺柱正加速度值最小,负加速度绝对值最大,说明凸弧凸轮与滚子挺柱这一对运动副其气门弹簧的受载情况最严重。

8.2.3 复合摆线凸轮工作段

1. 工作段方程

设工作段的起始点 $\alpha=0$ 时,挺柱升程 $h_t=0$,工作段半包角为 α_B,则由正加速度段为两段短周期半波正弦曲线和二次曲线,负加速度段为长周期四分之一波正弦曲线和二次曲线组合而成的五段复合摆线凸轮的挺柱升程函数为

$$h_t = \begin{cases} A_0 + A_1\alpha - A_2\sin\dfrac{\pi\alpha}{\alpha_3} & (0 \leqslant \alpha \leqslant \alpha_1) \\ A_3 + A_4\alpha + A_5\alpha^2 & (\alpha_1 < \alpha \leqslant \alpha_2) \\ A_6 + A_7\alpha - A_8\sin\dfrac{\pi\alpha}{\alpha_3} & (\alpha_2 < \alpha \leqslant \alpha_3) \\ A_9 + A_{10}\alpha + A_{11}\sin\dfrac{\pi(\alpha-\alpha_3)}{2(\alpha_4-\alpha_3)} & (\alpha_3 < \alpha \leqslant \alpha_4) \\ A_{12} + A_{13}\alpha + A_{14}\alpha^2 & (\alpha_4 < \alpha \leqslant \alpha_B) \end{cases} \quad (8-22)$$

式中，$A_0 \sim A_{14}$ 为常数；$\alpha_1 \sim \alpha_4$ 为各段的凸轮转角，单位为 rad。

$A_0 \sim A_{14}$ 这 15 个待定常数由各衔接点升程和速度的连续条件及端点条件决定。端点条件为：

① 在 $\alpha = 0$ 时，$h_t = 0$，$dh_t/d\alpha = v_0$，v_0 为挺柱在过渡段的终点速度，单位为 mm/rad；

② 在 $\alpha = \alpha_B$ 时，$h_t = h_{t\max}$，$dh_t/d\alpha = 0$，$h_{t\max}$ 为工作段挺柱的最大升程，单位为 mm。

则常数方程为

$$\left.\begin{aligned}
&A_0 = 0 \\
&A_2 = d_1/d_0 \\
&A_{14} = d_2/d_0 \\
&A_1 = v_0 + A_2\pi/\alpha_3 \\
&A_5 = \frac{1}{2}A_2\left(\frac{\pi}{\alpha_3}\right)^2 \sin\frac{\alpha_1\pi}{\alpha_3} \\
&A_8 = A_2\sin\frac{\alpha_1\pi}{\alpha_3}/\sin\frac{\alpha_2\pi}{\alpha_3} \\
&A_4 = A_1 - A_2\frac{\pi}{\alpha_3}\cos\frac{\alpha_1\pi}{\alpha_3} - 2A_5\alpha_1 \\
&A_3 = A_1\alpha_1 - A_2\sin\frac{\alpha_1\pi}{\alpha_3} - A_4\alpha_1 - A_5\alpha_1^2 \\
&A_7 = A_4 + 2A_5\alpha_2 + A_8\frac{\pi}{\alpha_3}\cos\frac{\alpha_2\pi}{\alpha_3} \\
&A_{13} = -2A_{14}\alpha_B \\
&A_{11} = -8(\alpha_4 - \alpha_3)^2 A_{14}/\pi^2 \\
&A_{10} = A_{13} + 2A_{14}\alpha_4 \\
&A_{12} = h_{t\max} + A_{14}\alpha_B^2 \\
&A_9 = A_{12} + A_{13}\alpha_4 + A_4\alpha_4^2 - A_{10}\alpha_4 - A_{11} \\
&A_6 = A_9 + (A_{10} - A_7)\alpha_3
\end{aligned}\right\} \quad (8-23)$$

其中，
$$d_0 = C_1 C_4 - C_2 C_3;$$
$$d_1 = (C_2 - C_4\alpha_2)v_0 + C_4 h_{t\max};$$
$$d_2 = (C_3\alpha_2 - C_1)v_0 - C_3 h_{t\max};$$

$$C_1 = \frac{1}{2}\sin\frac{\alpha_1\pi}{\alpha_3}\left[\frac{(\alpha_2 - \alpha_1)\pi}{\alpha_3}\right]^2 + \pi\left(\frac{\alpha_2}{\alpha_3} - 1\right)\frac{\sin\frac{\alpha_1\pi}{\alpha_3}}{\sin\frac{\alpha_2\pi}{\alpha_3}} + \frac{\alpha_2\pi}{\alpha_3} + \frac{(\alpha_1 - \alpha_2)\pi}{\alpha_3}\cos\frac{\alpha_1\pi}{\alpha_3};$$

$$C_2 = \frac{4(\alpha_2 - \alpha_3)(\alpha_4 - \alpha_3)}{\pi} - \frac{8(\alpha_4 - \alpha_3)^2}{\pi^2} + (\alpha_4 - \alpha_B)(\alpha_4 + \alpha_B - 2\alpha_2);$$

$$C_3 = \frac{\pi}{\alpha_3}\left[1 - \cos\frac{\alpha_1\pi}{\alpha_3} + \frac{(\alpha_2 - \alpha_1)\pi}{\alpha_3}\sin\frac{\alpha_1\pi}{\alpha_3} + \frac{\sin\frac{\alpha_1\pi}{\alpha_3}}{\sin\frac{\alpha_2\pi}{\alpha_3}} + \sin\frac{\alpha_1\pi}{\alpha_3}\cot\frac{\alpha_2\pi}{\alpha_3}\right];$$

$$C_4 = \frac{4(\alpha_4 - \alpha_3)}{\pi} - 2(\alpha_4 - \alpha_B)。$$

因此,只要给定 α_B、h_{tmax}、v_0,并选定各段的凸轮转角 α_1、α_2、α_3 及 α_4,就可由式(8-22)求出所有待定常数,从而算出各凸轮转角 α 对应的挺柱升程。

2. 各段凸轮转角的确定

设,$k_1 = \alpha_1/\alpha_3 =$ 正加速度上升段宽度/正加速度段总宽度;$k_2 = (\alpha_B - \alpha_3)/\alpha_3 =$ 负加速度段总宽度/正加速度段总宽度;$k_3 = (\alpha_4 - \alpha_3)/(\alpha_B - \alpha_3) =$ 负加速度正弦段宽度/负加速度段总宽度。

k_1、k_2、k_3 三个参数对挺柱升程曲线有如下的影响:

① k_1 值越大,曲线越平缓,但时间截面较小。一般取 $k_1 = 0.2 \sim 0.3$。

② k_2 值越大,则负加速度段宽度增加,正加速度宽度变窄,时间截面增加,平稳性降低。一般取 $k_2 = 2 \sim 2.5$。

③ k_3 值越小,负加速度正弦段宽度变小,时间截面有所增加,但负加速度转折急剧,且使凸轮最小曲率半径变小。常取 $k_3 = 0.2 \sim 0.4$。

设计中,常将正加速度的上升段和下降段取一样的角度,即 $\alpha_1 = \alpha_3 - \alpha_2$,根据发动机的转速、用途、时面值及工作平稳性的要求选择 k_1、k_2 和 k_3 的值后,即可求出各段的角度。

8.2.4 高次多项式凸轮工作段

高次多项式凸轮型线的升程曲线表达式为

$$h(\theta) = C_o + C_p\theta^p + C_q\theta^q + C_r\theta^r + C_s\theta^s \tag{8-24}$$

式中,C_o、C_p、C_q、C_r、C_s 为高次多项式待定系数;p、q、r、s 为高次多项式指数,均取正整数;θ 在上升段为 $(\phi_0 - \alpha)/\phi_0$,下降段为 $(\alpha - \phi_0)/\phi_0$,其中 α 为凸轮转角,单位为°。

对于一般内燃机,只要满足下面的五个边界条件,即可达到设计要求。

① 当 $\alpha = 0$ 或 $\alpha = 2\phi_0$ 时,挺柱升程为 0,即当 $\theta = 1$ 时,$h(\theta) = 0$;

② 当 $\alpha = 0$ 或 $\alpha = 2\phi_0$ 时,挺柱速度为 v_0(直接驱动气门的开启与落座速度为 v_0),由于

$$\frac{dh(\theta)}{dt} = \frac{dh(\theta)}{d\theta}\frac{d\theta}{d\alpha}\frac{d\alpha}{dt} \tag{8-25}$$

因此,当 $\theta = 1$ 时,

$$\frac{dh(\theta)}{d\theta} = v_R = -\frac{v_0\phi_0}{\omega_t}$$

③ 当 $\alpha = 0$ 或 $\alpha = 2\phi_0$ 时,挺柱加速度为 0(直接驱动气门开闭加速度为 0),使基

本工作与过渡段圆滑过渡，即当 $\theta=1$ 时，$\dfrac{d^2 h(\theta)}{d\theta^2}=0$；

④ 当 $\alpha=0$ 或 $\alpha=2\phi_0$ 时，挺柱三阶导数为 0（直接驱动气门开启与关闭时没有脉冲），即当 $\theta=1$ 时，$\dfrac{d^3 h(\theta)}{d\theta^3}=0$；

⑤ 当 $\alpha=\phi_0$ 时，挺柱工作段升程最大（气门升程最大），即 $\theta=0$ 时，$h(\theta)=h_{tmax}$；

将上述五个边界条件代入高次多项式（8-24）后，联立求解可得

$$\left. \begin{aligned} C_o &= h_{tmax} \\ C_p &= \frac{-h_{tmax} srq + v_R(sr+sq+rq-s-r-q+1)}{(s-p)(r-p)(q-p)} \\ C_q &= \frac{-h_{tmax} srp + v_R(sr+sp+rp-s-r-p+1)}{(s-q)(r-q)(p-q)} \\ C_r &= \frac{-h_{tmax} spq + v_R(sq+sp+pq-s-p-q+1)}{(s-r)(q-r)(p-r)} \\ C_s &= \frac{-h_{tmax} rpq + v_R(pq+rp+rq-r-p-q+1)}{(q-s)(r-s)(p-s)} \end{aligned} \right\} \quad (8-26)$$

其中，h_{tmax}、v_0、ϕ_0 及 ω_t 需要根据配气机构的要求事先确定，p、q、r 和 s 的值，与挺柱升程曲线、加速度曲线的形状，最大正、负加速度的值及时面值有关，可根据下列条件确定：

① 在挺柱升程最大时，挺柱的速度为零，即 $\theta=0$ 时，$dh(\theta)/d\theta=0$，要满足此条件，p、q、r、s 都必须大于 1；

② 对于对称凸轮，幂指数都是偶数，且 $p<q<r<s$；

③ 在挺柱升程最大时，负加速度 a_{min} 最大，即 $\theta=0$ 时，$d^2 h(\theta)/d\theta^2<0$，为满足这一条件，必须保证 $p=2$；

④ 在挺柱升程最大时，加速度变化率为常数，即 $\theta=0$ 时，$d^4 h(\theta)/d\theta^4=0$，为满足这一条件，必须保证 $q>4$；

⑤ 在挺柱升程曲线的上升段和下降段的加速度曲线，只能各有一个最大值，以保证加速度曲线不会变成波浪形，即 $0<\theta<1$ 时，仅有一处 $d^3 h(\theta)/d\theta^3=0$，为满足这一条件，$q$、$r$、$s$ 之间符合下述关系：

$$r-q = s-r = m \quad (8-27)$$

为了方便起见，q、r、s 可按下式选取

$$\left. \begin{aligned} q &= 2n \\ r &= 2n+m \\ s &= 2n+2m \end{aligned} \right\} \quad (8-28)$$

式中，$m=2,4,6,8,\cdots$；$n=3,4,5,6,\cdots$。

如图 8-13 所示，q、r、s 越大，时面值越大，利于气缸充量更换，与此同时负加速度降低，弹簧的储备弹力可以降低，凸轮轮廓曲率半径增大，使凸轮表面的接触应力

减小。但是最大加速度增大会使配气机构承受的负荷和冲击增大。

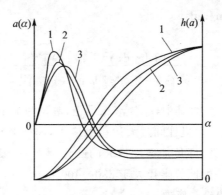

曲线 1:2-12-14-16;曲线 2:2-8-12-16;曲线 3:2-8-10-12
图 8-13 不同幂指数对高次多项式凸轮型线加速度和时面值的影响

8.2.5 凸轮的校核

1. 配气机构的工作平稳性

配气机构在工作中振动小、噪声小,即工作平稳性好,常用周期比 K 来评价,即

$$K = \frac{f_n \theta_m}{360 n_c} \quad (8-29)$$

式中,θ_m 为凸轮正加速度区间,单位为度;n_c 为凸轮轴设计转速,单位为 r/min;f_n 为配气机构固有频率,单位为 $\min^{-1}$

$$f_n = \frac{30}{\pi} \sqrt{\frac{C \times 1000}{m}} \quad (8-30)$$

K 表达了配气机构在凸轮正加速度区间内的振动次数,K 越大,系统工作越平稳,但丰满系数降低。对于高次方等凸轮,K 在 1.3 左右。

2. 挺柱底面半径

挺柱底面半径影响挺柱的最大速度,挺柱速度正比于凸轮与挺柱接触点的偏心量。挺柱底面最小半径

$$d_{T\min} = \sqrt{e_{\max}^2 + (b/2 + a)^2} \quad (8-31)$$

式中,$e_{\max}$ 为接触点最大偏心量,单位为 mm,$e_{\max} = V_{\max}$,其中,$V_{\max}$ 为挺柱最大速度,单位为 mm/rad;a 为挺柱相对凸轮中心线的偏心距,单位为 mm;b 为凸轮宽度,单位为 mm。

3. 凸轮曲率半径

若凸轮曲率半径 $\rho = 0$ 时,凸轮出现尖角,运动规律不能实现;若 $\rho < 0$ 时,凸轮出现凹弧,过小的凹弧不能加工,并且运动规律只能用滚轮挺柱来实现。

对于平面挺柱

$$\rho = r_0 + h_t + \frac{d^2 h_t}{d\alpha^2} \quad (8-32)$$

式中,r_0 为凸轮基圆半径,单位为 mm;h_t 为挺柱升程,单位为 mm;$d^2 h_t/d\alpha^2$ 为升程的二阶导数,单位为 mm/rad²。

对于滚轮挺柱

$$\rho = \frac{[(dg/d\alpha)^2 + g^2(\alpha)]^{3/2}}{g^2(\alpha) + 2(dg/d\alpha)^2 - g(\alpha)\dfrac{d^2 g}{d\alpha^2}} \tag{8-33}$$

式中,$g(\alpha) = r_0 + r_1 + h_t(\alpha)$,其中,$r_1$ 为滚轮半径,单位为 mm。

为便于加工及限制凸轮挺柱间过大的接触应力,曲率半径不能太小。最小曲率半径发生在加速最小处,即负加速度最大的凸轮顶端,一般如 $\rho_{min} \geqslant 2$ mm 就可使用。采用凹弧凸轮时,一般凹弧半径大于 350~400 mm。

4. 凸轮与挺柱间的接触应力

凸轮与挺柱间的接触应力过大会造成凸轮与挺柱的异常磨损,设计凸轮时应限制接触应力的大小。接触应力

$$\sigma_c = 0.418 \sqrt{\frac{PE_m}{B}\left(\frac{1}{r_1} + \frac{1}{\rho_{min}}\right)} \tag{8-34}$$

对于平面挺柱,$r_1 = \infty$,则

$$\sigma_c = 0.418 \sqrt{PE_m/(B\rho_{min})} \tag{8-35}$$

式中,P 为凸轮挺柱间的作用力,单位为 N,在静态计算中,P 等于最大气门升程时弹簧力乘以摇臂比;B 为凸轮宽度,单位为 mm;ρ_{min} 为最小曲率半径,单位为 mm;E_m 为凸轮挺柱的综合弹性模量,单位为 MPa,$E_m = 2E_C E_T/(E_C + E_T)$,其中,$E_C$、$E_T$ 分别为凸轮和挺柱材料的弹性模量。

不同材料凸轮挺柱运动副的许用接触应力不同,根据试验统计数据,许用值如下。

平面挺柱:45 钢凸轮轴与 20 钢渗碳淬火挺柱的许用值 $[\sigma_c] \leqslant 600$ MPa;45 钢凸轮轴与冷激铸铁挺柱的许用值 $[\sigma_c] \leqslant 650$ MPa;冷激铸铁凸轮轴与冷激铸铁挺柱的许用值 $[\sigma_c] \leqslant 700$ MPa。

滚轮挺柱:钢凸轮轴与高碳铬轴承钢滚轮挺柱的许用值 $[\sigma_c] \leqslant 1\ 000$ MPa。

8.3 配气机构动力学

8.3.1 刚体假设理论升程与实际升程

前面所讨论的配气机构都是在假设零件为刚体的条件下进行的。实际上,配气机构中各零件在工作中都有弹性变形,另外,零件高速运动惯性力激起的振动负荷,还使驱动机构产生了动变形,使得气门的刚体假设理论升程曲线与实际升程曲线有较大的差别。

如图 8-14 所示,在气门打开的初期,由于气门驱动机构产生了压缩变形,使实际升程小于理论升程;在气门最大升程附近,由于气门驱动机构的传动链中出现了脱节,使实际升程大于理论升程;在气门越过最大升程及气门落座前,由于气门驱动机构产生了压缩变形,使实际升程小于理论升程;气门落座时,由于振动使气门落座速度超过了设计值,造成了气门的反跳现象。气门的实际工作状态产生了冲击和噪声以及加大了磨损,特别是随着发动机转速的提高,配气机构的动力现象更为严重,并严重影响了气门和气门座的工作可靠性和耐久性。因此,在配气机构设计时必须对系统的动力现象进行计算,以便对配气机构的工作平稳性做出评价。

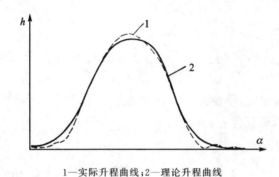

1—实际升程曲线;2—理论升程曲线
图 8-14 刚体假设理论升程与实际升程

8.3.2 单质量动力学计算模型

目前,常用的配气机构动力学计算模型有单质量模型、多质量模型和有限元柔体动力计算模型。单质量动力学计算模型最为简单,计算参数比较容易确定,因而运用广泛,这里将其做一下介绍。

如图 8-15 所示,将系统的振动质量集中到气门上,凸轮与气门之间简化为无质量的弹簧和阻尼来连接,气门与气门座之间也简化为无质量的弹簧和阻尼来连接,形成配气机构单质量动力学计算模型。图中,y_C 为当量凸轮升程,等于凸轮升程乘以摇臂比;y 为气门的动态升程;m 为配气机构系统当量质量;C 为配气机构系统刚度;C_T 为气门弹簧刚度;C_Z 为气门座刚度;D_x 为系统内阻尼系数;D_e 为系统外阻尼系数;D_z 为气门座阻尼系数;F 为气缸气体压力作用到气门上的力。

根据作用在气门质量上的载荷,可得

$$ma = \sum F$$

即

$$m\frac{d^2 y}{dt^2} = C(y_C - y - x_0) - C_T(y + \lambda_{T1}) + C_Z(\lambda_{Z1} - y)$$
$$+ D_x\left(\frac{dy_C}{dt} - \frac{dy}{dt}\right) - D_e\frac{dy}{dt} - D_z\frac{dy}{dt} - F \qquad (8-36)$$

式中，x_0 为气门间隙；λ_{T1} 为气门弹簧安装变形；λ_{Z1} 为气门座安装变形。

这是一个关于气门运动的二阶常微分方程。由于在凸轮一转过程中，气门只有部分时间是开启的，其余则为落座状态，气门座使气门的振动为零，打开前的气门处于静止状态，因此

$$y|_{t=0} = \frac{dy}{dt}\bigg|_{t=0} = 0$$

这样，微分方程有唯一的解。

如果将凸轮转角 $\alpha(°)$ 作为自变量，则

$$\frac{dy}{dt} = \frac{dy}{d\alpha}\frac{d\alpha}{dt} = \omega\frac{dy}{d\alpha} = 6n_D\frac{dy}{d\alpha}$$

$$\frac{d^2y}{dt^2} = \frac{d^2y}{d\alpha^2}\left(\frac{d\alpha}{dt}\right)^2 = \omega^2\frac{d^2y}{d\alpha^2} = 36n_D^2\frac{d^2y}{d\alpha^2}$$

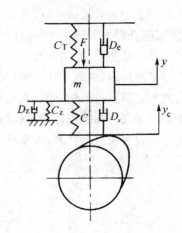

图 8-15 单质量动力学计算模型

式中，ω 为凸轮轴角速度，单位为 $°/s$；n_D 为动态校核的凸轮轴转速，单位为 r/min。

代入式 8-36 中，得

$$m\frac{d^2y}{d\alpha^2} = \frac{1}{36n_D^2}\Big\{ C(y_C - y - x_0) - C_T(y + \lambda_{T1}) + C_Z(\lambda_{Z1} - y) + $$
$$6n_D\Big[D_x\left(\frac{dy_C}{d\alpha} - \frac{dy}{d\alpha}\right) - D_e\frac{dy}{d\alpha} - D_z\frac{dy}{d\alpha}\Big] - F \Big\} \tag{8-37}$$

此即为配气机构单质量动力学计算模型方程。

8.3.3 原始数据的确定

1. 配气机构的系统当量质量

$$m = m_V + \frac{1}{3}m_S + m_R + \frac{m_P}{2i^2} \tag{8-38}$$

式中，m_V 为气门、锁夹、气门弹簧盘质量；m_S 为气门弹簧质量；m_R 为摇臂及气门间隙调节螺钉、螺母的换算质量；m_P 为推杆质量；i 为摇臂比。

2. 配气机构系统的刚度

（1）测量法

① 配气机构系统刚度 C

测量方法如图 8-16 所示，使凸轮基圆与挺柱接触，在摇臂的气门端逐步加载和卸载，得到载荷与变形关系曲线，用线性回归法求得在载荷变化过程中的平均刚度。

配气机构的系统刚度

$$C = F/\lambda \tag{8-39}$$

式中，F 为在摇臂的气门端施加的载荷；λ 为摇臂的气门端变形量。

对于多缸发动机，各配气机构刚度相差很大，应选择几个系统进行测量，取刚度

最低的数值作为系统计算刚度。

② 气门座刚度 C_Z

测量方法如图 8-17 所示,在气门头部逐步加载,在气门杆端测取变形量。

$$C_Z = F/\lambda_Z \qquad (8-40)$$

式中,F 为测量时在气门头部施加的载荷;λ_Z 为测量处的气门座变形量。

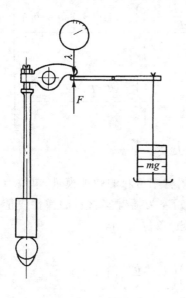

图 8-16 系统刚度测量简图　　图 8-17 气门座刚度测量简图

(2) 计算法

当没有配气机构零部件时,不能用测量法测量刚度,可用计算法进行刚度估算。计算时,假设在摇臂的气门端施加载荷 F,计算出各部分的变形量。

① 凸轮轴变形量 λ_C

$$\lambda_C = \frac{Fa^2 b^2 i^2}{3 E_C I_C l} \qquad (8-41)$$

如图 8-18 所示,式中 F 为载荷,单位为 N;a、b、l 单位为 mm;i 为摇臂比;E_C 为凸轮轴材料的弹性模量,单位为 MPa;I_C 为凸轮轴最小截面惯性矩,有

$$I_C = \pi(d_b^4 - d_h^4)/64$$

② 摇臂变形量 λ_R

$$\lambda_R = \frac{F l_R^3}{3 E_R I_R} \frac{i^2}{(1+i)^2} \qquad (8-42)$$

式中,l_R 为摇臂气门接触点与调节螺钉中心线间的距离,单位为 mm;E_R 为摇臂材料的弹性模量,单位为 MPa;I_R 为摇臂断面的平均抗弯惯性矩,单位为 mm^4,$I_R = 0.7 I_H$,I_H 为摇臂

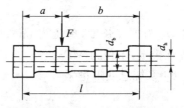

图 8-18 凸轮轴变形计算简图

气门侧与臂辐相切断面的惯性矩。

③ 摇臂轴变形量 λ_S

$$\lambda_S = (i+1)^2 \left[\frac{Fa^2b^2}{3E_S I_S l} - \frac{M_A}{6E_S I_S} \left(lb - \frac{b^3}{l} \right) - \frac{M_B}{6E_S I_S} \left(la - \frac{a^3}{l} \right) \right] \quad (8-43)$$

式中,

$$M_A = \frac{Fab}{l^3} \left[\frac{(a^2 + 3ab + 2b^2)\left(\frac{6E_S I_S}{zl} + 2\right) - (2a^2 + 3ab + b^2)}{\left(\frac{6E_S I_S}{zl} + 2\right)^2 - 1} \right]$$

$$M_B = \frac{Fab}{l^3} \left[\frac{(2a^2 + 3ab + b^2)\left(\frac{6E_S I_S}{zl} + 2\right) - (a^2 + 3ab + 2b^2)}{\left(\frac{6E_S I_S}{zl} + 2\right)^2 - 1} \right]$$

$$z = \frac{E_B I_B}{h_1}$$

如图 8-19、图 8-20 所示,式中,E_S 为摇臂轴材料的弹性模量,单位为 MPa;I_S 为摇臂轴横断面的抗弯惯性矩,单位为 mm^4;E_B 为摇臂座材料的弹性模量,单位为 MPa;I_B 为摇臂座的计算当量断面抗弯惯性矩,单位为 mm^4。

④ 摇臂座变形量 λ_B

$$\lambda_B = \left(\frac{Fh_1}{E_B A_B}\right) + \left(\frac{Fh_1 e^2}{E_B I_B}\right)\left(\frac{a^2 + b^2}{l}\right)(1+i)^2 \quad (8-44)$$

如图 8-19、图 8-20 所示,式中,A_B 为摇臂座的计算当量断面面积,单位为 mm^2。

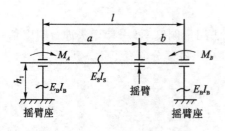

图 8-19 摇臂轴变形计算简图

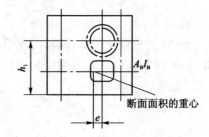

图 8-20 摇臂座变形计算简图

⑤ 推杆变形量 λ_P

$$\lambda_P = \frac{Fl_P}{E_P A_P} \quad (8-45)$$

式中,l_P 为推杆长度,单位为 mm;A_P 为推杆断面面积,单位为 mm^2;E_P 为推杆材料的弹性模量,单位为 MPa。

⑥ 系统总变形量 λ

$$\lambda = \lambda_C + \lambda_R + \lambda_S + \lambda_B + \lambda_P + \Delta\lambda \quad (8-46)$$

式中,$\Delta\lambda$ 为其他变形量。

将 F 和 λ 代入式 8-39 中,得到配气机构的系统刚度。

3. 配气机构系统的阻尼系数

一般认为系统的外阻尼 D_e 比内阻尼 D_x 小得多,计算中常常忽略。内阻尼和气门座阻尼可用阻尼比 ξ 来估算,即

$$\xi = \frac{D}{2\sqrt{Cm}} \tag{8-47}$$

一般,系统内阻尼比在 0.05～0.15,气门座阻尼比在 0.2～0.25。另外,系统的阻尼比还可以通过实验获取。

8.3.4 计算及结果分析

确定了计算原始数据之后,一般采用变步长的龙格库塔法求解微分方程。求得气门动态位移、速度和加速度,还可分析出机构弹性变形,用于判断系统脱离、气门落座区域、落座速度和反跳。

1. 系统脱离

在式 8-37 中,当 $y_c - y - x_0 > 0$ 时,系统受压,保持接触;当 $y_c - y - x_0 < 0$ 时,系统脱离。发动机在标定转速以下时,系统不应产生脱离;在超速时,允许有不大的脱离,最大脱离量应小于 0.1 mm。

2. 气门落座区域

气门落座应在下降段之后的过渡段上。如果出现工作段落座现象,则应提高凸轮过渡段的高度或改变凸轮参数进行调整。

3. 落座速度

气门在过渡段落座时一般比较平稳,但有时落座速度值仍比较大,影响气门与座的可靠工作,并产生较大的噪声。不同材料的气门座允许的落座速度值推荐如下:

铸铁气门座:0.3～0.4 m/s;钢气门座:0.5～0.6 m/s。

4. 气门反跳高度

气门落座后,由于与座的冲击而产生的反跳可能发生数次,反跳产生冲击,并引起充量损失。当气门在正常区域落座时,反跳高度应小于 0.1 mm。

5. 活塞与气门最小间隙的校验

为了保证运转过程中气门与活塞不发生碰撞,必须控制两者运动时相互间的最小间隙。如图 8-21 所示,横坐标为曲轴转角,中点 0° 为活塞上止点时的曲轴转角;纵坐标为位移,0 mm 处为缸盖底面。在曲轴转角 ±20° 的范围内,将活塞位移曲线和进、

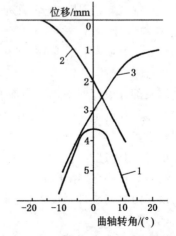

图 8-21 活塞与气门最小间隙校验

排气门的位移曲线画出,图 8-21 中,1 为活塞位移曲线,2 为进气门位移曲线,3 为排气门位移曲线。若进、排气门位移曲线与活塞位移曲线相交或相切,则表示二者发生碰撞;气门位移曲线与活塞位移曲线之间的最小距离则表示气门与活塞之间的最小间隙。

8.3.5 多项动力凸轮

多项动力凸轮是针对配气机构的振动与变形所设计的凸轮。即先根据刚体假设,设计出一个气门升程曲线,再根据驱动机构的振动和变形,计算出相应挺柱的升程曲线,最后确定凸轮外形。这样的凸轮外形可以适合配气机构的动态变形,保证配气机构振动较小,工作比较平稳。

8.4 配气机构零件结构设计

8.4.1 气门

1. 工作条件与设计要求

气门承受缸内气体压力的冲击;气门头部直接与高温燃气接触,不仅受热,而且受腐蚀,散热条件又很差,排气门的局部最高温度可达 700 ℃以上;气门落座时产生很大的冲击载荷;排气门还要承受废气的高速冲刷。在这样严酷的工作条件下,气门经常出现变形、烧伤、点蚀、密封带磨损、气门或调整盘断裂等故障。

根据上述情况,气门的设计要求是:

① 在缸盖布置允许的条件下,气门头部直径应尽可能地大些,并减小气体流动阻力;

② 在保证强度与刚度的条件下,尽量减轻重量;

③ 与气缸盖的设计相配合,以改善散热,尽可能降低热负荷。

2. 结构设计

如图 8-22 所示,气门由头部和杆部两部分组成。

(1) 气门头部

气门头部在设计时应确定头部形状、直径、厚度、气门锥角及过渡半径。

如图 8-23 所示,气门顶面有平顶、凹顶和凸顶等形状。平顶气门结构简单,吸热面积较小,进、排气门均可采用,目前使用最多,但是,平顶气门头部和杆部的过渡圆弧较小,当用于进气门时,进气阻力偏大。凹顶气门头部与杆部的过渡圆弧较大,进气流动阻力较小,适用于进气门,但是,该气门头部的受热面积较大,不宜用作排气门。凸顶气门具有头部强度大、气体流动阻力小的特点,常用作排气门,但是,该气门质量大,受热面积大。

气门头部直径应尽可能取得大些,以便得到良好的进、排气效果。但是,气门头

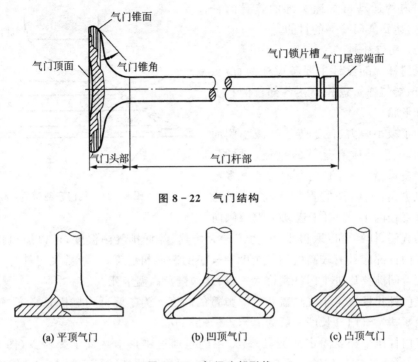

图 8-22 气门结构

图 8-23 气门头部形状
(a) 平顶气门 (b) 凹顶气门 (c) 凸顶气门

部直径受气缸盖布置和燃烧室形式的限制,气门头部过大,使靠近壁面附近的通过断面得不到充分利用,缸盖鼻梁区过窄,冷却不好。一般情况下,进气门头部直径 $d_i=(0.32\sim0.5)D$,D 为气缸缸径;排气门头部直径 $d_o=(0.8\sim0.9)d_i$。

气门头部厚度主要影响气门刚度,当需要增加气门刚度时,首先应考虑增加厚度。如受到重量的限制,则常以适当减小过渡半径来弥补。气门头部厚度 $t=(0.08\sim0.12)d$,d 为气门头部直径。

气门锥角对气门通过断面、气门刚度和气门的座合压力等都有影响。小的气门锥角可以获得较大的通过断面,流动阻力较小。但是,气门锥角小使气门头部边缘较薄,刚度较差,导致气门与气门座圈之间的密封性变差。较大的气门锥角有利于提高气门头部边缘的刚度,气门落座时有较好的自动对中作用,与气门座圈有较大的接触压力,有利于传热和密封,并有利于清除密封锥面上的积炭。目前大多数内燃机的气门锥角都采用 45°,只有少数内燃机的进气门锥角为 30°。

如图 8-24 所示,在气门锥面上,起密封作用的是一条位于密封锥面中间的窄带。此密封窄带的宽度 b' 一般为 1~3 mm。气门密封带宽度越大,热阻就越小,有利于气门头部热量传给气门座,但是,密封带宽度大会使密封比压减小,不利于密封。对于增压内燃机,适当增加密封带宽度可以降低气门温度,排气门的宽度应比进气门略大些,密封带应连续。

为降低排气门的温度,还可在排气门内部充注钠,钠在 97 ℃ 时成为液态,液态钠在气门内的运动可加速头部的热量向杆部传递,达到气门冷却的目的。

(2) 气门杆部

气门杆部的设计主要考虑杆的直径、长度、尾端与弹簧盘相连接各部位的相关尺寸和形状。

为了减小应力、便于传热和减小侧面的磨损,气门杆应有足够的直径,但杆径过大会使重量增加,惯性力加大。大多数内燃机进、排气门杆的直径相同,一般为其头部直径的1/4。对于运动过程中侧向

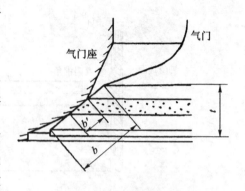

图 8-24 气门密封带

力小的气门,杆径可以取得小些;为了加大传热,降低排气门温度,可以加粗排气门杆。气门杆部应具有较高的加工精度和较小的表面粗糙度,一般排气门杆与气门导管的配合间隙要比进气门杆稍许大一点,从而避免高温卡死。

气门杆长度决定于气缸盖和气门弹簧的高度。为了降低内燃机总高度,气门杆长度应短些。气门杆长度一般为 $l=(2.5\sim3.5)d$。

气门杆尾部需要固定弹簧盘,最常用的是通过锥形卡块固定弹簧盘(图 8-25(a)、(b)、(c)、(d)),也有通过锁圈(图 8-25(e))或圆柱锁销(图 8-25(f))固定弹簧盘的。

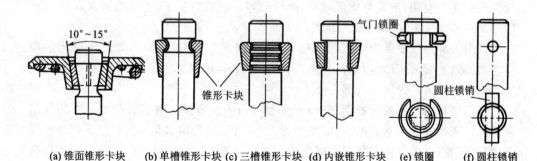

(a) 锥面锥形卡块　(b) 单槽锥形卡块　(c) 三槽锥形卡块　(d) 内嵌锥形卡块　(e) 锁圈　(f) 圆柱锁销

图 8-25 气门杆尾部结构

锥形卡块为两半块,卡块的高度约等于气门杆直径;卡块的内表面可以是多种形状,与气门杆尾部的卡槽相匹配,使气门锁止更加牢固;卡块的外表面为 10°～15° 的锥角,用于锁止弹簧盘;为了避免应力集中和提高强度,卡槽应经过精细加工。

3. 气门材料与处理

进气门工作温度较低,一般为 300～400 ℃,常用铬钢(40Cr)、铬钼钢(35CrMo)等中碳合金钢制造。

排气门工作温度高,应采用高铬耐热合金钢。其中,硅铬钼钢(4Crl0Si2Mo)、硅

铬钢(4Cr9Si2)等高碳马氏体钢的气门工作温度不超过650℃,一般用于中等负荷的排气门,也有用于大负荷的进气门;4Cr14Ni14W2Mo等奥氏体合金钢的气门工作温度可达870℃,普遍用于排气门。

为节省贵重材料,可只在气门头部采用耐热合金钢,加工后再与气门杆焊接在一起。

有时为了提高气门的耐热、耐磨和耐腐蚀性,在气门密封带、气门杆端部还需要镀覆钴基或镍基合金,或在气门杆上进行镀铬处理。

8.4.2 气门座圈

一般气缸盖的材料不满足耐冲击、耐腐蚀的要求,为了延长缸盖的使用寿命,安装气门座圈。

为了使气门座圈工作时不产生扭曲变形,气缸盖应有足够的刚度,在此基础上,一般气门座圈的壁厚为其内径(喉口直径)的8%~15%,其高度约为壁厚的两倍,外圆面可以是圆柱面(图8-26(a)),也可以是锥角不大于12°的圆锥面(图8-26(b))。

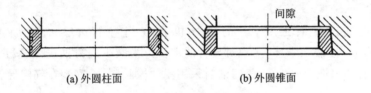

(a) 外圆柱面　　　　(b) 外圆锥面

图8-26　气门座圈

为了防止气门座圈松脱,气门座圈与座孔的过盈量为气门座外径的0.2%~0.35%,铝缸盖取上限。有的还在座圈外表面制有环槽(图8-26(a)),以使压入后气缸盖材料塑性变形被挤入环槽中,起到固定作用。为使气门座圈的尖角不因废气的吹拂而烧毁,常将其埋入缸盖铸件内。

控制气门与气门座的接触面宽度,气门座圈的锥角应略大于气门锥角0.5°~1°,使气门和气门座在理论上成为线接触,提高密封压力,使密封更可靠。但是,对于具有铬钴等耐磨合金涂覆层的排气门和经过高频淬火的排气门座之间不应设计此锥角,因为磨合性差,气门传热面积小,长期工作会造成排气门烧蚀。

气门座圈一般采用合金铸铁或粉末冶金制成。

8.4.3 气门导管

气门导管的作用是给气门运动导向,保证气门与气门座之间的密封;承受气门运动时所产生的侧压力;将气门的部分热量传递给气缸盖。

气门导管的外表面一般为无台阶的圆柱(见图8-27),具有较高的加工精度和较低的粗糙度,与气缸盖的导管孔过盈装配,以保证良好的传热,并防止松脱。正确的长度可以保证导向、增加散热,并使气门杆作用于导管侧壁的侧压力减至最小,一般导管的长度为$(6\sim7)d$,d为气门杆直径。

气门导管的工作温度较高,气门杆与气门导管之间的间隙过小,可能导致热状态下卡死;间隙过大,气门散热不好,而且导向不好,气门会在导管中摆动,造成气门密封锥面与座圈密封带之间的不均匀磨损而漏气、烧毁。一般进气门杆与导管之间的间隙取$(0.005\sim0.01)d$;排气门杆与导管之间的间隙取为$(0.008\sim0.012)d$。导管与气缸盖装配好之后,再对导管内孔进行精铰,以保证精确的配合间隙。

气门与气门导管之间的润滑比较困难,而且仅靠配气机构工作时飞溅起来的机油来润滑,为改善润滑,气门导管一般采用减磨性好的灰铸铁或铁基粉末冶金制造,且其内孔的粗糙度不能太低,以保证在配合面上有一定数量的润滑油,防止熔着磨损。

为防止过多的机油进入导管,导管内孔的上端不倒角。由于进气管内的真空作用,润滑油会通过进气门与气门导管的缝隙大量进入气缸,使进气门导管外表面的上端带有一定的锥度(图8-27(a)),以防止积油,减小润滑油进入气缸的可能性。排气门导管内孔的下端加工有排渣槽(图8-27(b)),可容纳从排气门杆上刮下的沉积物。

为防止气门导管脱落,有的内燃机在气门导管外表面上加工有环槽(图8-27(a)),可嵌入卡环,实现对导管的定位。为减少润滑油进入气缸,部分内燃机装有气门油封(图8-28)。气门油封采用耐油橡胶制造,安装在气门导管上端。

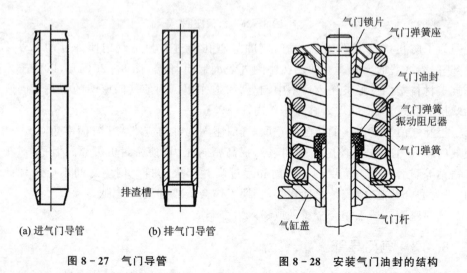

(a) 进气门导管   (b) 排气门导管

图8-27 气门导管

图8-28 安装气门油封的结构

8.4.4 气门弹簧

1. 设计要求与结构形式

在配气机构中,由于凸轮对气门的控制是单方向的,因此必须用气门弹簧保证气门回位。对气门弹簧的设计要求如下：

① 气门关闭时，保证气门与气门座之间的闭合与密封；
② 在凸轮的负加速度段，保证气门不脱离凸轮的控制；
③ 有足够的疲劳强度，不发生气门弹簧断裂事故；
④ 有足够高的固有频率，避免发生弹簧颤振。

大多数内燃机的气门弹簧都采用圆柱形螺旋弹簧。在某些内燃机上，每个气门装内外两个弹簧，这样，既可降低弹簧高度，又可降低弹簧的工作应力，提高可靠性，由于两个弹簧自振频率不同，还可抑制共振。为了保证工作时两个弹簧不至互相卡住，内外弹簧旋向应相反。但是，双弹簧固有频率一般较低，对于高转速车用发动机，要求弹簧有较高的固有频率，所以常采用单弹簧结构。

弹簧节距有等节距和变节距之分，对于转速不是特别高的发动机，常采用等节距弹簧。对于高转速发动机，当提高固有频率的要求与弹簧的强度要求发生矛盾时，常采用变节距气门弹簧。变节距弹簧在工作时，弹簧的固有频率发生变化，并增加了振动阻尼，消耗了振动能量，避免了颤振的发生。

2. 气门弹簧的最小弹力和最大弹力

(1) 最小弹力 P_{min}

为保证气门与气门座的密封，弹簧需要有一定的预紧力。

在内燃机的进气冲程，进气门是打开的，排气门是关闭的，气缸内的气体压力 P_g 小于排气道中的气体压力 P_r，对于排气门来说，受到了一个使它离座的作用力 P_{01}。

$$P_{01} = \frac{\pi d_2^2}{4}(P_r - P_g) \qquad (8-48)$$

式中，d_2 为排气门头部直径，单位为 mm。

对于增压内燃机，在排气冲程，由于气缸内的压力 P_g 小于进气道中的增压压力 P_k，使进气门产生一个离座的作用力 P_{02}。

$$P_{02} = \frac{\pi d_1^2}{4}(P_k - P_g) \qquad (8-49)$$

式中，d_1 为进气门头部直径，单位为 mm。

在设计中，进气门和排气门的弹簧是一样的，气门弹簧的最小弹力 P_{min} 必须大于 P_{01}、P_{02} 中的较大者，保证进气门或排气门在上述两种情况下不离座。

(2) 最大弹力 P_{max}

气门弹簧的最大弹力由作用于气门弹簧上的最大惯性力 P_{jmax} 来确定。最大惯性力发生在气门出现最大负加速度时，此时气门全开，气门弹簧产生最大变形。

$$P_{jmax} = -\left[\left(m_v + \frac{m_s}{3}\right) + I_o \frac{1}{L_q^2} + \left(\frac{1}{i}\right)^2(m_t + m_p)\right]a_{qmax}$$

式中，m_v 为气门、锁夹、气门弹簧盘质量；m_s 为气门弹簧质量；m_t 为挺柱质量；m_p 为推杆质量；I_o 为摇臂对摇臂轴心的转动惯量；L_q 为摇臂与气门接触点到摇臂轴心的距离;i 为摇臂比;a_{qmax} 为气门的最大运动加速度。

考虑裕量,气门弹簧的最大弹力为

$$P_{max} = \varphi P_{jmax} \tag{8-50}$$

式中,φ 为储备系数,一般内燃机 $\varphi = 1.25 \sim 1.6$。

在不知道配气机构零部件质量,初步选取时,可取 $P_{max} = (2 \sim 2.5)P_{min}$。

3. 气门弹簧的刚度

气门弹簧刚度

$$C = (P_{max} - P_{min})/h_{qmax} \tag{8-51}$$

式中,h_{qmax} 为气门的最大升程,单位为 mm。

4. 气门弹簧的结构参数

(1) 弹簧中径 D_m

弹簧中径 D_m 可根据气缸盖的总体布置来选取。当采用双弹簧时,内弹簧中径 D_{mi} 为

$$D_{mi} \geqslant d_g + d_{si} + 2 \tag{8-52}$$

式中,d_g 为气门导管外径,单位为 mm;d_{si} 为内弹簧钢丝直径,单位为 mm。

外弹簧的中径 D_{mo} 为

$$D_{mo} \geqslant D_{mi} + d_{so} + d_{si} + 2 \tag{8-53}$$

式中,d_{so} 为外弹簧钢丝直径,单位为 mm。

弹簧中径的取值范围一般为

$$D_{mo} = (0.8 \sim 0.9)d_h$$

$$D_{mi} = (0.4 \sim 0.7)d_h$$

式中,d_h 为气道喉口直径,单位为 mm。

(2) 弹簧钢丝直径 d_s

根据弹簧最大弹力的强度条件来确定,即

$$d_s = \sqrt[3]{\frac{8KP_{max}D_m}{\pi[\tau]}} \tag{8-54}$$

式中,$[\tau]$ 为弹簧钢丝的许用剪切应力,一般情况下,$[\tau] = 0.5 \sim 0.55\sigma_b$,$\sigma_b$ 为弹簧钢丝的抗拉强度;K 为考虑钢丝横截面上切应力分布不均匀的修正系数,$K = (4c-1)(4c-4) + 0.615/c$,$c$ 为旋绕比,$c = D_m/d_s$。

弹簧钢丝直径应根据国标进行圆整处理,并优先选用第一系列。

(3) 弹簧工作圈数 n_g 和总圈数 n_s

弹簧的工作圈数可根据弹簧刚度来求得,即

$$n_g = \frac{Gd_s}{8C}\left(\frac{d_s}{D_m}\right)^3 \tag{8-55}$$

式中,G 为弹簧钢丝的剪切弹性模量,单位为 MPa。

计算出的工作圈数需圆整为整圈数或带 $\frac{1}{2}$ 圈。

考虑到弹簧制造及弹簧两端平面的情况,总圈数 n_s 多两圈,即

$$n_s = n_g + 2 \tag{8-56}$$

(4) 弹簧自由高度 L_o

气门全开时,弹簧各工作圈之间必须留有最小间隙 Δ_{min},Δ_{min} 一般为 $0.5\sim0.9$ mm。
气门全开时弹簧的高度为

$$L_{min} = n_s d_s + n_g \Delta_{min} \tag{8-57}$$

气门关闭时弹簧的高度为

$$L_b = L_{min} + h_{qmax} \tag{8-58}$$

弹簧的自由高度为

$$L_o = L_b + P_{min}/C \tag{8-59}$$

(5) 弹簧自由状态时的节距 t

$$t = (L_0 - 1.5 d_s)/n_s \tag{8-60}$$

5. 气门弹簧的材料和表面处理

内燃机常用的气门弹簧材料有 65Mn、50CrVA 和 60SiCrA 等。65Mn 淬透性好、强度高、表面脱碳倾向小、价格低廉,缺点是易产生热脆性及淬火裂纹。50CrV 耐疲劳和耐冲击韧性好,耐蚀性好,表面脱碳倾向小,高温稳定性好。

弹簧的疲劳强度在很大程度上取决于钢丝的表面质量,对于负荷特别高的发动机,可采用磨光的弹簧钢丝,以消除表面脱碳和其他缺陷。喷丸处理对提高弹簧的耐疲劳性也有明显的效果,喷丸处理后的弹簧,其疲劳强度可提高 20%～70%。将加工好的弹簧压缩到最大压缩高度,并在高于最高工作温度下保温一定时间的弹簧热定型处理,可使弹簧的抗松弛能力大大提高,但由于工艺比较麻烦,只用在高应力、高工作温度的弹簧上。此外还应对气门弹簧的表面进行氧化、镀锌、磷化等耐腐防锈处理。

6. 气门弹簧的校核

(1) 疲劳强度校核

气门弹簧工作时承受交变载荷,弹簧载荷在 P_{max} 和 P_{min} 之间循环变化,弹簧钢丝截面上的切应力在 τ_{max} 和 τ_{min} 之间循环变化。

弹簧的最大切应力为

$$\tau_{max} = \frac{8 K P_{max} D_m}{\pi d_s^3}$$

弹簧的最小切应力为

$$\tau_{min} = \frac{8 K P_{min} D_m}{\pi d_s^3}$$

弹簧在疲劳载荷下的安全系数

$$n_\tau = \frac{\tau_0 + 0.75 \tau_{min}}{\tau_{max}} \geqslant [n_\tau] \tag{8-61}$$

式中,τ_0 为弹簧材料的脉动疲劳极限,$\tau_0 = 0.3 \sigma_b$,经过喷丸处理的弹簧,τ_0 可提高

20%以上;$[n_\tau]$为许用安全系数,应不小于1.2~1.3;K为考虑钢丝横截面上切应力分布不均匀的修正系数,见式(8-54)。

(2) 共振校核

弹簧的自振频率

$$f = 3.56 \times 10^5 \frac{d_s}{n_g D_m^2} \tag{8-62}$$

式中,d_s和D_m分别为弹簧钢丝直径和弹簧中径,单位为 mm;n_g为弹簧工作圈数,单位为 Hz。

一般认为弹簧的自振频率应大于发动机凸轮轴最高工作转速的10倍,即

$$f > 10 \, n_{tmax}$$

8.4.5 凸轮轴

1. 工作情况与设计要求

凸轮轴是配气机构中的主要驱动件,受到来自气门组、摇臂、推杆和挺柱的惯性力;由于气门正、反面气体压力差产生的作用力;气门弹簧的弹力;凸轮与挺柱接触面之间还有很大的滑移,并产生侧向力。为此提出如下要求:

① 正确配置各缸的进、排气凸轮的位置,保证内燃机正常运转;

② 正确确定支撑轴颈数及其直径,保证凸轮轴的刚度;

③ 正确确定凸轮与轴颈表面硬度,保证具有一定的耐磨性。

2. 结构设计

凸轮轴的结构设计主要确定各凸轮之间的相对位置、支承数与支承形式,以及止推方式等。

(1) 各凸轮之间的相对位置

① 同缸异名气门的控制(图8-29(a))

如果进、排气门布置成一列,凸轮是对称的,则排气凸轮的顶点相对于进气凸轮顶点顺凸轮旋转方向超前的角度为

$$\varphi = \theta/2 = (360° - \alpha_1 + \alpha_2 + \beta_1 - \beta_2)/4 \tag{8-63}$$

式中,θ为进、排气相位中点之间的曲轴转角;α_1、α_2分别为进气提前与滞后角;β_1、β_2分别为排气提前与滞后角。

如果进、排气门布置成两列,由一根上置凸轮轴经摇臂驱动时,则单臂杠杆上的滚子轴线与支承表面也排成两列,并且与凸轮轴轴线平行。如果排气门摇臂的滚子比进气门摇臂的滚子超前γ度(图8-29(b)),则

$$\varphi = \theta/2 - \gamma \tag{8-64}$$

如果排气门摇臂的滚子落后于进气门摇臂的滚子γ度(图8-29(c)),则

$$\varphi = \theta/2 + \gamma \tag{8-65}$$

② 异缸同名气门的控制

异缸同名气门凸轮的相对位置由气缸的夹角、气缸数和气缸的点火顺序决定。

对于四冲程内燃机,曲轴每转两转,凸轮轴转一转,异缸同名气门凸轮顶点之间的夹角等于相应两缸点火间隔角的一半。

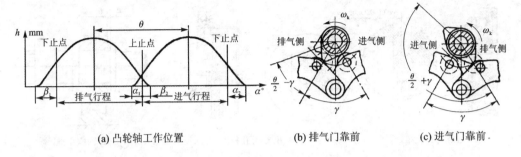

(a) 凸轮轴工作位置　　(b) 排气门靠前　　(c) 进气门靠前

图 8-29　同缸异名气门凸轮相位角

(2) 凸轮轴的支承

凸轮轴的轴颈数取决于凸轮轴承受的载荷和轴本身的刚度。一般内燃机每两缸采用两个轴颈支承;对于缸径较大、气门数多、转速高及凸轮轴负荷较大的内燃机,每缸采用两个支承,以增加支承刚度。

凸轮轴的轴承形式有两种:整体式和剖分式。整体式轴承用于位于机体上的下置凸轮轴或中置凸轮轴,其轴颈的半径大于凸轮尺寸,以便把凸轮轴由一端装入,有时为便于安装,常把支承轴颈设计成前大后小的结构,凸轮轴的结构如图 8-30(a)所示;部分式轴承用于顶置凸轮轴式的内燃机上,凸轮轴的结构如图 8-30(b)所示。

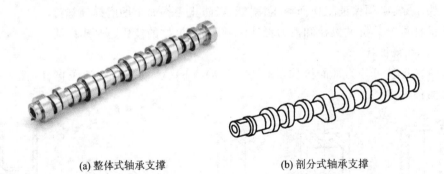

(a) 整体式轴承支撑　　(b) 剖分式轴承支撑

图 8-30　凸轮轴颈结构

(3) 凸轮轴的止推方式

凸轮轴的驱动有时采用斜齿圆柱齿轮,有的功率较大的 V 形内燃机还采用锥齿轮驱动,因此,凸轮轴存在轴向力;在车用内燃机上,由于车辆上、下坡时也会产生轴向分力。因此凸轮轴必须有止推装置。

止推装置可以是止推片(见图 8-31(a))、止推螺钉(见图 8-31(b))或者是利用轴承止推(见图 8-31(c))。止推片为加在正时齿轮轮毂与凸轮轴第一轴颈端面之间的钢片,止推片两端用螺钉固定在缸体上,在正时齿轮与凸轮轴之间装有调节环,因调节环比止推片厚,所以留有 0.1~0.2 mm 的间隙,从而限制了凸轮轴的轴向移动量。顶置凸轮轴常用靠近齿轮的支承轴承作为止推结构限制凸轮轴的轴向位移。

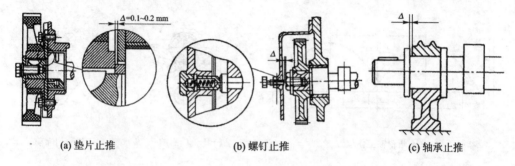

(a) 垫片止推　　　　　(b) 螺钉止推　　　　　(c) 轴承止推

图 8-31　凸轮轴的止推结构

3. 凸轮轴的材料

凸轮轴可用铸铁或钢制造。铸铁包括合金铸铁、冷激铸铁及球墨铸铁等;钢包括低碳钢(20 钢、20Mn2)中碳钢(45 钢、45Mn2)或合金钢,工作表面硬度应达到 HRC 56~63。选择凸轮轴材料时,必须考虑与挺柱材料的匹配。

8.4.6　挺　柱

挺柱是凸轮的从动件,它承受凸轮轴的推力和凸轮轴旋转时所施加的侧向力,挺柱与凸轮之间有很大的滑移,其作用是将凸轮的推力传递给推杆或气门。对挺柱的设计要求是:必须保证工作面耐压、耐磨,以防止工作面早期磨损、剥落。

挺柱可分为机械挺柱和液力挺柱两种,液力挺柱的使用越来越广泛。

(1) 机械挺柱

机械挺柱可分为平面挺柱(图 8-32(a)、(b)、(c)、(d))和滚子挺柱(图 8-32(e))两种形式。

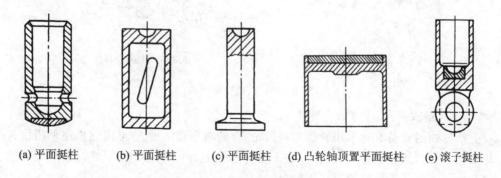

(a) 平面挺柱　　(b) 平面挺柱　　(c) 平面挺柱　　(d) 凸轮轴顶置平面挺柱　　(e) 滚子挺柱

图 8-32　机械挺柱

平面挺柱由作为工作面的圆盘和起导向作用的圆柱体组成,在挺柱的内部或顶部加工有球窝,与推杆上的球头相配合,挺柱上的推杆球窝半径略大于推杆球头半径,以便存储润滑油,降低挺柱与推杆的磨损。平面挺柱结构简单、重量轻,在中、小型内燃机中应用广泛。

为了提高平面挺柱的工作寿命,可以采取以下措施:

① 挺柱轴线偏离凸轮的对称轴线(图 8-33(a)),偏心距 $a=1.5\sim3$ mm。内燃机工作时,在凸轮与挺柱底面间的摩擦力作用下,挺柱会绕自身轴线旋转,使挺柱底面磨损均匀。

② 采用锥体凸轮和球面挺柱配合(图 8-33(b)),凸轮做成锥度很小($7'\sim15'$)的锥体,挺柱的工作面做成半径非常大的球面($SR=500\sim1\,000$ mm),使凸轮与挺柱的接触点偏离挺柱轴线,在偏心凸轮摩擦力的作用下,挺柱绕自身轴线旋转,达到挺柱底面均匀磨损的目的。另外,此结构还能消除由于相关零件的加工误差、变形使挺柱底面与凸轮母线之间产生歪斜所造成的影响。

③ 在挺柱底面镶嵌耐磨金属块(图 8-33(b))。

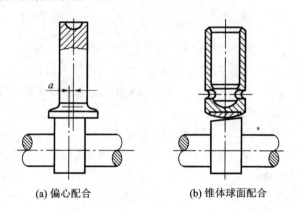

(a) 偏心配合　　　　　(b) 锥体球面配合

图 8-33　凸轮与挺柱之间的接触状况

滚子挺柱与凸轮之间的摩擦和磨损小,其由滚轮、滚轮销和挺柱体组成,滚轮销和挺柱体间采用过盈装配,结构比较复杂,重量较大,一般用于缸径较大的内燃机上。

挺柱侧面承受凸轮工作时产生的侧压力,为此要合理选定导向长度以及与挺柱座孔的配合间隙。一般导向长度为挺柱盘直径的 1.5~2 倍,挺柱盘直径见式(8-31),配合间隙在 0.02~0.08 mm 范围内。

(2) 液力挺柱

为适应配气机构温度升高造成的机件膨胀,设置了气门间隙,但是气门间隙使内燃机工作时,配气机构中的机件发生撞击而产生噪声,为解决这一问题,出现了液力挺柱。目前,绝大部分轿车内燃机均采用了液力挺柱。

图 8-34 所示为下置凸轮轴的液力挺柱结构,可分为平面液力挺柱和滚子液力挺柱。在挺柱体中装有柱塞,在柱塞上端压有推杆支座,柱塞被下端的柱塞弹簧压向上方,其最上位置由卡环限制。柱塞下端有单向阀保持架,其内装有单向阀和单向阀

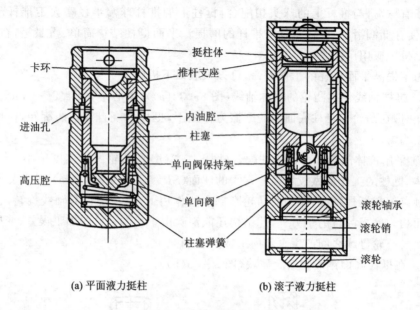

图 8-34 下置凸轮液力挺柱

弹簧。内燃机润滑油经进油孔进入内油腔,润滑油的压力可以使单向阀打开,进入高压油腔,使液力挺柱内充满润滑油。当气门关闭时,柱塞弹簧使柱塞的推杆支座紧靠在推杆上,消除气门间隙。

若配气机构受热膨胀,柱塞因受压而与挺柱作轴向相对移动,使挺柱内油液从柱塞与挺柱体的间隙中泄漏一部分,从而使挺柱自动缩短;若配气机构冷却收缩,柱塞受力减小,在柱塞弹簧的作用下柱塞向上运动,吸开单向阀,油液流入柱塞下部的空腔,从而使挺柱自动伸长,保持配气机构无间隙。

当挺柱被凸轮顶起时,推杆作用于推杆支座的反力使柱塞克服柱塞弹簧的弹力而相对于挺柱体向下移动,使柱塞下部高压腔内的油压迅速升高,单向阀关闭,整个挺柱在高压油的作用下随同挺柱体一起上升和下降,这样便保证了必要的气门运动。液力挺柱在工作中,会有少量润滑油从高压油腔经挺柱体与柱塞之间的间隙泄漏出去,在气门关闭时,润滑油会从内油腔经单向阀向高压油腔补充。

顶置凸轮轴的液力挺柱结构如图 8-35 所示,可分为直接驱动结构和摇臂驱动结构。柱塞在柱塞套内滑动,柱塞和柱塞套构成高压油腔,并由单向阀封闭。外油腔和内油腔通过连通槽相接,其工作原理与平面液力挺柱一致。

采用液力挺柱消除了配气机构中的间隙,减小了各零件的冲击载荷和噪声,同时凸轮轮廓可设计得较陡一些,以使气门开闭更快,减小进、排气阻力,改善内燃机的性能。但液力挺柱加工精度较高,并且磨损后只能更换。

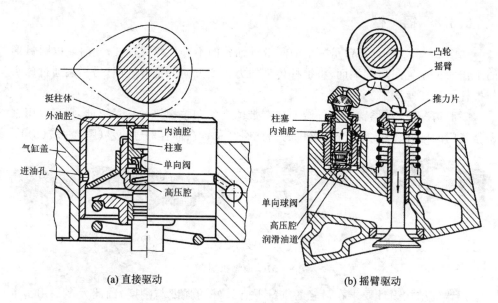

(a) 直接驱动　　　(b) 摇臂驱动

图 8-35　顶置凸轮液力挺柱

8.4.7　推　杆

在下置凸轮轴或中置凸轮轴的配气机构中,推杆位于挺柱和摇臂之间,其作用是把挺柱的推力通过摇臂传至气门。

推杆是细长零件,可以是实心的,也可以是空心的。实心推杆两端的球头或球形支座与推杆锻造成一体(图 8-36(a));空心推杆两端的球头或球形支座与杆身用焊接或压配的方法连成一体,且具有不同的形状,以便与摇臂上气门间隙调整螺钉的球形头部相适应(图 8-36(b))。

推杆材料一般采用中碳钢、锻铝或硬铝。空心推杆可用冷拔无缝钢管制成;铝制推杆需在两端压入钢制球头或球形支座。

由于推杆传递的力较大,所以要求其纵向弯曲稳定性好,刚度好,设计时应验算其纵向稳定性,缩短推杆长度是提高整个配气系统刚度的有效方法。

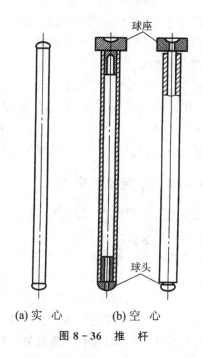

(a) 实 心　　(b) 空 心

图 8-36　推　杆

8.4.8 摇臂

如图 8-37 所示,摇臂是一个中间带有轴孔的不等长双臂杠杆,气门端以圆弧形的工作面顶住气门尾部端面,将推杆传来的力改变方向并推开气门,另一端通过球头与推杆上的球座紧靠。

一般情况下,在摇臂的推杆端安装有带球头的调整螺钉和锁紧螺母,它可以用来调整气门间隙并锁紧。部分内燃机的调整螺钉布置在摇臂的气门端(图 8-37(b))。

(a) 二气门摇臂　　　　　　　　(b) 四气门摇臂

图 8-37　内燃机摇臂

摇臂的结构设计要求在最轻的重量下有最好的强度与刚度,因此大多采用丁字形或工字形的断面;为使整个配气机构具有较大的刚度和自振频率,气门摇臂比不能太大,一般为 1.2～1.7;在摇臂轴孔内装有青铜衬套,并与摇臂轴相匹配;在摇臂的推杆端,还可以钻油道,使润滑油经摇臂轴的中空部分流到挺柱端的球头,在摇臂工作过程中,润滑运动接触面。

工作时,气门为上下平动,摇臂为转动,因此气门杆的上端面与摇臂的圆弧面之间处于连滚带滑的移动状态,它们之间的滑移量大小影响着磨损的程度。要使磨损减小,除了减小它们之间的作用力外,还可以增大摇臂气门端圆弧工作面的曲率半径,以增大接触面积,一般情况下,摇臂圆弧工作面的曲率半径 $R=(1.0～1.5)h_{qmax}$,h_{qmax} 为气门的最大升程,单位为 mm。

优化摇臂圆弧工作面的原始位置,也可以减小圆弧工作面与气门杆端部之间的相对滑移速度。当气门关闭时,气门杆端部至摇臂转动轴水平面的垂直距离 $h_0 \approx h_{qmax}/2$ 时,摇臂与气门杆端部的滑移量最小。

8.4.9 可变配气机构

可变配气机构(VVT)的种类较多,包括可变气门正时、可变气门升程、可变进气延续时间或其复合形式等。

内燃机动力性的高低主要取决于其缸内充气效率的大小,为了利用气体惯性充气,进气门在吸气行程结束后还需要保持一段时间的开启,这段时间的长短与发动机的转速有关。在内燃机设计时,增大进气迟闭角,能保证内燃机在高转速时充气效率较高,有利于最大功率的提高,但对低速和中速性能则不利。减小进气迟闭角,能防止气体被推回进气管,有利于提高最大转矩,但降低了最大功率。另外,内燃机做功的大小也与排气门在活塞到达下止点前开启的角度有关,排气提前角合适,可以使活塞排气行程功耗小,内燃机的机械损失少,这个角度的大小也与发动机的转速有关。因此,理想的气门正时应当是根据发动机的工作情况及时做出调整,具有一定的灵活性。改变气门升程,可以根据功率需求调节进入到气缸内的空气量,当与改变气门正时有效地结合起来时,使得内燃机在不同转速和工况下都能获得理想的进、排气效率,在提升扭矩和功率的同时,也降低了油耗水平。

由上述可知,在内燃机的工作过程中,进、排气门的开闭都需要调节,但是调节排气门开闭角对缸内充气效率的影响更大,图 8-38 为不同转速时进气门迟闭角度对充气系数的影响情况,为了简化结构,现在的内燃机上大多数采用的是进气门可变配气机构,进、排气门同时采用可变配气机构的较少。

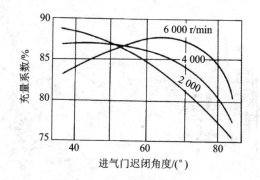

图 8-38 不同转速进气门迟闭角度对充气系数的影响

1. 可变气门正时系统(Variable Valve Timing)

(1) VVT-i 可变气门正时机构

如图 8-39(a)所示,VVT-i 可变气门正时系统在正时齿轮和凸轮轴之间加装了一套可变气门定时器。凸轮轴链轮与正时链条(皮带)相连接,内转子与凸轮轴刚性连接,链轮和转子之间有液压油,链轮通过液压油间接驱动内转子,链轮与内转子之间的角度连续变化即可实现气门配气相位的连续改变。

内燃机低速运转时(图 8-39(b)),ECU 控制机油控制阀,使来自机油泵的油压经配气定时提前油道传送到可变配气定时器内的气门定时提前室,在油压的推动下,与凸轮轴结合为一体的转子相对凸轮轴链轮顺时针旋转一定的角度,使进气提前。与此相反,当内燃机高速运转时(图 8-39(c)),ECU 控制机油控制阀,使来自机油泵的油压经气门定时迟后油道传送到气门定时迟后室,在油压的推动下,转子相对凸轮轴链轮逆时针旋转一定的角度,致使进气迟后。当机油控制阀使气门定时提前室和气门定时迟后室内都保持着机油泵的油压时,转子和凸轮轴链轮之间没有相对的转动,因而气门定时保持不变。

这种可变气门正时机构的凸轮轮廓不变,因而进气持续角和气门升程都不变。在高速时,可以通过加大进气迟后角来有效的利用进气脉动效应提高性能,由于气门

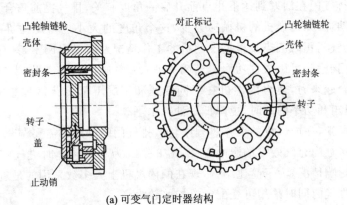

(a) 可变气门定时器结构

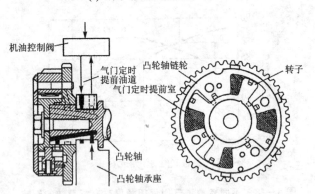

(b) 气门开启提前

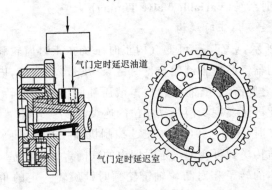

(c) 气门开启延迟

图 8-39 VVT-i 可变气门正时机构

重叠角可变,从而能够内部控制 EGR 量,改善油耗、降低排放。

(2) PASSAT B5 发动机可变气门正时机构

如图 8-40(a)所示,排气凸轮轴安装在左侧,进气凸轮轴安装在右侧,曲轴通过齿形皮带首先驱动排气凸轮轴,排气凸轮轴通过链条驱动进气凸轮轴,在进、排气凸轮轴的链条之间安装有可变气门调节器。这种结构只能对进气凸轮轴进行调整,凸轮轴角度的调整是由电磁阀通过液压系统控制可变气门调节器中的活塞将油压作用于链条张紧支架来完成的。凸轮轴调整机构的工作油路与气缸盖上的油道相通。

在高速工况(图 8 - 40(b)),ECU 控制电磁阀使可变气门调节器上升,链条张紧支架向上张紧,排气凸轮不动,进气凸轮逆时针方向转过一个角度,进气门延迟关闭;在中、低转速工况(图 8 - 40(c)),ECU 控制电磁阀使可变气门调节器下降,链条张紧支架向下张紧,链条上部短,下部长,进气凸轮轴被顺时针转过一个角度,进气门提前关闭,以保证有尽量大的扭矩输出。这种结构一般可调整 20°～30°的曲轴转角。

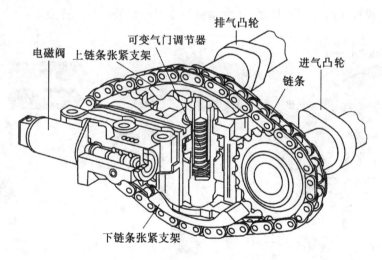

(a) 结 构

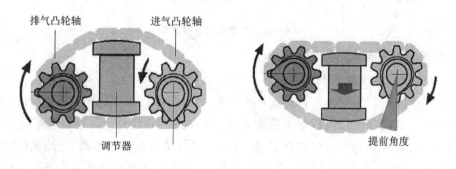

(b) 气门开启延迟　　　　　(c) 气门开启提前

图 8 - 40　PASSAT B5 可变气门正时机构

2. 可变气门升程系统(Variable Valve Lift)

如图8-41(a)所示,宝马的Valvetronic可变气门升程技术,主要是通过在配气机构上增加伺服电机、蜗轮蜗杆机构、偏心轴和中间推杆等部件,中间推杆的初始位置被偏心轴控制,这样就可以改变气门升程。

当发动机怠速或低速小负荷运转时(图8-41(b)),缸内进气不需要太多,减小气门开度可以提高进气流速、促进燃油混合,气门部分打开即可,此时偏心轴对中间推杆的偏移量最小;当发动机高速或大负荷运转时(图8-41(c)),缸内需要较大的进气量,伺服电机带动蜗轮蜗杆机构驱动偏心轴旋转一个角度,中间推杆的位置改变,此时凸轮轴通过中间推杆和摇臂推动气门的升程变大。偏心轴的旋转角度不同,中间推杆的工作位置也不同,凸轮轴通过中间推杆和摇臂推动气门产生的升程就不同,从而实现对气门升程的控制,让发动机始终工作在最佳的工作点。

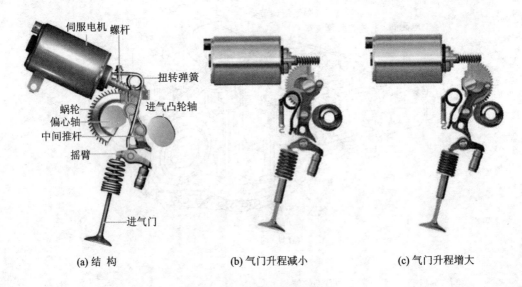

图8-41 可变气门升程机构

3. 可变气门时间和气门升程系统

(1) VTEC可变配气机构

VTEC(Variable Valve Timing and Valve Life Electronic Control System)技术,为可变气门时间和气门升程电子控制系统。如图8-42(a)所示,将直接驱动进气门的一对摇臂区别为主摇臂和次摇臂,分别由主凸轮和次凸轮驱动,主凸轮的气门升程为正常高度,次凸轮的气门升程高度很小,在它们之间增加了一个较高的中间凸轮及相应的中间摇臂,在主摇臂内装有液压活塞,在中间摇臂和次摇臂内装有销子。

当发动机处于低速或低负荷状态时(图8-42(b)),液压油压力较低,摇臂中的活塞和销子在回位弹簧作用下退回到左侧,三根摇臂处于分离状态,主、次凸轮分别驱动两边的摇臂来控制气门的开闭,此时主气门按正常高度打开,次进气门只稍打开;当发动机处于高速高负荷状态时(图8-42(c)),ECU通过电磁阀打开摇臂活塞液压系统,液压油推动活塞和销子向右移动,三根摇臂结合为一体,气门由中间凸轮驱动,气门升程增大,开启时间延长。发动机在不同的转速工况下由不同的凸轮控制,从而改变了气门的开度和时间。

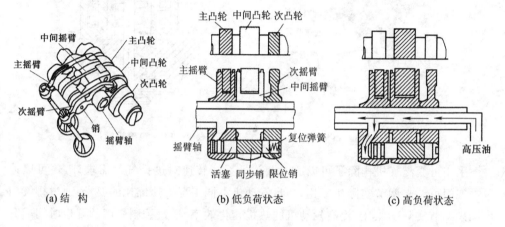

图 8-42 VTEC 机构

(2) 奥迪 AVS 可变配气机构

如图 8-43 所示,奥迪的 AVS 可变配气机构的气门可以分别由高速凸轮和低速凸轮来驱动,高速凸轮的气门升程大,低速凸轮的气门升程小,其工作原理与本田的 i-VTEC 相似。气门由低速凸轮驱动到由高速凸轮驱动的切换,是通过电磁驱动器驱动安装在凸轮轴上的螺旋沟槽套筒推动凸轮轴左右移动来实现的。当发动机处于高速或高负荷时,电磁驱动器使凸轮轴向右移动,切换到高速凸轮,从而增大气门的升程;当发动机处于低速低负荷时,电磁驱动器使凸轮轴向左移动,切换到低速凸轮,以减少气门的升程。

4. 电磁控制全可变配气机构

德国 FEV 公司的电磁控制全可变配气机构没有凸轮轴和节气门,采用电磁机构直接控制气门,实现对配气正时、气门升程和进气延续时间的调节和控制。

如图 8-44 所示,衔铁固定在气门上,衔铁的上下各有一个电磁铁。当上面的磁极通电时,气门被关闭;当下面的磁极通电时,气门开到最大升程;当电磁线圈不通电时,气门处于静止状态而位于最大气门升程的一半。下面磁极的位置可以移动,以此来改变气门的升程。该系统通过控制进气门的开启时间来控制内燃机的进气量,可以不安装节气门,降低了进气道的流动阻力。电磁控制全可变配气机构可以使内燃机达到最佳的进、排气状态,但控制系统工作时的能耗较高。

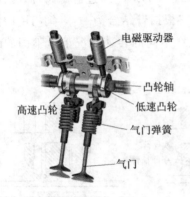
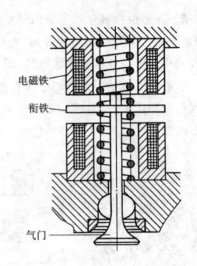

图 8-43 奥迪 AVS 机构　　　　图 8-44 FEV 电磁控制配气机构

采用可变配气机构除了可以适应发动机不同转速对进排气的需求外,还可以通过进气门可调来调节实际压缩比,满足发动机不同工况对压缩比的要求;通过排气门可调来调节实际膨胀比,提高发动机的热机转化效率;通过控制气门的开启时间或升程实现对进气流量的调节,如果控制精确,可以取消节气门,减少节气损失;通过提前关闭排气门,使一部分废气留在气缸中,或通过推迟排气门的关闭,利用进气行程吸回一部分废气,实现 EGR;通过控制进排气门实现断缸技术;在启动时进行部分断缸,可以改变发动机排量并提高冷启动性能。

8.5　驱动机构

8.5.1　工作情况与设计要求

驱动机构是将来自曲轴的一部分动力传递给配气机构及各个附件系统,保证配气机构及各附件能与内燃机的工作相配合,并驱动车辆所需的空气泵、液压泵等附件。驱动机构根据内燃机的总体布置、配气凸轮轴的位置、驱动力等采用不同的布置形式和驱动元件。

驱动机构工作时,按有无相位角的要求,可分成具有严格相位要求和没有相位要求两类,配气凸轮轴、喷油泵等有严格的相位要求,机油泵、发电机和风扇等没有相位要求。配气凸轮轴与喷油泵等驱动部件的载荷为周期性的冲击载荷;发电机和风扇的转动惯量较大,变速时产生很大的惯性载荷;而机油泵、水泵等的载荷较小。根据驱动机构的工作情况,对驱动机构的设计要求是:

① 对驱动相位角要求严格的部件,驱动机构应保证其相位角准确、稳定;

② 在较大的冲击载荷和惯性载荷作用下工作的驱动机构,应工作可靠、使用寿命长;

③ 驱动机构与附件的布置应协调,充分利用内燃机周围的空间。

8.5.2 驱动机构结构

1. 布置形式

根据内燃机的总体布置,驱动机构的位置有前驱动方案、后驱动方案和前、后同时驱动方案。

前驱动方案采用曲轴自由端驱动整个驱动机构,由于曲轴前端尺寸较小,相应地减小了齿轮尺寸,使整个机构紧凑,且附件容易布置。但是,曲轴前端扭振幅度较大,在高速情况下会破坏配气相位和喷油提前角的准确性,并使驱动机构承受很大的附加动载荷。

后驱动方案采用曲轴功率输出端驱动整个驱动机构,曲轴功率输出端受扭转振动的影响很小,能保证配气定时和喷油定时。但是,后驱动由于传动齿轮尺寸较大,因此其体积较大。

前、后同时驱动方案在中等功率以下的车用内燃机中常见,将水泵、风扇与电机等没有严格相位要求的部件集中在曲轴前端驱动,将凸轮轴、喷油泵等有严格相位要求的部件集中在曲轴功率输出端驱动。

2. 驱动元件

(1) 齿轮传动

齿轮传动能保证传动的准确性,可以传递较大的扭矩,具有较长的使用寿命。但是其噪声大,特别是在扭矩变化较大的内燃机上,齿轮传动的噪声更为严重。

对于凸轮轴下置的结构,由于凸轮轴离曲轴较近,通常用圆柱齿轮直接与曲轴齿轮相连传递扭矩(见图 8-45);对于凸轮轴位于气缸体的结构,由于凸轮轴离曲轴较远,需采用中间齿轮传递(见图 8-46);对于凸轮轴位于气缸盖上的结构,需要采用锥齿轮传动(见图 8-47)。圆柱形齿轮传动需要在缸体的前端或后端另加传动箱,使结构笨重,当传动附件较多或凸轮轴上置时,布置比较困难,广泛用于中、小功率的内燃机上。锥齿轮传动结构紧凑,重量轻,便于传动较多的附件,但是,齿轮和箱体的加工复杂,且安装调整不便,只用于大功率内燃机上。

圆柱齿轮如果采用螺旋齿轮并用不同的材料制造,可以提高啮合平顺性、减小磨损、降低噪声。一般曲轴正时齿轮用中碳钢制造,凸轮轴正时齿轮采用铸铁或夹布胶木制造。

对于四冲程内燃机,曲轴齿轮与凸轮轴齿轮的传动比为 2:1。为保证传动相位的准确,曲轴齿轮、凸轮轴齿轮和喷油泵齿轮等正时轮上均应设计正时标记。

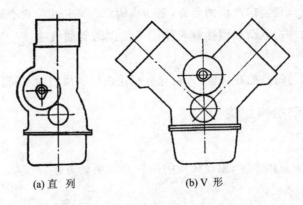

图 8-45 圆柱齿轮直接驱动

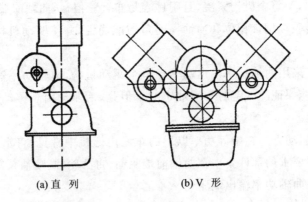

图 8-46 圆柱齿轮通过惰轮驱动

(2) 链传动

链传动能保证传动的准确性,当内燃机传动附件较多或者凸轮轴与曲轴距离较远时,可采用链传动(见图 8-48)。链传动的链条一般为滚子链,在长距离传动时,为使其工作中不产生振动和跳齿,应装导链板并在松边采用张紧轮从链条背面压紧。链传动的工作噪声较小,对轴线的不平行性不敏感,但是传动链使用一段时间后会产生磨损和拉长,破坏正时相位,从而影响内燃机的性能。因此,链传动目前只能用于转速高,且负荷不大的小型内燃机上。

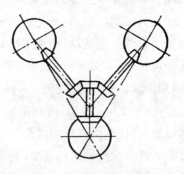

图 8-47 V形内燃机锥齿轮驱动

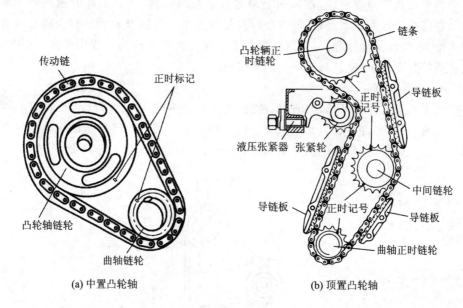

图 8-48 链传动

3. 齿带传动

齿带传动能保证传动相位的准确,结构简单,重量轻,传动噪声小,克服了传动链磨损后拉长的缺陷,多用于顶置凸轮轴的传动机构(见图 8-49)。

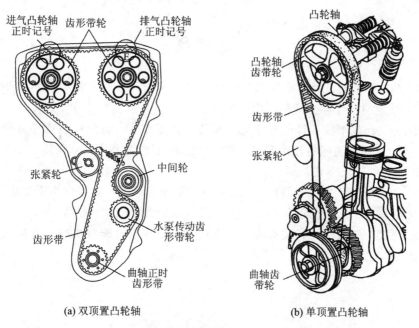

图 8-49 齿带传动

齿带由氯丁橡胶制成,在齿面上覆盖有尼龙编织物,具有很好的耐热性和耐磨性。在芯线中掺入玻璃纤维,使齿带的伸长量极小。齿形带轮的材料为碳钢或铁基粉末冶金,并经氮化处理,提高耐磨性。为了避免齿带在传动过程中跳齿,利用张紧轮从齿带背面压紧,使其具有一定的初张力。

4. 皮带传动

皮带传动不能保证传动相位的准确,传递的力矩较小,因此,只用于中、小功率内燃机没有相位要求的风扇、水泵或发电机的驱动上。图 8-50 所示的风扇与发电机通过三角皮带传动,将发电机支架做成可移动式的,以便调节皮带的紧度。

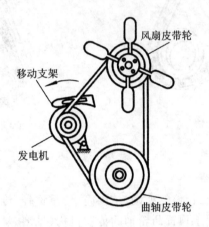

图 8-50 皮带传动

思考题

1. 凸轮型线有几种？圆弧凸轮型线有哪几个设计参数？推导出圆弧凸轮型线的方程,并说明设计参数的范围确定思路。

2. 一条凸轮型线设计的好坏应从哪几个方面评价？将配气机构零件作为刚体进行运动分析时,气门的理论升程与实际升程不一样,其差别是如何产生的？采用什么分析方法可以减小其差别？

3. 如何校验活塞与气门在运动过程中是否发生干涉？如果发生干涉应何解决？为了改善平面挺柱与凸轮的接触状态,可以采取什么样的结构措施？

4. 可变配气机构的种类有哪些？它们主要是在现有配气机构的基础上做了哪些改进工作？

第9章 进、排气系统与增压

进、排气系统由空气滤清器、进气歧管、排气歧管和排气消声器等组成,与气缸盖的进、排气道相连。在内燃机工作时,不断将洁净的新鲜空气或可燃混合气输送进气缸,将燃烧后的废气排到大气中,保证内燃机连续运转。为了提高内燃机的单位体积功率和降低排放,在进、排气系统中增加了增压系统和机外净化装置。良好的进、排气系应该满足以下要求:

① 进气压力大,管道阻力小,使由于进、排气阻力而造成的内燃机功率损失最小;
② 工作噪声小,排放清洁,工作可靠,空气滤清器的保养方便;
③ 布置紧凑,尽量减小其在车辆内所占的空间。

9.1 进、排气系与增压器的布置

进、排气系的布置随着内燃机在车辆上安装位置的不同而不同,一般车辆的内燃机安装在车体的前部,部分车辆的内燃机安装在车体的后部或中部。进、排气系统的布置应遵循以下原则:

① 空气滤清器的位置或进气导流管口的位置应安放在空气含尘量较少的位置,以减少空气滤清器的保养次数;
② 进气口到排气口的距离应大一些,以防止排出的废气吸入进气口;
③ 避免经过散热器等机件后的热空气进入进气口,以免减少气缸充气量;
④ 进气阻力和排气阻力应尽量小,空气滤清器应便于保养。

进气系统的布置如图 9-1 所示。空气滤清器装在进气歧管前方,中间用进气导流管连接。为了增加进气量,在空气滤清器前方也可以安装进气导流管,管口位于汽车散热器的前部,以使进气温度较低;为了加强进气效果,有的进气系统中装有谐振进气歧管和可变进气歧管;为了降低进气噪声,部分汽车在空气滤清器后还装有进气消声器。对于汽油机,进气系统上还有空气流量计、节气门体、喷油器等燃料供给系统的装置,还连接有燃油蒸发控制系统中回收油箱汽油蒸气的碳罐、曲轴箱强制通风系统、废气再循环系统(EGR),以减少对大气的污染。

排气管与进气管一般安装在气缸的两侧,以避免排气对进气的加热。在 V 形内燃机中,进气管一般安装在 V 形夹角的内侧,排气管一般安装在 V 形夹角的外侧。排气系统的布置如图 9-2 所示,排气管与排气歧管连接,将废气从排气歧管引到汽车的尾部。在排气管中间装有排气消声器,以降低排气噪声;在汽油机的排气歧管与排气消声器之间还装有三元催化转换器,在柴油机的排气歧管与排气消声器之间可

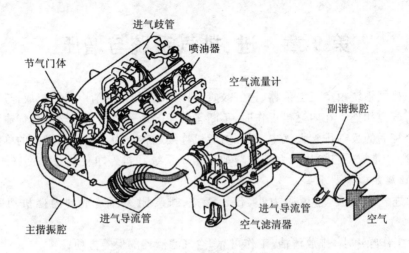

图 9-1 进气系统的布置

依次装有氧化催化转换器和选择性催化转换器,以降低有害排放;在柴油机的排气管上,为了降低碳颗粒的排放,还可安装柴油机微粒捕集器。

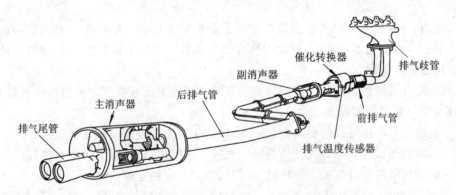

图 9-2 直列内燃机排气系统的布置

V型内燃机有两列排气歧管,大多数发动机通过一个叉形管将两列排气歧管连接到一个排气管上,共用一个消声器和排气尾管,这种布置形式称为单排气系统(图9-3(a))。部分V型内燃机的每个排气歧管分别连接有排气管、消声器和排气尾管,这种布置形式称为双排气系统(图9-3(b))。双排气系统的排气阻力低,使气缸中残余的废气较少,因此可以充入更多的空气,使发动机的功率和转矩有所提高。

采用废气涡轮增压的内燃机,进、排气系统的布置还与涡轮增压器、中冷器以及与之相连的进排气管在内燃机上的安装位置有关。对于直列式废气涡轮增压内燃机,如果驱动变速箱,经常将涡轮增压器和中冷器通过支架安置在柴油机飞轮端的变速箱上部空间,并使增压器转子轴与内燃机主轴垂直,以缩短排气管长度,减少弯道;对于小型内燃机,也可以将增压器布置在排气管侧,并直接支撑在排气管上

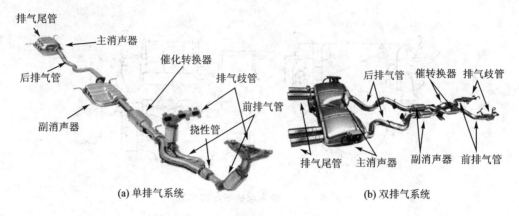

图 9-3　V形内燃机排气系统的布置

(图 9-4);如果高度允许,也可将涡轮增压器布置在气缸盖上方,这种布置可以缩短排气管长度,有利于废气能量利用。对于 V 型废气涡轮增压内燃机,增压器与中冷器可以安装在 V 型夹角的中间或上方,增压器也有布置在内燃机前后端的,增压器转子轴与内燃机主轴线可以垂直也可以是平行的,图 9-5 所示的 V 型内燃机增压器在内燃机后端的每个排气歧管侧各布置一个,并与排气管相连接,中冷器布置在 V 型夹角的上方。

增压器的压气机将经过空气滤清器过滤的清洁空气压入中冷器,降温后通过连接箱输入进气歧管,保证空气均匀分配到各缸。

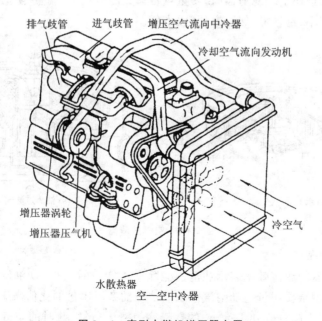

图 9-4　直列内燃机增压器布置

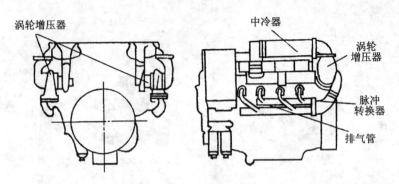

图 9-5 V 型内燃机增压器布置

9.2 进、排气系主要部件的选择

9.2.1 空气滤清器

空气滤清器主要有纸滤芯式空气滤清器(图 9-6(a))、油浴式空气滤清器(图 9-6(b))和用于多尘环境的矿山等车辆的离心式与过滤式综合的滤清器。纸滤芯空气滤清器质量轻、成本低、滤清效果好,因此应用广泛;油浴式空气滤清器工作可靠,滤芯保养后可以恢复原始性能,原始阻力为 7.5～15 mmHg 柱,滤清效率为 95%～97%。在选择空气滤清器时,要重点考虑其滤清效率、流量-阻力特性和寿命特性,并且应体积小、重量轻、保养方便、成本低。

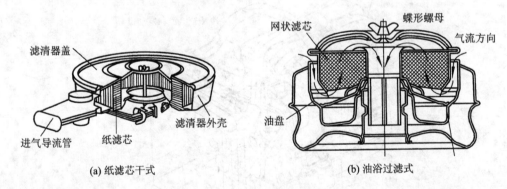

图 9-6 空气滤清器

1. 滤清效率

空气滤清器的滤清效率表示滤清器滤除杂质能力的大小,以单位时间内被滤清器滤除的空气中杂质质量与随空气进入滤清器的杂质质量的比值来表示。在通常情况下,将含尘量不超过 0.001 g/m^3 的空气称为清洁空气,此时的空气含尘量对内燃机的磨损已无显著影响。为了保证内燃机工作时得到清洁空气,空气滤清器应达到

的滤清效率为

$$\eta = (1 - \frac{0.001}{q}) \times 100\% \tag{9-1}$$

式中，q 为空气滤清器进口处的含尘量，单位为 g/m³。

由式可见，空气滤清器进口处含尘量越大，要求选择滤清效率越高的空气滤清器。

通常，内燃机要求空气滤清器的滤清效率在 98% 以上，对于一些在较清洁环境中使用的内燃机，滤清效率可略低一些，但也应在 90% 以上。

2. 流量-阻力特性

空气滤清器的流量-阻力特性为通过空气滤清器的空气流量与阻力的关系。

空气滤清器的进气阻力会降低内燃机的充气系数，影响内燃机的动力性及经济性，因此选择空气滤清器时，要尽量选择阻力小，并且流量-阻力特性曲线平缓的。多缸内燃机空气滤清器的阻力一般应小于 22 mmHg 柱；单缸内燃机空气滤清器的阻力应小于 11 mmHg 柱。

3. 寿命特性

空气滤清器的寿命以保养周期或一次使用寿命来表征，是以滤清器从开始使用到滤芯堵塞致使阻力增大到某一极限值，或滤清效率下降到某一极限值时的一段时间来表征，此时需要进行清洁保养或更换滤芯。空气滤清器的保养周期与空气滤清器的类型、原始阻力、滤清效率和进口空气含尘量等因素有关，油浴式滤清器的保养周期不低于 50~100 h；干式滤清器的保养周期不低于 300~500 h。总的使用寿命要达到 2 000 h。

以上 3 个方面的特性是相互影响的，选择空气滤清器时，应针对内燃机的使用条件及设计要求有所取舍，重点满足主要要求。

9.2.2 进气管

1. 结　构

多缸汽油机的进气管对内燃机的性能有很大影响。在轿车上，为了增强内燃机的谐振进气效果，进气导流管需要有较大的容积，但是不能太粗，以保证空气在导流管内有一定的流速，因此，进气导流管只能做得很长。较长的进气导流管还有利于从车外吸气，以降低进气温度。

燃油喷射式汽油机的进气歧管结构见图 9-7，进气歧管到各缸的长度应尽可能相等，以将洁净空气尽可能均匀地分配到各个气缸中。为了减小气体流动阻力，提高进气能力，进气歧管的内壁应该光滑。进气歧管可以采用合金铸铁、铝合金和复合塑料来制造。铝合金进气歧管质量轻、导热性好，多用于轿车内燃机，复合塑料进气歧管质量极轻，内壁光滑且不需要加工，在汽油机上应用越来越多。

四冲程柴油机的进气管布置对性能影响不大，常为一根形状不变的长管，而空气

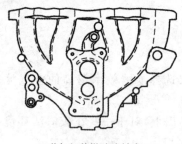 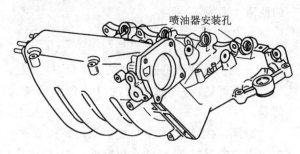

(a) 节气门体燃油喷射式　　　　　　　(b) 进气道燃油喷射式

图 9-7　汽油机燃油喷射式进气歧管

从一端或中间流入。二冲程柴油机对进气系统的压力波动非常敏感，通常要用大容积的进气管与扫气室。在 V 形二冲程柴油机中常利用气缸夹角范围内的空间布置扫气室。

2. 谐振进气系统

由于气门的周期性开闭，使得进气过程也具有周期性，致使进气歧管内的空气产生一定幅度的压力波，此压力波以声速在进气系统内传播和来回反射，如果在进气门关闭前，压力波正好到达进气门口，就会使气门处压力大于正常的进气压力，从而增加气缸进气量，这种效应叫做进气波动效应。如果利用进气波动效应优化进气管路，在进气管旁设置与进气管相通的谐振腔构成谐振进气系统(图 9-8)。谐振进气系统改善了进气歧管中气流的惯性和反弹，形成了进气压力，增加了进气量，提高了充量系数。谐振进气系统没有运动件，工作可靠，成本低，但是只能增加特定转速下的进气量和发动机转矩。

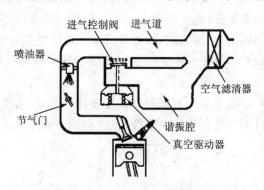

图 9-8　谐振进气系统原理

3. 可变进气歧管(VIM)

为了充分利用进气波动效应，尽量缩小发动机在高、低速运转及大、中、小各种负荷运转时进气充量的差别，改善发动机经济性及动力性，要求内燃机在高转速、大负荷时装备粗短的进气歧管，而在中、低转速和中、小负荷时用细长的进气歧管，可变进气歧管就是为适应这种要求而设计的。

(1) 双通道可变进气歧管

如图 9-9 所示，每个进气歧管都有一长一短两个进气通道。当内燃机在中、低速运转时，旋转阀将短进气通道关闭，空气沿长进气通道经进气门进入气缸(图 9-9(a))；当内燃机在高速运转时，旋转阀使长进气通道短路，将长进气通道也变为短进气通道,这时空气经两个短进气通道进入气缸(图9-9(b))。可变进气歧管可使内燃机平均扭矩提高8%左右。

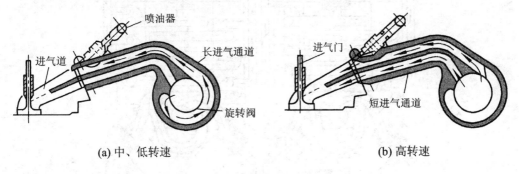

图9-9 汽油机双通道可变进气歧管

(2) 可变长度进气歧管

如图9-10所示,在进气歧管中安装旋转阀,通过其开闭控制进气气流的流通路径。当发动机低速运转时,通过控制装置关闭旋转阀,这时空气沿着弯曲而细长的进气歧管流进气缸,压力波的传播时间变长并与低速时气门开启间隔长相对应,利用进气波动增加进气量,而细长的进气歧管提高了进气速度,增强了气流的惯性,也使进气量增多(图9-10(a));当内燃机高速运转时(图9-10(b),转速4 000 r/min以上),旋转阀开启,新鲜空气充量主要由短粗进气歧管流入,压力波传播与高速气门开启间隔时间短相对应,粗短的进气歧管进气阻力小,都使进气量增多。可变长度进气歧管不仅可以提高发动机的动力性,还由于它提高了发动机在中、低转速时的进气速度而使内燃机的燃油经济性有所改善。

(3) 长度无级变化的进气歧管

长度无级变化的进气歧管是一种最理想的可变长度方案。如图9-11所示,在每缸的进气歧管外壁中央,安装有可旋转的活动转鼓,该可旋转活动转鼓受电机驱动,ECU控制电动机的工作状态。

发动机低转速运转时,可旋转活动转鼓顺时针旋转到图9-11所示的位置,此时,新鲜空气气流必须绕可旋转活动转鼓一圈才能进入气缸盖内的进气道,气流路径最长;当发动机高转速运转时,可旋转活动转鼓逆时针旋转至气道最短位置,新鲜空气的气流只要通过开口就能进入气缸盖内的进气道;发动机在中等转速运转时,可旋转活动转鼓旋转至中间的位置,新鲜空气的气流路径长度中等。

4. 进气恒温系统

汽车可以行驶在大气温度差异很大的地区,但是进气温度变化影响空燃比,为此有必要使进气温度恒定,减少CO和HC(碳氢化合物)的排放,使有害气体的排放稳定地保持在允许的水平。

如图9-12所示的真空式进气恒温系统,在空气滤清器前的进气导流管上,用热

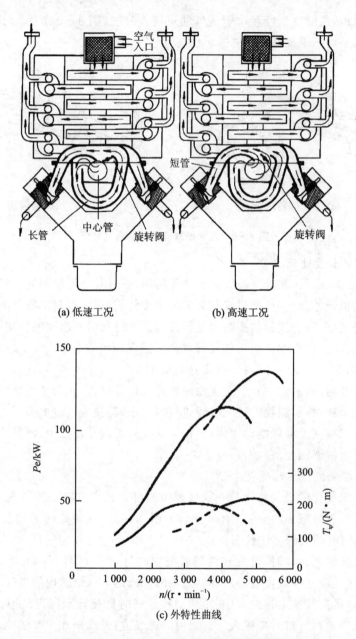

(a) 低速工况 (b) 高速工况

(c) 外特性曲线

图 9-10　Audi V6 汽油机可变长度进气歧管

空气管道联通到排气管周围设置的排气管罩盖，外界冷空气经过排气管周围进入排气管罩盖后成为热空气，在热空气通往进气导流管的接口处有通过温度传感器控制的空气控制阀。

当进气温度低时，温度传感器的双金属片向上翘，打开真空马达与节气门相连接的真空通道，真空马达在真空度的作用下克服弹簧弹力使膜片上移并使空气控制阀

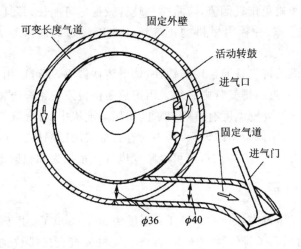

图 9-11 雷克萨斯轿车无级可变长度进气歧管

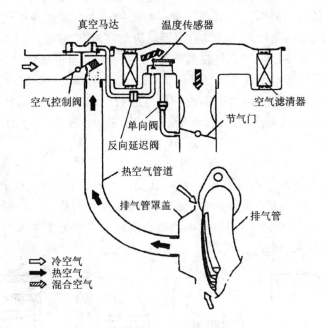

图 9-12 真空式进气恒温系统

打开,将装在排气管上的金属罩内的热空气及进气导流管内的冷空气一起吸入空气滤清器,热空气与冷空气的混合比例由空气控制阀的开度决定,进气温度一般控制在 40 ℃左右。

9.2.3 排气管

排气管要求阻力小,背压低,排气歧管的形状对排气性能影响较大,为了不使各缸排气相互干扰和避免排气倒流,应将排气歧管做得尽可能长,并且各缸支管应该长度相等、相互独立。二冲程内燃机的排气口还应以最短的通道与大容积的排气室相连。

非增压内燃机的排气管通常用灰铸铁、球墨铸铁铸成,也可以用不锈钢钢板冲压焊接而成;增压柴油机的排气管则必须采用耐热薄钢板或铬钼合金铸铁来制造。

在某些对排气管外壁温度有特殊要求的增压柴油机中,排气管可以做成双层,内层用耐热钢板,外层用低碳钢薄钢板,其中间有石棉层用以隔热。这种排气管的外表面温度可以比管内低 300 ℃左右,这可以减少废气能量损失和辐射出来的热量。

9.2.4 消声器

发动机的废气压力为 0.3～0.5 MPa,温度为 500～800 ℃,由于排气门开闭的间歇性,在排气管内引起了排气脉动压力,若将发动机废气直接排放到大气中,将产生强烈的噪声;发动机的进气也会产生噪声。消声器是用来降低进、排气噪声,并消除废气中的火星及火焰的部件。消声器应根据气体噪声的频谱特性满足所需的消声量,并且阻力小、结构刚度好。排气消声器还应耐高温、耐腐蚀。消声器按照结构可以分为阻性消声器(图 9-13)、抗性消声器(图 9-14)和阻抗复合式消声器。

阻性消声器是通过废气与玻璃纤维、石棉等吸声材料的摩擦将声能转化为热能,达到消声的目的,其在中、高频范围内有良好的消声性能。管式阻性消声器(图 9-13(a))结构简单,阻力较小,可在气流量不大时采用,其可消除频率的上限

$$f_{\max} = 1.8\ c/D \tag{9-2}$$

式中,c 为当地声速;D 为通过截面的当量直径。

因此,为了滤除波长很短的高频噪声,孔径截面积不宜过大。蜂窝式和片式消声器(图 9-13(b)、(c))实际上是由多个管式消声器并联而成,当气流较大时,可以采用。迷宫式消声器(图 9-13(d))利用声波在消声器内壁上多次入射和反射增加衰减量,但是气流速度大时阻力较高。

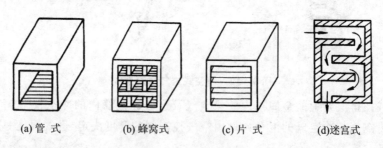

图 9-13 阻性消声器

抗性消声器是根据声波的滤波原理,将扩张室、共振室与一些管路适当组合起来,使废气在其中多次扩张、反射、冷却而降低压力,声波还互相干扰,削减了振动,其在低、中频范围内有良好的消声特性。扩张式抗性消声器(图 9-14(a))通过气流的

突然扩张消耗部分声能,当气流再次合拢时,一部分声波和气流又会反射往复振荡,使得相当一部分声能消耗掉,从而衰减噪声。共振式消声器(图 9 - 14(b)、(c))通过声波与小孔壁面的相互摩擦及与封闭空间的自振频率发生共振衰减声能。干涉式(图 9 - 14(d))是上述两种形式的综合运用。

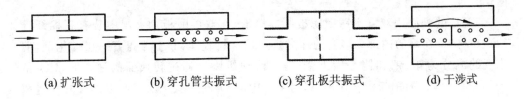

(a) 扩张式　　(b) 穿孔管共振式　　(c) 穿孔板共振式　　(d) 干涉式

图 9 - 14　抗性消声器

将阻性消声器和抗性消声器综合在一起,便形成了阻抗复合式消声器,它可以在更宽广的频率范围内都有良好的消声性能。

为了使消声器的阻力不致过大,并防止在消声器内产生湍流噪声,一般进气消声器气体流速不超过 30~40 m/s,排气消声器气体流速不超过 40~50 m/s。排气消声器的噪声衰减量一般为 15~20 dB(A)。

9.2.5　排气净化装置

内燃机排出的废气含有 NO_x、HC、CO 和碳烟颗粒等有害物质,除了采用废气再循环系统在缸内改善燃烧过程外,还应将内燃机排出的废气在排气净化装置中进行处理,使污染物在净化装置中减少或消失,以减少有害物质的排放。目前,在汽油机上的排气净化装置有废气再循环系统、三元催化转换器等;在柴油机上的排气净化装置有废气再循环系统、氧化催化转换器、选择性催化转换器、柴油机微粒捕集器等。

1. 废气再循环系统(EGR)

EGR 是将一部分废气引入进气管与新鲜空气混合后进入气缸燃烧的一种技术,其是降低内燃机 NO_x 排放的一种有效措施。

NO_x 的生成有三个必要条件,高温、富氧和高温持续时间,控制其中之一就能有效降低内燃机 NO_x 的排放。由于废气中的主要成分是 CO_2、H_2O 和 N_2 等,其比热容较高,当新鲜空气和废气混合后,增大了工质的热容量,若燃料燃烧的放热量不变,燃气的最高燃烧温度可以降低,同时废气对新鲜空气的稀释降低了氧的浓度,从而使内燃机燃烧过程中 NO 的生成受到了抑制。但是,随着废气回流比率的增加,燃烧速度将减慢,燃烧稳定性变差,使内燃机 HC 排放量上升,功率下降,燃油消耗率增大。因此,采用 EGR 系统时,对废气回流率必须进行适当的控制。目前,有采用真空控制的 EGR 系统、电控真空驱动的 EGR 系统和闭环电控控制的 EGR 系统三种形式。

由于 NO_x 排放量随内燃机负荷的增大而增大,因此废气回流比率也应随负荷的增大而增大。但是,在内燃机冷却水温低于 50 ℃时、怠速和小负荷时,NO_x 的生成量不多,为了保持发动机运转的稳定性,不进行排气再循环;全负荷或高速运行时,为了使发动机有足够的动力性,也不应进行废气再循环。

2. 三元催化转换器(TWC)

TWC 装在排气消声器之前,是一种在理论空燃比时具有氧化、还原反应的三元催化装置。

TWC 的外面用双层不锈钢薄板制成筒形,在双层薄板的夹层中装有石棉纤维毡绝热材料,在筒的内部为多孔的蜂窝状陶瓷材料载体,其上覆盖着一层催化剂,催化剂的成分为铂、钯和铑等稀土金属,当汽油机废气通过转换器的通道时,CO 和 HC 就会在催化剂铂与钯的作用下,与空气中的 O_2 发生氧化反应产生无害的 CO_2 和 H_2O,而 NO_x 则在催化剂铑的作用下被 CO、HC 和 H_2 还原为无害的 O_2 和 N_2。

三元催化剂最低要在 250℃时开始工作,温度过低时,转换效率急剧下降;催化剂的最佳工作温度为 400~800 ℃,过高的温度会使催化剂老化。在理想的空燃比下,催化转化的效果最好,其偏差不应超过±0.25 左右,为了达到理想的空燃比,应采用带排气氧传感器反馈的电子控制汽油喷射系统控制空燃比。

由于废气中的铅会覆盖住催化剂,使 TWC 停止工作而不起任何作用,因此内燃机应采用无铅汽油。

3. 氧化催化转换器(DOC)

DOC 是一种用于柴油机尾气后处理的技术,可同时除去排气中的 HC 和 CO,并将 NO 氧化成 NO_2,其还可以通过催化剂的氧化反应除去废气颗粒物中的可挥发有机物,可减少 30%左右的颗粒物排放。由于 DOC 使 NO_2 的含量增加,而 NO_2 的毒性是 NO 毒性的 4 倍,因此与选择性催化转换器连用会有比较好的效果。氧化催化剂通常以陶瓷蜂窝体或者金属蜂窝体为载体,其上覆氧化物涂层和 Pt、Pd 等活性金属成分。氧化催化剂对微粒物的净化性能受柴油中硫含量的影响较大,硫燃烧后生成的大量硫酸盐会使颗粒物排放增加,并且使催化剂中毒。

排气温度<150 ℃时,催化剂基本不起作用,而排气温度>350 ℃后,将导致大量硫酸盐生成,因此 DOC 的工作温度范围应控制在 200~300 ℃。

4. 选择性催化转换器(SCR)

SCR 的选择性是指在含氧气氛下以及催化剂存在时,还原剂优先和 NO_x 发生还原反应,生成 N_2 和 H_2O 等无害物质,而不和烟气中的 O_2 进行氧化反应。还原剂可采用各种氨类物质或者各种 HC,目前,氨催化还原法是应用得最多的技术,氨(NH_3)主要来源于尿素($(NH_2)_2CO$)。HC 还原剂中,烯烃(丙烯、乙烯等)以及部分含氧的碳氢化合物(醇类、醛类等)是最有效的还原剂,柴油本身也是 HC 还原剂。SCR 系统可使发动机尾气中的 NO_x 减少 50%以上。

图 9-15 是采用氨催化还原法的 SCR 系统,其通过计量模块喷雾器使含尿素 32.5%的尿素水溶液和空气雾化,喷射到热的排气管中,在>160 ℃的条件下进行水解反应,分解成 NH_3 和 CO_2,在陶瓷载体上的金属氧化物类催化剂(主要包括 V_2O_5、

Fe_2O_3、CuO、CrO_x、MoO_3 等)作用下,于 300~450 ℃条件下,NH_3 将 NO_x 还原为 N_2 和 H_2O。

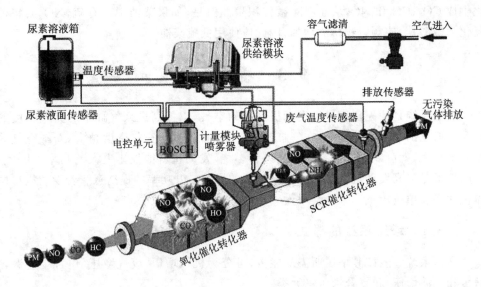

图 9-15 SCR 系统

SCR 技术可以有效去除尾气中的 NO_x,但是其催化剂易受硫的氧化物的影响,硫化物沉积在催化剂表面会使其失去活性。同时,使用尿素时应通过电控系统精准控制温度范围和尿素供给量,防止造成二次污染。

5. 柴油机微粒捕集器(DPF)

DPF 是采用多孔介质过滤柴油机排气中微粒的部件,其对纳米质点微粒的过滤效率可高达 95%~99.5%,是目前对付纳米微粒排放最有效的措施。目前,常用的 DPF 滤芯有表面型和体积型两种。表面型滤芯为蜂窝状的微孔陶瓷,其相邻的两个微孔通道,一个在出口处被堵住,另一个在进口处被堵住,这样,废气从一个孔道流入后,必须穿过陶瓷壁面从相邻孔道流出,排气中的微粒就沉积在各流入孔道的壁面上,完成了表面过滤。体积型滤芯由陶瓷或金属纤维烧制而成,微粒通过扩散、拦截和撞击聚积在滤芯纤维内。

随着 DPF 滤芯上微粒的逐渐积聚,使排气的流动阻力增加,柴油机的换气和燃烧恶化,油耗增大,输出功率降低,因此必须及时清除,这个过程称为微粒捕集器的再生。目前开发的强制再生技术可分为热再生和催化再生两大类。热再生可通过推迟喷油时间,电加热或燃烧器加热尾气等措施提高排气温度到 600 ℃以上,使滤芯上的微粒能较快地氧化燃烧,但这些措施使燃油经济性恶化;催化再生可通过催化剂降低微粒的着火温度,使微粒在 420 ℃左右,或者更低的温度下氧化燃烧,使内燃机在正常运行状态下,滤芯上的微粒即可消除。催化的方法有在滤芯表面材料上涂催化剂和在燃油中添加催化剂两种。

近年来开发的连续再生捕集器(CRT)在氧化催化器中通过催化剂的作用使尾气中的 NO_x 大部分氧化为 NO_2，NO_2 可在 150～300 ℃的温度下使滤芯上的微粒氧化生成 CO_2、CO 和 NO，从而消除微粒积聚。但是，如果柴油中含有硫，NO_2 会将硫氧化为硫酸盐，使颗粒物排放增加，因此应使用低硫柴油。

9.3 增压系统

增压系统是预先压缩进入发动机气缸的空气，以提高进入气缸中的充气密度的装置。增压的作用十分明显，在气缸容积一定的情况下，充气密度越大，新鲜空气的绝对量越大，就可以喷入较多的燃油进行燃烧，发动机就能发出更大的功率。因此，增压技术是提高发动机升功率的最为重要的措施。升功率的提高意味着发动机单位体积功率和单位质量功率也会增大。

9.3.1 增压系统的形式

增压系统一般按其增压所需的能量，可分为机械增压、废气增压(包含废气涡轮增压和气波增压)和复合增压三大类。

1. 机械增压系统

在机械增压系统中，内燃机曲轴通过齿轮或带轮增速后驱动压气机，将空气压缩后送入气缸(图 9-16)。压气机有离心式压气机、罗茨式压气机(图 9-16)、螺杆式压气机以及其他形式的压气机，其中罗茨式压气机的应用较多，其出口与进口的压比可达 1.8。

机械增压系统压气机的体积流量随着转速的提高而提高，空气压比随体积流量的增大而很少下降，在低转速时也可以得到高压比，易与内燃机匹配；压气机由曲轴直接驱动，内燃机加速性较好；由于不与排气管连接，不影响内燃机的排气背压，使发动机的泵气损失小。但是，由于驱动增压器时需要消耗发动机的功率，因此燃油消耗率高，另外，为使内燃机机械效率不下降过多，增压压力也不能过高。

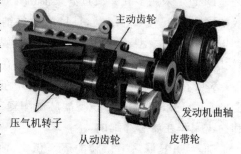

图 9-16 机械增压系统

（主动齿轮、压气机转子、从动齿轮、发动机曲轴、皮带轮）

2. 废气涡轮增压系统

废气涡轮增压是目前使用最广泛的一种增压系统，其增压器由涡轮和压气机组成，增压系统所需的动力由内燃机排气能量提供。即内燃机的排气驱动增压器的涡轮，由涡轮带动同轴的压气机来压缩空气，并把压缩后的空气送入气缸(图 9-17)。

废气涡轮增压系统的优点是：涡轮回收了一部分废气能量，使内燃机经济性改

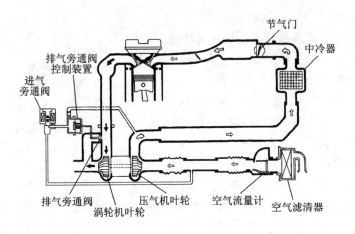

图 9-17 废气涡轮增压系统

善；在发动机重量及体积增加很少的情况下，结构不做大的改动，即可使功率提高 20%～50%，燃油消耗率降低 5%～10%；增压后的排气噪声相对减小，排气中的有害成分也减少；内燃机进气不受高原条件的影响。但是，废气涡轮增压系统发动机的加速性小于非增压发动机和机械增压发动机；涡轮增压发动机的热负荷较大，对大气温度和高排气背压比较敏感。

(1) 等压涡轮增压系统和脉冲涡轮增压系统

涡轮增压器按排气能量在涡轮中的利用方式可以分为等压涡轮增压系统和脉冲涡轮增压系统两种结构。

等压涡轮增压系统的各缸排气歧管都接入一根容积较大的排气总管上，因此，脉动废气进入总管后迅速膨胀，使涡轮前的压力波动很小，涡轮工作比较稳定，热效率较高。但是，这种系统中增压器只利用了废气的等压能量，脉冲能量大部分都未能被利用，试验表明，当增压压力较小时，系统仅仅利用了排气能量的 12%～15%，高增压时可以达到 30% 左右。在增压器中，为了得到尽可能大的正扫气压差，需要较高的废气涡轮增压器效率，但在部分负荷时，效率又要下降，使在部分负荷和加速性方面变差，为了在一定程度上得到补偿，等压涡轮增压需要采用热效率较高的大涡轮的涡轮增压器，而大涡轮由于惯性质量大，其加速性比小涡轮的加速性差。

脉冲涡轮增压系统的排气歧管短而细，将各缸排气歧管按一定的规律分为两组以上，以减少各缸排气压力波的相互干扰，并分别与涡轮增压器相连，废气涡轮一直处于脉冲压力状态下工作，因此能有效地利用废气的脉冲能量，但是脉冲涡轮热效率小于等压涡轮。为了减少节流损失，脉冲涡轮增压器前的排气管容积越小越好。

试验研究表明，在设计点低增压条件下，脉冲涡轮增压内燃机性能优于等压涡轮增压内燃机性能，随着增压度的提高，等压涡轮增压内燃机性能逐步提升，当平均有效压力达到 1.8 MPa 时反超了脉冲涡轮增压，所以目前大功率增压柴油机广泛采用等压涡轮增压，而车用增压内燃机常用脉冲涡轮增压方式，脉冲涡轮增压在部分负荷和加速性方面优于等压涡轮增压。

(2) 带脉冲转换器的脉冲或等压涡轮增压系统

试验表明,对于脉冲涡轮增压系统,3个气缸共用一根排气歧管要比2个气缸共用一根排气歧管好,但是对于8缸、16缸等缸数的内燃机,它们不可能都采用3个气缸共用一根排气歧管,而2缸共用的排气歧管会降低涡轮热效率,干扰气缸换气。

脉冲转换器(图9-18)是将两个发火间隔角为360°的气缸通过排气歧管连到分叉的脉冲转换器

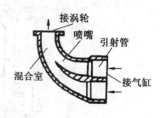

图9-18 脉冲转换器

上,一个气缸的废气由于断面的收缩而加速,对另一个气缸的气流产生引射作用而不发生干扰。

在此原理的基础上,如果在每个气缸排气口上都安装单入口的脉冲转换器(引射管),共用排气总管,就形成了多脉冲转换的等压涡轮增压系统。多脉冲转换系统的排气总管直径约为气缸直径的60%~70%,脉冲转换喷嘴处的截面积为排气门最大开启截面积的40%左右,此时既能提高排气总管中的气流流速并转换为压力能,又能使进入涡轮前的燃气压力基本不变,改善了气缸的换气品质,提高了涡轮的平均效率。

(3) 两级串联增压

采用单级废气涡轮增压时,空气的最大压比约为4,如要进一步提高压比,则压气的绝热效率变坏,为此可以采用低压级和高压级串联的两级串联增压方式实现超高增压。在两级串联增压方式中,废气首先在高压级的涡轮机中膨胀做功,然后再进入低压级的涡轮机中膨胀做功,最后排入大气;空气先进入低压级的压气机中压缩,经中冷后进入高压级的压气机中再压缩,再经中冷后进入气缸。

两级串联增压柴油机的平均有效压力可达2 MPa,但是,其在部分负荷和加速性能方面比单级涡轮增压更差。

3. 复合式增压系统

复合式增压系统是将废气涡轮增压和机械增压两者结合在一起而组成的系统,可以解决涡轮增压内燃机在低转速、低负荷和启动时可利用的废气能量不足的问题。

复合式增压系统可以分为两级串联式、两级并联式和机械传动式三种基本形式。两级串联式复合式增压系统的第一级为涡轮增压,第二级为机械增压,此方式用于高增压柴油机上,可改善低速转矩特性和加速性;两级并联式复合式增压系统为涡轮增压器和机械增压器并联地向内燃机供气,此方式可弥补废气涡轮增压器的供气不足;机械传动式废气涡轮增压系统为将涡轮增压器与内燃机曲轴之间通过液力偶合器或其他弹性传动机构连接而成的结构,机械传动式废气涡轮增压系统结构紧凑。

4. 气波增压系统(PWS)

气波增压系统是在气波增压器中,利用气体的压缩波和膨胀波将废气的能量传递给新鲜空气,提高内燃机的进气压力。气波增压系统的结构如图 9-19 所示,气波增压器由转子和定子(空气端定子、燃气端定子)组成,其中,转子中分布着几十个相同的细长窄小槽道,当内燃机曲轴通过皮带驱动转子转动时,槽道将两侧的定子周期性地连通、关闭,从气缸排出的高温、高压废气在槽道中直接与新鲜空气接触,形成一系列的压缩波和膨胀波,将废气的能量传递给低温、低压的空气,从而实现增压,压比可以达到 2.5。

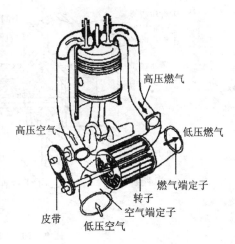

图 9-19 气波增压系统

气波增压器工作时,由于废气与进气直接接触,会有部分废气与新鲜空气混合进入气缸中燃烧,实现了废气再循环,使得内燃机的 NO_x 排放大大降低。

由于气波增压器中的进、排气直接接触,因此发动机负荷变化引起的废气流动改变可迅速传到进气侧,使得气波增压内燃机瞬态响应快,过渡工况烟度低,且低速扭矩大,适用于经常在变负荷工况下工作的车用内燃机。但是,气波增压器运转噪声大,结构不如涡轮增压器紧凑,目前应用尚少。

目前,由于废气涡轮增压的众多优势,其已经成为一种主要的增压方式,机械增压、复合式增压和气波增压可以作为涡轮增压的重要补充。

9.3.2 涡轮增压器

涡轮增压器是利用内燃机排出的废气能量,通过涡轮驱动压气机,使空气增压的一种装置。如图 9-20 所示,涡轮增压器由涡轮、压气机和中间体三部分组成,涡轮包括涡轮叶轮、涡轮蜗壳和喷嘴环;压气机包括压气机叶轮、扩压器和压气机蜗壳等;中间体内有轴承,用以支承叶轮和增压器轴组成的转子总成,其内还有密封、润滑、隔热和冷却等装置。

内燃机排气管排出的燃气,经涡轮蜗壳进入喷嘴环,喷嘴环通道的面积是渐缩的,燃气在喷嘴环中膨胀,压力降低,速度提高,动能增加;喷嘴环使高温、高速的燃气按需要的方向吹向涡轮叶片,使燃气的势能转变为动能,推动涡轮叶轮旋转,这时与涡轮叶轮安装在同一轴上的压气机叶轮便被带动旋转;压气机叶轮将外界的空气吸入到压气机蜗壳并进入压气机叶轮,叶轮将机械功传给空气并使其压缩,空气的压力、密度和流动速度提高;高速空气在扩压器和压气机蜗壳中进行扩压,速度降低,压力和密度进一步提高,并进入气缸,从而达到增压的目的。

涡轮增压系统的设计要求是:

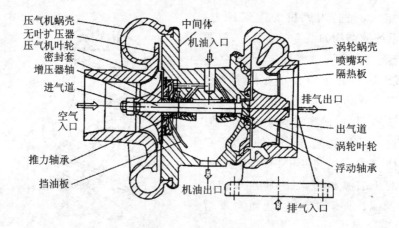

图 9-20 涡轮增压器结构

① 在提高增压器性能的前提下减小尺寸和重量;
② 保证叶轮叶片具有足够的强度和刚度;
③ 耐高温、耐腐蚀、抗蠕变。

1. 燃气涡轮

燃气涡轮是将废气的动能转化为机械能的总成。排气进入蜗壳后,通过喷嘴环时降压、降温、增速、膨胀,冲击涡轮叶轮旋转做功。

(1) 涡轮叶轮

涡轮叶轮由许多弧形叶片组成,叶片之间具有弯曲通道。根据叶轮的形式,有轴流式涡轮、径流式涡轮和混流式涡轮三种类型。

轴流式涡轮(见图 9-21)的废气沿叶轮轴线方向流动,喷嘴环和叶轮叶片的造型复杂,在小流量工作条件下效率低。涡轮直径大,转子惯性质量大,适用于大流量的涡轮增压器上。

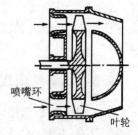

图 9-21 轴流式涡轮

径流式涡轮(见图 9-22)的废气从涡轮叶轮外缘径向流入,轴向流出,在小流量工作条件下效率高、结构简单,涡轮直径小,转子惯性质量小,适于变工况工作,因此在车用涡轮增压器上广泛采用。

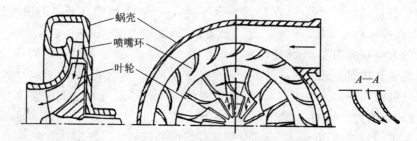

图 9-22 径流式涡轮

混流式涡轮(图9-23)是介于径流式涡轮和轴流式涡轮的中间形式,其涡轮叶轮出口直径与叶轮直径之比大于0.9。混流式涡轮与径流式涡轮相比较,轴向推力大,具有更高的气体流通能力,如与前倾后弯压气机叶轮配合,整个涡轮增压器的效率可达65%,但是转动惯量较大。

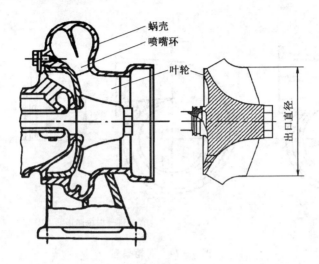

图9-23 混流式涡轮

涡轮的叶轮直径 D_T 是一个非常重要的结构参数,对于径流式涡轮,根据涡轮增压器平衡条件,可得 $D_T=0.847D_c/\sqrt{\eta_{Tm}}$,$D_c$ 为压气机叶轮直径,η_{Tm} 为涡轮等平均效率。

涡轮叶轮出口外径 D_2 与 D_T 的比值一般为 $D_2/D_T=0.85\sim0.90$,其在日趋增加。涡轮叶轮轮毂直径 D_0 与 D_2 的比值一般为 $D_0/D_2=0.28\sim0.4$,减小 D_0 对涡轮性能有利,适当加大 D_0 可使叶片高度相应减小,对减小叶片振动有利,近来倾向于增大 D_0。

叶轮叶片的数量应保证叶轮内的气流不产生逆流,叶片数太少会引起气流的倒流,但叶片数过多会增大摩擦损失,并使叶轮重量增加,目前车用小型涡轮增压器上,叶片数大多为11~13。另外要注意,涡轮叶轮叶片数不要与压气机叶轮叶片数相同,以免引起转子系统的共振。

涡轮叶轮通道宽度 B_T 与涡轮叶轮直径 D_T 的比值范围一般为 $B_T/D_T=0.31\sim0.36$,其也有日益增加的趋势,增加后有利于涡轮性能的提高,同时也适应涡轮大容量化发展的需要。

由于涡轮叶轮经常在900℃高温的排气冲击下工作,并承受巨大的离心力作用,所以采用镍基耐高温合金钢制造。目前车用小型径向涡轮叶轮的耐高温排气可达1 000℃,转速可达每分钟23万转。

(2) 涡轮蜗壳

涡轮蜗壳为环形流道,其进气口有法兰盘与内燃机排气歧管连接,废气经蜗壳导向,使气流均匀地流入喷嘴环。蜗壳有双进气口(图 9-24(a))、单进气口单通道(图 9-24(b))和单进气口双通道(图 9-24(c))几种形式,脉冲涡轮用双进气口蜗壳,等压涡轮用单进气口蜗壳。蜗壳用耐热合金铸铁铸造,内表面须光洁以减少气体流动损失,为减少热损失与对压气机侧的加热作用,在蜗壳外面及排气管上常包敷隔热材料。

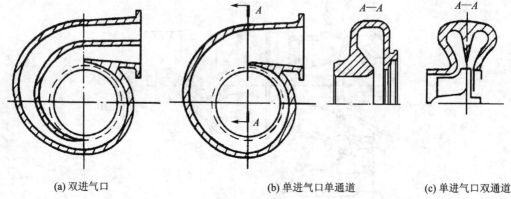

(a) 双进气口　　　　　(b) 单进气口单通道　　　(c) 单进气口双通道

图 9-24　涡轮蜗壳

(3) 喷嘴环

喷嘴环位于涡轮进气壳与叶轮之间,通道面积是渐缩的,有无叶式和有叶式两种结构。无叶式喷嘴环的蜗壳尺寸小、质量轻、结构简单,非设计工况时的涡轮效率变化平缓,在车用径流式涡轮上采用较多。有叶式喷嘴环由环形底板和均匀分布的叶片组成(图 9-22),由于叶片在喷嘴环出口有一定的安装角,这就使燃气经过它之后更具有方向性,冲击涡轮叶轮时更加均匀。喷嘴环叶片用耐热和抗腐蚀的合金钢铸造或机械加工成形,再装到喷嘴环环形底板上。

通过调整喷嘴环叶片的角度,可控制进入叶轮的燃气流量、气流主方向,以快速调整涡轮与压气机的配合功率。图 9-25 为可调喷嘴环涡轮,通过转动喷嘴控制盘中的销轴,改变喷嘴环叶片的角度。低速时喷嘴角度小,高速时喷嘴角度增大,以保证涡轮从废气获得的能量满足压气机的需要。

2. 离心式压气机

离心式压气机是将叶轮的机械能转化为空气压力能的总成。空气进入蜗壳,通过扩压器后流速下降,压力和温度上升,使进入气缸的空气量增大。

(1) 压气机叶轮

压气机叶轮由许多叶片和轮盘组成,按流道形状可分为闭式、全开式和半开式(图 9-26)。

闭式叶轮的叶片间流道是封闭的,效率高、结构复杂、质量大、强度小,目前很少采用,个别情况下用于转速低、增压压力小的大型增压器上;全开式叶轮结构简单、质

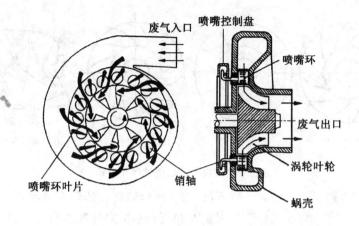

图 9-25 可调喷嘴环

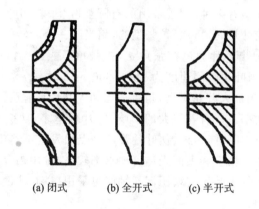

(a) 闭式　　(b) 全开式　　(c) 半开式

图 9-26 压气机叶轮

量小、无轴向力、加速性好,但是叶片刚度差、气流损失大,所以几乎不采用;半开式叶轮效率居中,但是结构简单,强度和刚度都较好,被广泛采用。

目前,在半开式叶轮的基础上,将轮盘边缘叶片间的质量挖去,形成星形压气机叶轮,其质量轻,能承受较高的转速,适用于小型高增压压力的增压器。

压气机叶轮的叶片形式有后弯叶片、径向叶片、前弯叶片和前倾后弯叶片(图 9-27)。

后弯叶片效率高,空气压力的提高大部分在此完成;前弯叶片压比高,空气压力的提高大部分在扩压器内完成;径向叶片结构简单,强度高,所以它的应用很广;前倾后弯叶片效率高且强度好,在高速小型增压器上广泛采用。

压气机叶轮进口最大直径 D_1 主要是根据流量及所选择的气流轴向速度计算确定,叶轮进口最大直径 D_1 与叶轮外径 D_2 之比 $\bar{D}=0.55\sim0.65$,但目前有增大的趋势。$\bar{D}$ 增大使压气机更接近于轴流式,并且符合小型化要求,但是 $\bar{D}$ 过大会导致叶轮顶部气流脱流,叶轮性能恶化。

一般情况下,叶轮轮毂直径 D_0 与叶轮进口最大直径 D_1 的比值 $D_0/D_1=0.30\sim$

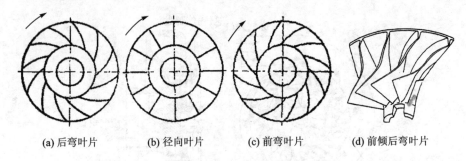

(a) 后弯叶片　　(b) 径向叶片　　(c) 前弯叶片　　(d) 前倾后弯叶片

图 9-27　离心式压气机叶片形式

0.36,目前其也趋于采用较大的值,可以改善进口处叶片的阻塞情况,并且叶轮动平衡时有足够的去重部位。但是,采用较大 D_0 值时,应对叶轮前面的固定螺母外形仔细设计,使其外形与叶轮内廓线曲率变化相衔接。

压气机叶轮的叶型有多种,比较常用的有圆弧叶型、斜切叶型、椭圆叶型及抛物线叶型。压气机叶轮叶片间通道是扩张型的,相当于一个旋转的弯曲轴线的扩压器,将弯曲通道展开可得出叶片通道扩张角 α_y,扩张角不能过大,在叶轮圆周速度不高时,$\alpha_y=15°\sim20°$;而当叶轮圆周速度为 $280\sim300$ m/s 时,$\alpha_y=8°\sim10°$。为减少叶片通道扩张角 α_y,可适当加大叶轮宽度,也可适当加大叶片重叠度。

叶轮叶片数对功率系数有着很大的影响,叶片数越多,功率系数值越大。但是,叶片数过多时会使效率降低,另外,从叶片强度观点出发也不希望采用过多的叶片。

压气机叶轮的加工精度和表面光洁度要求都较高,常用铝合金进行精密铸造,叶轮通道不需加工。压气机叶轮与增压器转轴间可采用单键、花键连接,也可以用光轴连接,端面用螺母压紧。

(2) 压气机蜗壳

压气机蜗壳收集从扩压器流出的高压空气,并将空气引向压气机出口。其结构可分为变截面和等截面两种(见图 9-28),它可以有一个出口,也可以有两个出口。

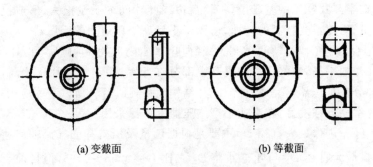

(a) 变截面　　　　　　(b) 等截面

图 9-28　压气机蜗壳

等截面压气机壳的截面沿圆周是不变的,它的截面按照压气机最大流量确定,因此径向尺寸大,气流损失也较大,但结构简单,出气脉动小,常用于小型增压器上。变截面压气机壳是沿着圆周逐渐变大,其变化规律按照气流运动的规律来确定,因此径向尺寸小,气流损失小,效率高,而且不会出现脱流现象。

压气机蜗壳一般用铝合金铸造,为了减小对气流的阻力,壳体内表面要平滑光洁。

(3) 扩压器

扩压器为一个环形扩张通道,按照结构可分为无叶式扩压器和有叶式扩压器(见图 9-29)。

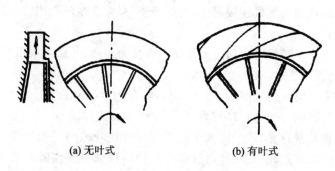

(a) 无叶式　　　(b) 有叶式

图 9-29　扩压器

无叶式扩压器的前后壁面可以平行或呈一定角度,结构简单,常用在小型增压器上。

无叶扩压器的损失与扩压器的扩张角有关,图 9-30 为无叶扩压器的损失系数与当量扩张角的关系。当量扩张角可以用圆锥形扩压器的当量扩张角 θ_{eq} 来度量,为

$$\tan\frac{\theta_{eq}}{2} = \frac{d_3 - d_2}{2l} \tag{9-3}$$

式中,d_2、d_3 分别为无叶扩压器进口、出口当量圆直径,l 为无叶扩压器气流路径的长度。

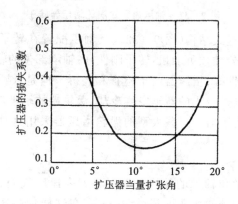

图 9-30　无叶扩压器损失系数与当量扩张角的关系

无叶扩压器的效率较低,通常为 0.6~0.8。

有叶扩压器在环形通道上均匀地安装一定数目的与叶轮出口气流方向一致的叶片,为减少压气机中气流的脉动,扩压器叶片数和叶轮的叶片数不应成整倍数。在径向尺寸一致的条件下,有叶扩压器的扩压能力高于无叶式扩压器,且最高效率比无叶扩压器高3%~4%。但是,压气机的效率对工况变化敏感,且结构复杂。

有时,与可调喷嘴环叶片相似,将扩压器叶片做成可以旋转的活动叶片,可调整压气机的特性,使喘振线偏移,从而使压气机与内燃机更好地配合。

3. 中间体

中间体将涡轮和压气机连接起来,支撑转子,起着支架的作用。

(1) 转 子

将涡轮叶轮和压气机叶轮通过增压器轴连接为一体,并绕着增压器轴旋转,构成涡轮增压器的转子。

转子广泛采用轴承内置结构(图9-31),将合金钢(40Cr、18CrNiWA 等)材料制造的增压器轴与涡轮叶轮通过摩擦焊、电子束焊等方法焊接为一体,另一端通过螺母锁紧压气机叶轮及密封套等零件,轴承配置在压气机叶轮与涡轮叶轮之间。其结构紧凑、轴向尺寸小、重量轻,在压气机进口和涡轮出口部分气流阻力较小,但是,其轴承检修不便,涡轮端轴承温度高,转子刚性差,容易产生漏气及漏油情况。绝大多数径流式涡轮增压器采用这种结构。

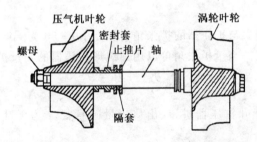

图9-31 轴承内置式涡轮增压器转子

此外,还有轴承外置式结构(图9-32),其轴承配置在转子轴的两端,便于润滑和密封;转子轴中间部分轴颈可加粗,转子刚性好;轴承部位的轴颈可以较细,轴承的圆周速度低,轴承可靠性好;增压器便于检查和装拆。但是,结构质量大,尺寸长,压气机端的轴承可由压气机吸入的新鲜空气冷却,涡轮端的轴承需要水冷,整个壳体结构复杂。轴流式涡轮增压器和一些大型的涡轮增压器采用这种结构,其工作可靠性好、寿命长。

(2) 浮动轴承

转子的动平衡精度和轴承的结构是车用小型高速废气涡轮增压器可靠性的关键。小型增压器转子轴颈的线速度超过 50 m/s,在这样的高速下,轴承必须解决由于转子不平衡和油膜旋涡产生的振动,并带走大量的摩擦热。现代车用涡轮增压器采用的浮动轴承的安装如图9-33所示,浮动轴承是套在轴上的浮动环,工作时,轴

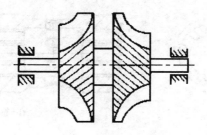

图 9-32 轴承外置式转子

承本身也转动。

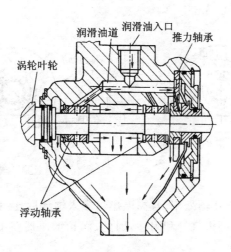

图 9-33 增压器转子的轴承

在转子内侧的两边各放一个的轴承叫分开式浮动轴承(图 9-34(a)),其尺寸小、旋转惯性小、加工简单,在小型增压器上应用较多。

分开式浮动轴承与轴承座之间的外间隙一般为 0.10 mm 左右,与转轴之间的内间隙一般为 0.05 mm 左右,壁厚约为 3.0~4.5 mm,长度与轴颈直径之比为 0.5~0.9。

将两个分开式浮动轴承合为一个,叫做整体式浮动轴承(图 9-34(b))。其结构简单,可使止推轴承大为简化,但工艺要求高,旋转惯性大。

浮动轴承的材料采用锡铅青铜,为了改善润滑、降低摩擦,在其表面镀有厚度为 0.005~0.008 mm 的铅锡合金或铟。在浮动轴承内孔及端面为了存油与布油,开有对称的油槽,保证启动时有一定的润滑。

(3) 推力轴承

由于压气机叶轮和涡轮叶轮上的气体作用力,使转子产生轴向推力,该力由推力轴承承受。推力轴承的安装位置如图 9-33 所示,一般安装在压气机端。

推力轴承的结构如图 9-35 所示,在两侧止推面上各有 4 个或 6 个油槽,在油槽

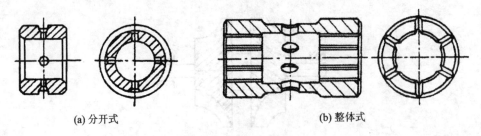

(a) 分开式　　　　　　　　(b) 整体式

图 9-34　浮动轴承

旁的周向加工出 0.5°～1°的斜面或在开槽处开进油孔,以保证润滑与冷却。增压器的轴向间隙为 0.1～0.2 mm。

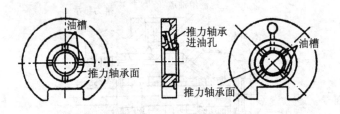

图 9-35　推力轴承

(4) 密封装置

漏气会降低涡轮增压器效率,且高温燃气窜入轴承后,会引起机油结胶或烧毁轴承;漏油会污染内燃机的进气管和附件,因此,涡轮增压器在中间体内需要密封燃气和润滑油。

现代涡轮增压器多采用类似于活塞环的金属开口环密封,密封环分别装在涡轮和压气机端的密封环槽中(见图 9-36),环的弹力使其外缘涨紧在壳体上,环和侧壁与环槽间有间隙,环和轴也不直接接触。密封环一般用钢或铸铁制造。

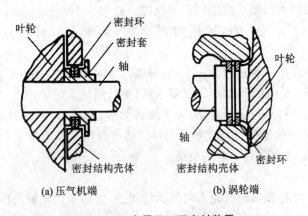

(a) 压气机端　　　　　　　　(b) 涡轮端

图 9-36　金属开口环密封装置

(5)润滑系统

增压器轴承的润滑采用内燃机润滑系内的机油,不再单独设置润滑系。从内燃机机油滤清后的主油道,分出一路进入涡轮增压器中间体上方的机油进口处,通过油道并联进入两个浮动轴承和推力轴承,再流入中间体下部,回到内燃机油底壳(图 9-33)。

(6)冷却与隔热系统

增压器轴承采用润滑系内的机油冷却,对于一些汽油机用的涡轮增压器,由于在标定功率时的排气温度超过 700 ℃,为了防止机油结胶,除了加大冷却油量,在停机后用电动油泵继续向增压器供油外,还有将内燃机冷却系的冷却水引到中间体的涡轮侧的结构,以增加冷却。

增压器采用的隔热措施有:在涡轮背面安装隔热板;在涡轮蜗壳外面包隔热罩,罩内采用铝箔将涡轮的热量反射回去等。

思考题

1. 在布置进、排气系时应注意哪些问题?
2. 可变进气歧管的工作原理是什么?为实现其功能应如何进行结构设计?
3. 汽油机的排气净化装置有哪些?柴油机的排气净化装置有哪些?它们在排气系统中应如何布置?
4. 对涡轮增压系统的设计要求是什么?燃气涡轮叶轮和压气机叶轮的结构有哪些?它们各有什么特点?

第10章 冷却系

内燃机的冷却系统有水冷和风冷两种形式,水冷系统主要由水泵、散热器、风扇和水套等组成;风冷系统主要由风扇、导流装置和散热片等组成。它们将内燃机燃烧室周围零部件的热量散到大气中,保证内燃机的零部件处于正常工作温度范围内,高温燃气不会造成零部件的破坏。

1. 工作情况

内燃机燃烧室周围零件的工作温度应适当,温度过高会造成零件热变形过大,机械强度降低,气缸壁机油变质和结焦,充气系数下降等;温度过低会降低内燃机的热机转化效率,恶化混合气的形成和燃烧,增加机油黏度和摩擦损失等。因此,冷却程度必须适当。内燃机的工作环境温度及运转工况是变化的,但是燃烧室周围零件的工作温度应相对恒定,因此冷却系统工作状态应随时变化,维持内燃机在最适当温度下工作。冷却系设计的好坏,影响到内燃机的尺寸、重量及工作可靠性。

2. 设计要求

① 启动后能迅速达到适当的工作温度;
② 当环境温度和运转工况变化后,冷却系能保持最适当的温度状态;
③ 冷却系消耗的功率少;
④ 尺寸小,重量轻,工作可靠。

10.1 冷却系的形式与布置

内燃机的冷却系统分为水冷系统和风冷系统。水冷系统以冷却液为介质;风冷系统以空气为冷却介质。

10.1.1 水冷系统

水冷系统主要由风扇、散热器、水泵、温度调节装置等组成(图10-1)。

1. 一般闭式强制循环冷却系统

车用发动机的水冷系统为闭式强制循环冷却系统,水系统与外界大气不相通,并利用水泵使冷却液在内燃机中强制循环。其布置如图10-1所示,冷却液在水泵的驱动下经分水管进入发动机的各个缸体水套,从水套壁周围流过并吸热;然后向上流入气缸盖水套,从缸盖水套壁吸热后经出水管流过节温器、散热器;在散热器中,冷却液与流过散热器周围的空气进行热交换而降温;最后冷却液经散热器出水管返回水泵。散热器布置在汽车的前端,冷却风扇正对散热器布置,不宜采用刚性传动,可由皮带、电机或液压马达驱动并吸气,根据冷却液温度调节风扇转速,以对散热器中冷却液进行适当冷却;水泵可以与风扇同轴安装,并且共同采用皮带驱动,也可以由凸轮轴驱动或用驱动机构中的齿轮驱动;节温器在冷却液温度较低时,控制冷却液不通过散热器进行小循环,以使冷却液迅速升温;在散热器盖上装有蒸气-空气阀,以防止冷却系统由于内部压力过高或过低而损坏;在散热器的前面装有百叶窗,以便对冷却空气的强度进行调节。闭式强制循环冷却系统体积小,重量轻,冷却液温较高,一般出水温度为 90~100 ℃,减少了散热损失并改善了内燃机的工作过程。

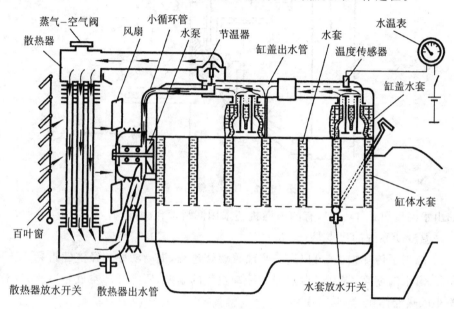

图 10-1　车辆内燃机水冷系统布置

闭式强制循环冷却系统的膨胀水箱的布置如图 10-2 所示,其上部通过散热器蒸气管、水套蒸气管与系统连接,使水蒸气进入膨胀水箱并有地方膨胀和凝结,减少了冷却液的损失,避免空气进入系统内部造成氧化、穴蚀,并保持了系统压力稳定;其下部通过补充水管与水泵进水口之间连接,使水泵进水口处保持较高的水压,减少了气泡的产生,防止水泵出水量下降和水泵叶轮穴蚀。膨胀水箱应布置在冷却系的最高处,膨胀水箱的容积一般等于整个系统冷却液容积的 8%~14%,考虑到膨胀水箱内的冷却液还要补充长时间工作后系统内冷却液的损失,膨胀水箱的容积应达到整个内燃机冷却液容积的 15%~20%。

有的冷却系统的膨胀水箱只用一根管子把散热器和其连通,管口应在液面以下,这种装置只能解决气、水分离及冷却液消耗问题,而对水泵穴蚀没有改善。

2. 高温冷却系统

在高温冷却系统中,冷却液的工作温度比一般闭式强制循环冷却系统的温度高,因此需要冷却液的沸点也高。乙二醇含量为 70% 的冷却液的沸点为 170 ℃,冷却系

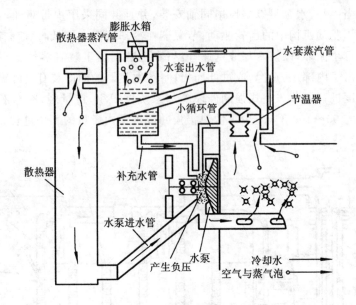

图 10-2 膨胀水箱的布置

统的出水温度可达 140 ℃,有的内燃机还采用润滑油作为冷却液。

高温冷却系统的优点是:

① 减少了传热损失,可以进一步改善燃烧过程,提高功率和经济性指标;

② 出水温度高,提高了散热器和冷却空气的温差,所需冷却空气量减少,这样可以缩小散热器体积、降低风扇功率;

③ 冷却系统压力进一步提高,有利于减少穴蚀和抑制气囊产生。

但是,内燃机零部件承受的热负荷增大了,需要考虑内燃机的高温可靠性。

3. 双模式冷却系统

双模式冷却系统是根据发动机的理想工作条件,对发动机的冷却循环路线进行细分。与传统的冷却方式相比较,冷机时只冷却气缸盖,可以使气缸套内的油温在短时间内上升到理想温度,以降低活塞-缸套摩擦副的摩擦损耗;热机后,经散热器冷却的冷却液流经气缸体和气缸盖,与传统的冷却方式一致。

10.1.2 风冷系统

风冷系统主要由风扇、导流罩、温度调节装置等组成(图 10-3(a))。风冷系统的风扇可装在气缸吹进冷却空气的一侧,对气缸吹气冷却;也可装在气缸排出冷却空气的一侧,进行吸气冷却。吹气冷却与吸气冷却相比较,气缸温度约低 4~6 ℃,所需风扇压力约低 12%~20%,驱动风扇的功率约小 12%~20%。因此,一般情况下,风冷式内燃机首选吹气冷却,只有少数内燃机由于总体布置的关系采用吸气冷却。图 10-3~图 10-5 都为吹气冷却式风冷系统的布置方式,其中图 10-3 为 V 形内燃机的布置,图 10-4 为水平对置内燃机的布置,图 10-5 所示为直列内燃机的布置。

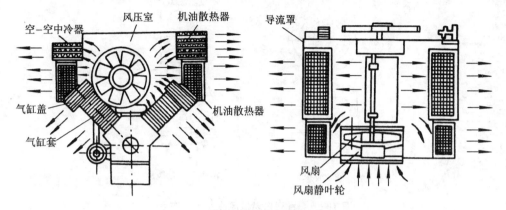

(a) V形夹角内侧垂直放置风扇

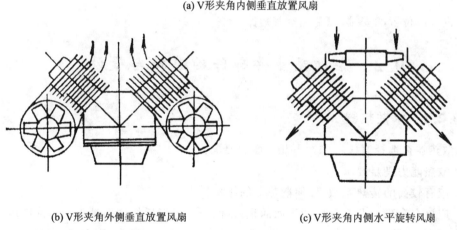

(b) V形夹角外侧垂直放置风扇　　　　(c) V形夹角内侧水平旋转风扇

图 10-3　V形内燃机风冷系统的布置

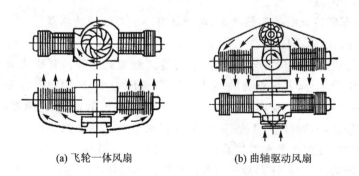

(a) 飞轮一体风扇　　　　(b) 曲轴驱动风扇

图 10-4　水平对置内燃机风冷系统的布置

上述结构的风冷系统中导流罩的结构各异,风扇的位置也不同,它们的布置对内燃机缸壁的温度影响非常大,还应注意进、排冷却空气通道口相对位置的安排,以及

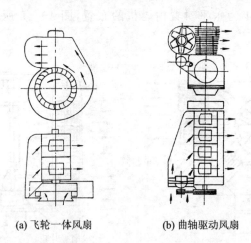

(a) 飞轮一体风扇　　(b) 曲轴驱动风扇

图 10-5　直列内燃机风冷系统的布置

内燃机进气口位置的安排,以免热空气短路。

10.2　冷却系主要部件的选择与设计

10.2.1　水散热器

水散热器在选择时应考虑如下几方面的要求:
① 散热能力满足要求。
② 应有较高的传热系数,以使散热器的体积较小。
③ 应该有合理的芯部厚度和正面面积,以保证风扇消耗的功率最小。芯部厚度小,空气吸热少,则所需空气量大,风扇消耗的功率大;芯部厚度大,则空气阻力加大,风扇消耗的功率也大。
④ 根据车辆行驶时的颠簸状态,选择具有一定强度的散热器。
⑤ 成本低、维修方便。

水散热器按芯部结构可分为管片式、管带式和板式三种。管片式散热器的散热管有扁管和圆管之分,其优点为散热面积大、气流阻力小、结构刚度好及承压能力强等;管带式散热器的散热能力强,制造简单,质量轻,成本低,但结构刚度差;板式散热器的散热效果好,但焊缝多,不坚固,容易沉积水垢且不易维修。目前内燃机上主要采用管片式和管带式两种水散热器。管片式及管带式散热器芯有单列、双列和三列之分。实践证明,双列散热器能在有限的空间获得最好的散热效果。

按照散热器中冷却液流动的方向,可将散热器分为纵流式和横流式两种。横流式散热器芯横向布置,高度低,这可以使发动机罩的外廓较低,有利于改善车身前端的空气动力性,因此在大多数轿车上采用。

水散热器交换的热量即为冷却系散出的热量,由于其受许多因素的影响,在设计初期可以采用经验公式来估算,对于已生产出的内燃机应通过热平衡实验来确定。冷却系散出的热量

$$Q_c = \frac{A g_e N_e h_u}{3600} \tag{10-1}$$

式中,A 为传给冷却系的热量占燃料放热量的百分比,汽油机为 0.20～0.27,柴油机为 0.16～0.23;g_e 为内燃机的燃料消耗率,单位为 kg/(kW·h);N_e 为内燃机标定功率,单位为 kW;h_u 为燃料低热值,单位为 kJ/kg,Q_c 的单位为 kW。

如果带有机油散热器,一般应将按式 10-1 所求得的 Q_c 值增大 5%～20%。

水散热器的散热面积

$$S = \frac{(1.1 \sim 1.5) Q_c}{K \Delta t} \times 10^{-3} \tag{10-2}$$

式中,K 为散热器的传热系数,单位为 W/(m²·K);Δt 为冷却液、空气的平均温差,单位为 K,

$$\Delta t = \frac{t_{进水} + t_{出水}}{2} - \frac{t_{进气} + t_{出气}}{2}$$

根据水散热器的散热面积和允许的安装空间确定散热器的结构参数。

10.2.2 水 泵

水泵在选择时应考虑如下几方面的要求:
(1) 能满足水冷系统对供水量及泵水压力的要求。
(2) 体积小,工作可靠,使用寿命长。

目前,内燃机的水冷系统主要采用离心式水泵,因为离心式水泵体积小,泵水量大,工作可靠,使用寿命长,当水泵不工作时,冷却液在水泵叶轮通道间能自由流动,这有利于冬季预热内燃机。

水泵所需求的性能参数计算如下:

1. 冷却液的循环量 V_ω

根据传入冷却系统中的热量,冷却液的循环量可按照下式计算,即

$$V_\omega = \frac{Q_c}{\Delta t_\omega \rho_\omega c_\omega} \tag{10-3}$$

式中,Δt_ω 为冷却液在内燃机中循环后的温升,对于闭式强制循环冷却系,通常取 6～12 ℃;ρ_ω 为冷却液的密度,近似取为 1 000 kg/m³;c_ω 为冷却液的比定压热容,近似取为 4.187 kJ/(kg·K)。

2. 水泵的供水量 V_p

根据冷却液的循环量,水泵的供水量

$$V_p = V_\omega / \eta_V \tag{10-4}$$

式中,η_V 为水泵的容积效率,一般取 0.6～0.85。

3. 水泵的泵水压力 p_p

水泵的泵水压力应保证其足以克服水冷系统中所有的流动阻力,并得到必要的冷却液循环流动速度。还应保证系统中各个部位水的工作压力大于此时的饱和蒸气压力,以免产生气蚀。

一般内燃机,当管道中冷却液流速为 3~5 m/s 时,各个部位的流动阻力一般为:管道 7.5~12.5 kPa,缸体水套 13~15 kPa,水散热器 20~25 kPa。总阻力为 40~53 kPa。为了安全起见,一般泵水压力应达到 150 kPa。

4. 水泵消耗的功率 N_p

$$N_p = \frac{V_p p_p}{\eta_h \eta_m} \quad (10-5)$$

式中, η_h 为水泵的液力效率,一般为 0.6~0.8; η_m 为水泵的机械效率,一般为 0.9~0.97。

车用内燃机水泵消耗的功率一般为内燃机标定功率的 0.5%~1.0%。

5. 水泵的转速

水泵转速越高,叶轮的尺寸及水泵重量越小,但是,由于受到气蚀条件的限制,其转速不能太高。车用内燃机用离心式水泵转速一般约为 1 500~3 000 r/min。

10.2.3 风 扇

风扇在选择时应考虑如下几方面的要求:

① 应有足够的供气压力和供气量,保证能够将内燃机散出的热量通过空气带走。

② 消耗功率小。

③ 结构简单,工作可靠,噪声小。

内燃机采用的风扇有离心式、轴流式和混流式三种。离心式风扇的总压力可达 1.5~3 kPa,其叶片类型有前弯、后弯和径向直叶片三种,其中,前弯叶片的离心式风扇空气压头高,但效率较低;后弯叶片的离心式风扇效率较高,但压头较低;径向直叶片的离心式风扇的性能介于二者之间。轴流式风扇的效率高,供气量大,但空气压头一般低于 1.8 kPa。混流式风扇可产生轴向和径向的气流分量,兼有离心式风扇静压头高和轴流式风扇供气量大的综合性能,并效率较高。

水冷式内燃机多采用轴流风扇,而风冷式内燃机则多采用离心式风扇。

风扇所需求的性能参数计算如下:

1. 风扇的供气量 V_a

根据冷却系应散出的热量 Q_c,风扇的供气量

$$V_a = \frac{Q_c}{\Delta t_a \rho_a c_p} \quad (10-6)$$

式中, Δt_a 为空气进出散热器前后的温差,水散热器前后的温差一般为 10~30 ℃,风冷式内燃机散热片前后的温差一般为 20~60 ℃,高强化内燃机可达 55~70 ℃; ρ_a 为

空气的密度,可取为 1.01 kg/m³;c_p 为空气的比定压热容,为 1.047 kJ/(kg·K)。

2. 风扇的供气压力 p

风扇的供气压力需要克服空气通道的阻力,不同类型的冷却系统及不同的结构布置使空气通道的阻力不同。

水冷系统风扇的供气压力 p 为

$$p = \Delta p_R + \Delta p_L \tag{10-7}$$

式中,Δp_R 为散热器的阻力;Δp_L 为除了散热器以外的所有空气通道的阻力,对于一般车用内燃机 $\Delta p_L = (0.4 \sim 1.1)\Delta p_R$。

由于风冷系统的空气通道阻力受散热片结构形式、导流装置的布置等的影响很大,风扇的供气压力一般要通过参考同类机型的数据、实验或仿真分析来确定。对于汽油机,一般小于 1.47 kPa;对于柴油机,一般为 1.47~2.45 kPa,上述经验数据可以作为参考。

3. 风扇消耗的功率 N_f

$$N_f = \frac{pV_a}{\eta_f} \tag{10-8}$$

式中,p 为风扇的供气压力,单位为 kPa;η_f 为风扇的总效率,$\eta_f = \eta_h \eta_v \eta_m$,它们分别是风扇的液力效率、容积效率和机械效率。

风扇的容积效率 $\eta_v = V_2/V_1$,式中,V_1 为流过风扇工作轮的空气量,V_2 为去掉容积损失后的有效空气量,它们的单位为 m³/s。容积效率的大小与风扇与护风罩之间的径向间隙有关,因此设计时应尽量减小风扇与护风罩之间的径向间隙。

薄钢板风扇的总效率约为 0.3~0.5,铸铝机翼形风扇的总效率为 0.5~0.7。

4. 风扇的转速 n_f

风扇的转速取决于风扇外径的圆周速度,即

$$n_f = \frac{v}{\pi D_0} \tag{10-9}$$

式中,D_0 为风扇叶轮外径,单位为 m;v 为风扇外径的圆周速度,单位为 m/s。

风扇的转速越高,噪声越严重,为防止噪声过大,通常风扇的最大圆周速度控制在 120 m/s 以下,当对噪声要求严格时,取 $v = 60 \sim 70$ m/s。采用柔性风扇也可以降低风扇噪声。

在实际选型时,根据冷却系统需求的风扇供气量和供气压力,以及厂家提供的各种风扇特性曲线即可选择风扇。

如图 10-6 所示,其为某风扇的特性曲线,实线表示风扇在某一转速下的流量与压力的关系,虚线表示风扇流量与效率的关系。选型设计时,将计算或测试得到的冷却系统全气路流量与阻力的关系曲线 R 迭加在上面,首先在横坐标轴上找到所需风扇供气量数值(图中 $V_a = 1.2$ m³/s),它的纵坐标与 R 曲线交于 A 点,A 点即为所选风扇的工作点,其纵坐标值 $p = 16$ kPa,为风扇的排气静压力,应大于所需求的风扇供气压力。此时,风扇转速 $n \approx 5\,200$ r/min,风扇效率 $\eta \approx 57\%$。除此之外,选择风扇时还应考虑风扇的驱动功率、噪音水平、传动方式、安装空间等相关因素,以进行综合取舍。

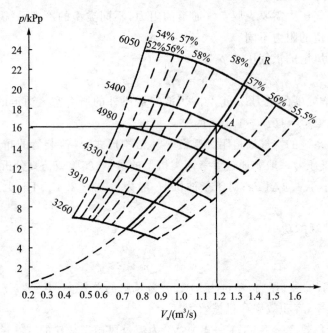

图 10-6　某风扇特性曲线

10.2.4　导流罩

风冷系统中的导流罩应使气缸盖及气缸体周围温度分布尽量均匀,且风道阻力小。导流罩的结构形式很多,目前广泛采用的有狭口圆周形、宽口圆周形、宽口矩形和狭口矩形等(见图 10-7)。

狭口圆周形的导流罩进口窄,并有周边导向,冷却空气的流速较高,空气利用率高,散热效果最好,但是,进口处冷却强烈,温度较低,出气端温度偏高,使气缸圆周方向的温差最大;宽口圆周形导流罩的进口宽,冷却空气流速和冷却强度有所下降,但冷却空气流量增加,使圆周方向的温差减小;宽口矩形导流罩的进口很宽,冷却空气消耗量大,且得不到充分利用,所以整个气缸圆周温度分布最高,但是温度分布差值最小;狭口矩形导流装置的进口很窄,中间通道宽,气流产生局部紊流,增加了冷却效果,并使气缸圆周温度分布均匀,但冷却空气量和风扇功率均较大,在上述 3 个方案中处于中间状态。由于散热效果好和温度分布均匀这两个条件是相互矛盾的,因此设计导流罩时只能在满足气缸允许的温度分布差值条件下,尽可能地改善散热效果。

导流罩的结构设计还应注意减小空气阻力和加大进、排冷却空气通道口的相对位置,以免热空气短路。采用三维流体动力学仿真分析方法可以得到空气流场的速度和压力分布,可以得到气缸圆周的温度分布,以便于进行导流罩的结构设计与优化。

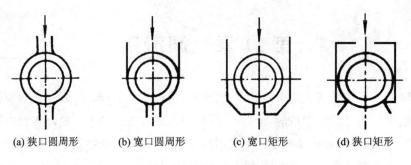

图 10-7　常用的四种导流装置

10.2.5　冷却系温度调节装置

冷却系温度调节装置是用来保证内燃机冷启动后迅速达到要求的工作温度,并能在各种工况下的工作温度都适当。水冷系统的温度调节装置,可通过控制冷却液循环强度或冷却空气循环量来调节;风冷系统只能通过控制冷却空气循环量来调节冷却温度。

水冷系统的冷却液循环强度,可以通过将石蜡节温器安装在冷却缸盖后的高温出水口处来控制。当冷却液温度低于 76 ℃时,由气缸盖出来的冷却液经旁通管直接进入水泵,进行小循环;当内燃机冷却液温度达到 86 ℃时,冷却液完全进行大循环;当冷却液温度在 76~86 ℃时,大小循环同时进行。

水冷系统的空气循环强度,可以通过调速风扇和百叶窗来控制。调速风扇在风扇传动系统中加入了硅油离合器、液力偶合器或电磁离合器等可调速元件,根据内燃机冷却系工作温度变化调节风扇转速,或直接采用电动风扇,由散热器的水温开关控制风扇转速。百叶窗是在冷却液温度较低时,通过改变吹过散热器的空气流量,控制冷却强度。

对于风冷系统的冷却空气循环量,除了通过调节风扇转速控制外,还可以在风扇的冷却空气流向气缸的通道中安装节气板,并使节气板由排气管处的节温器来控制,通过节气板的不同开度来改变空气通道的截面积,以此达到调节冷却空气量的目的。或在冷却空气出口处装设旁通阀,当气缸温度降低到某一程度后,将热空气回流到风扇进气口来调节。

思考题

1. 常用的闭式强制循环冷却系统有哪些优点?高温冷却系的优点和存在的问题是什么?

2. 冷却系主要部件有哪些?它们的选择设计参数有哪些?这些设计参数的确定思路是什么?

第 11 章 润滑系

内燃机的润滑系统主要由油底壳、机油泵、机油滤清器、限压阀、旁通阀和机油散热器等组成。它可以将清洁的、压力一定的、温度适宜的机油不断地输送到内燃机的各个摩擦表面,将相对运动的零件表面用油膜隔开,以降低摩擦损耗,延长使用寿命;将零件工作表面的颗粒物等杂质冲刷掉,更好地保护运动零件工作表面;将零件的热量带走,起到冷却作用。此外,润滑油还起到防锈和在一些地方起辅助密封的作用。

1. 工作情况

内燃机润滑系统应将润滑油输送到具有相对运动的零部件表面,使其建立良好的润滑油膜,并带走热量和运动磨损等产生的杂质。不同零件表面受到的负荷大小、相对运动速度以及工作条件不同,需求的润滑强度也不同。如主轴颈、连杆轴颈的负荷和相对运动速度都较大,涡轮增压器轴承的运动速度高,它们需要的润滑强度大;配气机构的零件负荷小,所需润滑强度也较低;为了避免过多的机油进入燃烧室,活塞与气缸壁间的润滑强度不能太大。

除了润滑强度外,润滑油膜的建立与润滑油黏度的关系很大,而润滑油的质量和温度直接影响工作黏度。为了保证润滑系正常工作,应选用具有适当的黏度及良好粘温特性的机油,黏度较小的机油使部件的摩擦损失小,因此在油膜建立正常的情况下应采用黏度较小的机油。为了减小温度对黏度的影响,润滑系统在低温时应使润滑油温度迅速上升,在高温、高负荷时应使润滑油温度保持正常工作温度。另外,对于高强化内燃机,燃烧室零件的工作温度较高时,应考虑润滑油的抗结焦能力。

2. 设计要求

① 供油应有一定的压力,以适应不同摩擦表面的工作需求。
② 机油应保持一定的相对恒定的温度,并且能够自动清除机油中的杂质。
③ 润滑系中需要压力的监控仪表与安全装置。
④ 能储存必要的机油量。
⑤ 工作可靠、结构紧凑、重量轻,并便于维护。

11.1 润滑系的形式与布置

内燃机润滑系按照供油方式一般有:压力润滑、飞溅润滑、掺混润滑和润滑脂润滑四种。

(1) 压力润滑

通过机油泵,将机油以一定压力和流量注入摩擦副表面的润滑。曲轴主轴颈、连杆轴颈、凸轮轴轴承及摇臂轴轴承等处需要压力润滑。其特点是工作可靠、润滑效果好,并有良好的冷却和清洗作用。

(2) 飞溅润滑

利用运动零件激溅起来的油滴或油雾落在摩擦副表面来润滑。对于机油难以通过压力输送到或承受负荷不大的气缸壁、正时齿轮、凸轮等摩擦表面采用飞溅润滑。

(3) 润滑脂润滑

对水泵轴、启动电机轴承、发电机轴承等,通过加注润滑脂或润滑油进行润滑。

(4) 掺混润滑

在汽油中掺入 4%～6% 的机油,通过化油器或燃油喷射装置雾化后,进入曲轴箱和气缸内润滑各零件摩擦表面,其用于摩托车及其他小型的曲轴箱换气的二冲程汽油机摩擦表面的润滑。

内燃机润滑油的供油方式一般是上述某些方式的综合。除此之外,某些内燃机的润滑系统还起到冷却作用,润滑系可以采用喷嘴喷射的供油方式将润滑油直接喷到需冷却表面。如为了冷却活塞顶,可以通过连杆杆身中的油孔,将连杆大头轴承的润滑油引到连杆小头轴承,再由连杆小头的油孔喷到活塞顶的内壁上来冷却活塞;对于高强化柴油机,还可以在主油道安装喷嘴,将润滑油直接喷射到活塞内腔。

内燃机润滑系按照机油贮存方式,可以分为湿曲轴箱式和干曲轴箱式两种。湿曲轴箱式润滑系统的机油储存在下曲轴箱中,一般通过齿轮泵来保证机油的循环;干曲轴箱式系统的机油储存在内燃机机体外的机油箱中,利用一个或两个齿轮泵将回流到下曲轴箱中的机油送到机油箱,再用一个齿轮泵将油箱中的机油送到内燃机的油道中。干式曲轴箱适用于工作时内燃机倾斜度大的越野车辆和矿山车辆内燃机。

常见的润滑系布置如图 11-1 所示,有无机油散热器全流滤清式(见图 11-1(a))、无机油散热器分流滤清式(见图 11-1(b))、机油散热器与主油道串联式(见图 11-1(c))、机油散热器与主油道并联式(见图 11-1(d))和机油散热器与主油道各为独立油路式(见图 11-1(e))五种。

全流滤清式结构(见图 11-1(a))的滤清器一般为细滤器,与滤清器并联有旁通阀,当滤芯堵塞时,旁通阀打开,机油直接进入主油道;分流滤清式结构(见图 11-1(b)、(c)、(d)、(e))采用粗滤器与主油道串联,采用细滤器与主油道并联,这样既可以滤清机油,又不至于使油路阻力过大,通过细滤器的油量一般不超过油泵出油量的10%～15%。无机油散热器的结构(见图 11-1(a)、(b))宜用于功率较小的内燃机;有机油散热器的结构(见图 11-1(c)、(d)、(e)),用于中、大功率的内燃机。机油散热器与粗滤器串联时(见图11-1(c)),由于机油散热器可承受的油压较低,因此主油道的油压受到限制;机油散热器与主油道并联时(见图11-1(d)),主油道的油压可以较高,但机油泵的供油量和供油压力均需提高,并且机油温度难以控制;机油散热器与主油道独立油路式结构(见图11-1(e))可以解决上述问题,但是整个系统较复杂,可用于强化程度较高的内燃机中。

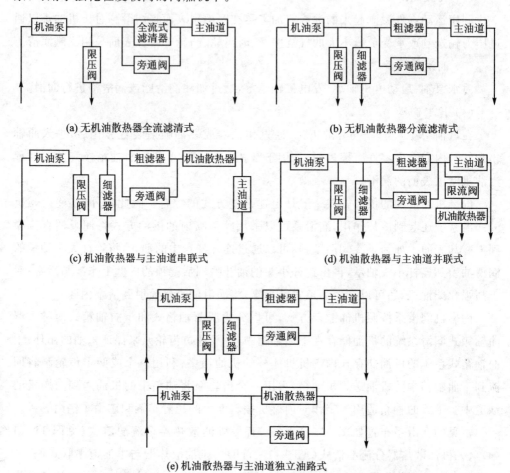

图11-1 润滑系的布置方式

输送到主油道的润滑油需要润滑曲柄连杆机构、配气机构、增压器、空气压缩机和喷油泵等,它们的布置和润滑方式如图11-2和图11-3所示。

润滑系的布置还要考虑机油滤清器易于更换;润滑油易于添加,又能全部放尽,并且应有油量测量装置;油压表安放于易于监测的位置;风冷的机油散热器应布置在冷却强度高的位置上等。

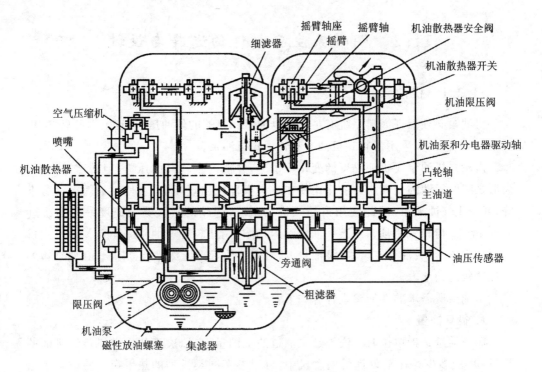

图 11-2 某汽油机润滑系的油路布置

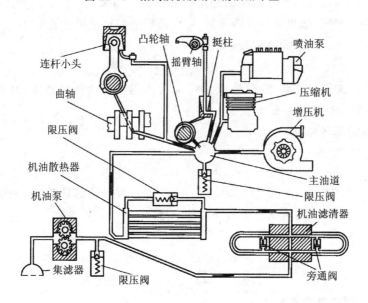

图 11-3 某柴油机润滑系的油路布置

11.2 润滑系主要机件的选择与设计

11.2.1 机油泵

机油泵必须保证润滑系统有足够的供油量和足够的供油压力,且工作可靠、结构简单,内燃机大多采用齿轮式机油泵和转子式机油泵。

齿轮式机油泵对机油黏度的变化不敏感,并能产生较高的压力,但转速过高时,齿形之间的机油因受离心力的作用使在近齿根部位出现压降,会使供油效率显著下降,并产生气蚀现象,因此使用齿轮式机油泵时,齿轮的最大圆周速度一般不超过 5~6 m/s。齿轮式机油泵多装在曲轴箱内,并利用凸轮轴或曲轴来驱动。转子式机油泵结构紧凑,吸油真空度高,泵油量大,对安装位置无特殊要求,可布置在曲轴箱外或位置较高的地方。

机油泵所需求的性能参数计算如下:

1. 循环油量 V_0

循环油量是指单位时间内流经主油道的机油量,它取决于从内燃机传给机油的热量 Q_0 的多少。在新设计的内燃机中,可以参考同类机型的热平衡试验结果来估算,一般情况下,内燃机传给机油的热量为燃料放热量 Q_f 的 1.5%~2.0%,当采用滑动轴承时取上限,如果采用油冷活塞,则传给机油的热量可达 6%左右。

内燃机中进入气缸的燃料发热量为

$$Q_f = N_e/\eta_e \tag{11-1}$$

式中,N_e 为内燃机标定功率,单位为 kW;η_e 为内燃机有效热机效率,对于汽油机一般为 0.25;对于柴油机一般为 0.35。

润滑系的循环油量 V_0 为

$$V_0 = \frac{Q_0}{\rho c \Delta t} \tag{11-2}$$

式中,ρ 为机油的密度,一般为 880~890 kg/m³;c 为机油的比热容,一般为 1.7~2.1 kJ/(kg·K);Δt 为机油进出口的温升,一般为 8~15 ℃。

简单估算时,内燃机的循环油量可认为:

$$V_0 = \begin{cases} (7\sim17)N_e & \text{非油冷活塞} \\ (25\sim34)N_e & \text{油冷活塞} \end{cases} \tag{11-3}$$

2. 机油泵的供油量 V_p

考虑到机油从细滤器、限压阀等处的回流,考虑到摩擦间隙增大等方面的影响,内燃机需求的机油泵供油量 V_p 一般为

$$V_p = (2\sim4)V_0 \tag{11-4}$$

3. 主油道的供油压力

机油泵的供油压力 Δp 应克服机油滤清器、机油散热器以及管道等的阻力,并在主油道内保持一定的压力,但是压力过高时会使机油泵消耗功率增大。一般情况下,主油道中的机油压力,汽油机为 200～300 kPa;高速柴油机为 300～500 kPa;高速强化柴油机为 600～900 kPa。使用离心式机油滤清器时,应采用较高的压力;在最低转速时,机油压力应不低于 50～100 kPa。

4. 机油泵所消耗的功率 N_p

$$N_p = V_p \Delta p / \eta_m \tag{11-5}$$

式中,V_p 为机油泵供油量,单位为 m^3/s;Δp 为机油泵的供油压力,单位为 Pa;η_m 为机油泵的机械效率,一般为 0.85～0.95。

在选定机油泵时,应根据机油泵系列选取供油量和供油压力偏大的油泵,还应考虑互换性和通用性。

11.2.2 机油滤清器

在润滑系统中,机油滤清器的主要功能是阻止有害磨粒进入摩擦表面,一般认为,0.005～0.04 mm 的磨粒所产生的磨损量最大,因此机油滤清器应可以将此范围内的磨粒滤除掉。

目前,装在机油泵之前的机油集滤器一般是滤网式的,可以滤除润滑油中直径为 0.1 mm 以上的机械杂质。粗滤器是用来过滤润滑油中直径为 0.05～0.1 mm 的杂质,主要采用微孔纸质滤芯,其结构简单,滤清效果好,更换方便。细滤器可以用来清除直径大小约为 0.001 mm 的细小杂质,主要有过滤式和离心式两种。过滤式细滤器多采用耐油耐水的微孔滤纸滤芯,其有较大的滤清面积和通过性,且成本低、更换方便,经常作为全流式滤清器使用,需要进行定期更换。离心式细滤器滤清能力强,没有滤芯,通过性好,有效地解决了机油的滤清阻力和滤清效率之间的矛盾,但对胶质的滤清效果差,一般作为分流式连接。

滤清器的性能指标包括流量阻力特性、原始滤清效率特性和寿命特性。

1. 流量阻力特性

流量阻力特性是在额定的流量下,滤清器前后产生的压差,它越小表示滤清器通过性越好。由于随着流量的增大,滤清器的阻力增大,因此应根据润滑系统通过滤清器的额定机油流量来选择阻力小的滤清器。一般情况下,滤清器的额定机油流量可取机油泵流量值的 50%～60%,或者主油道设计流量的 1.5～2.0 倍,滤清器的额定机油流量选取偏大是因为随着内燃机的磨损,为了维持正常机油压力需要加大主油道流量。一般要求全流式滤清器在通过额定流量时的原始阻力<25 kPa。

2. 原始滤清效率特性

滤清器滤除一定尺寸的杂质粒子的能力叫做滤清效率。计算如下

$$\eta = (1 - m_2/m_1) \times 100\% \tag{11-6}$$

式中，m_1 为滤前油液中杂质的质量；m_2 为滤后油液中杂质的质量。

对于不同粒径的杂质，滤清效率不同；随着使用时间的增大，由于滤芯表面上的杂质层逐渐堆积，使得滤清效率越来越高。因此，对新滤芯测定的过滤效率称为原始滤清效率，由于不同粒径下的原始滤清效率不同，所以最终形成了不同粒径下的原始滤清效率曲线。原始滤清效率要 $\geqslant 60\%$。

在滤清器工作过程中，随着滤芯表面杂质的积累滤清效率的变化，称为累积滤清效率。累计滤清效率比原始滤清效率可以更全面地反映滤清器性能。

3. 寿命特性

一个新滤清器从开始使用到堵塞所需要的时间（寿命时间）或滤除杂质的总量（容灰量）叫做滤清器的寿命。滤芯前后压力差达到滤清器旁通阀开启压力的 70% 时叫做堵塞，一般旁通阀开启压力为 100 kPa±20 kPa。

理想的机油滤清器应该是在匹配流量下，流通阻力小，滤清效率高，使用寿命长，维护保养方便。而实际上，上述各个指标是互相矛盾的，因此应根据实际情况折中考虑。

11.2.3 机油散热器与机油恒温装置

机油温度对机油的黏度影响较大，机油温度过高还会加速机油氧化，缩短换油时间，为了保证轴承等摩擦零件良好的工作，必须控制机油的温度。通常，内燃机工作时轴承的油膜中机油的平均温度要在下列范围：对于巴氏合金轴瓦，不应超过 100 ℃；对于铅青铜轴瓦，一般不超过 110 ℃，热负荷特别高的柴油机不应超过 150 ℃。由于机油通过轴承时的温升在 20～50 ℃，所以一般内燃机中，机油在下曲轴箱中的温度最好为 70～75 ℃，不应超过 80～100 ℃，在小型和经常在部分负荷下工作的内燃机中，依靠下曲箱及外露的管道散热即可达到上述要求。当下曲轴箱中的机油温度超过 95 ℃时，应在润滑系内装机油散热器。装机油散热器后，一般可使机油温度下降 20～30 ℃，效率高的机油散热可以使机油温度下降 40 ℃左右。

机油散热器有水冷式和风冷式两种。安装水冷式机油散热器冷却系统的机油温度较为稳定，散热器的安装位置比较随意，在内燃机冷启动时机油加热也较快，但是，冷却效率没有风冷式的高。在系统中，水冷式机油散热器多与主油道串联，风冷式机油散热器多与主油道并联。

为了使润滑系的机油温度在内燃机启动后很快上升到工作温度，并且在工作时，不因转速与负荷的变化有较大波动，可以在润滑系中设置机油恒温装置，通过控制润滑油流过机油散热器的量来控制机油温度。

11.2.4 储油量

内燃机工作时，部分机油会进入燃烧室内被烧掉，造成机油损耗，为使内燃机在足够长的时间内能可靠地工作，润滑系中的储油量除了应考虑机油滤清器、机油散热器、管道等机件的容量外,还应考虑到下一次保养前机油的消耗量。一般情况下,湿式曲轴箱润滑系统的储油量 V(单位为 L)在下述范围内:

$$V = \begin{cases} (0.07 \sim 0.16)N_e & (车用汽油机) \\ (0.14 \sim 0.27)N_e & (车用柴油机) \\ (0.27 \sim 0.54)N_e & (固定柴油机) \end{cases} \quad (11-7)$$

干式曲轴箱润滑系统的储油量比湿式曲轴箱多,其储油箱的容积应大于 4.1 L/kW,并且储油量不得小于储油箱容积的 70%～75%。

思考题

1. 润滑系的布置方式一般有哪几种?分别是什么样的布置结构?复杂结构的润滑系统分别避免了简单结构润滑系统的什么缺点?适用于什么样的发动机?

2. 润滑系的主要部件有哪些?它们的选择设计参数有哪些?这些设计参数的确定思路是什么?

第 12 章 启动系统

启动系统是通过外力带动曲轴旋转,使内燃机由静止状态过渡到工作状态的装置。

1. 工作情况

内燃机的启动是在停机状态下开始运转的,启动系必须提供足够大的启动力矩来克服内燃机的启动阻力,并将曲轴加速到一定的转速,使进气系统及缸内的气流速度保证燃油良好的雾化和混合。另外,对于汽油机来说,火花塞产生的火花强度应能够点燃可燃混合气;对于柴油机来说,气缸内的压缩空气温度应高于柴油燃点温度。缸内燃油燃烧后,燃气所做的功大于阻力功,使内燃机转速逐渐上升到能够正常工作的转速。

除了内燃机类型、燃料类型、燃烧室结构、压缩比等影响启动性能外,环境温度对启动性能的影响也很大。内燃机在低温时启动较困难,因此必须考虑采取措施来改善低温启动状况。

如果启动时间长,或者启动不可靠,内燃机则不能迅速进入工作状态,此时内燃机摩擦零件表面的机油量很少,容易出现半干摩擦现象,使运动件的寿命缩短。

2. 设计要求

① 操作方便,在规定的环境温度下能可靠启动。
② 启动迅速,并能够多次启动。
③ 结构紧凑,重量轻,维修简便。

12.1 启动系形式的选择与设计参数

12.1.1 启动系的形式

根据启动时所利用的外力种类的不同,内燃机的启动方式有人力启动、直流电启动机启动、压缩空气启动、惯性启动、液力马达启动和辅助汽油机启动等多种形式,特种车辆常装有两套启动装置。

1. 人力启动

有手摇、拉绳和脚踏等多种方式。由于人力较小,所以只能用于小功率内燃机上。除此之外,还可以在一些车用的中小功率汽油机中作为紧急备用的启动手段。用人力启动柴油机时,为降低启动阻力,有时装有减压机构。为降低启动转速,有时备有加热塞等加热装置。

手摇启动装置由安装在曲轴或者凸轮轴前端的启动爪和启动摇把组成,在凸轮轴前端安装启动爪可以增速和提高摇把所处位置,当气缸着火后,曲轴角速度超过摇把角速度,摇把自动分离。

2. 直流电启动机启动

直流电启动机启动是目前应用最广泛的内燃机启动方式,其体积较小,并可以远距离操纵。电力启动以蓄电池作为动力源,带动曲轴旋转达到缸内点火的转速,使内燃机自主运转。

启动机一般安装于内燃机飞轮壳的一端,其由直流串励式电动机、传动机构和操纵机构组成,传动机构的驱动齿轮可以弹出和退回,以便与飞轮上的齿圈能够方便的啮合和分离。按照启动机驱动齿轮弹出方式的不同,车用启动机分为电磁啮合式启动机和电枢啮合式启动机。电磁啮合式启动机结构简单、工作可靠,目前普遍采用;电枢啮合式启动机结构复杂,但可以传递较大的转矩,适用于启动功率大的工程车辆和特种车辆内燃机。

另外,在电动机的电枢轴与驱动齿轮之间安装齿轮减速器,形成减速启动机,在功率相同的情况下,可以使启动机的启动转矩增大,体积和重量减小,目前广泛采用;以永磁材料取代电动机中的励磁绕组和磁极铁心形成的永磁启动机,简化了结构、体积和重量减小;在永磁启动机的基础上,在电枢轴与驱动轮之间加装齿轮减速器,形成永磁减速启动机,进一步减小了启动机的体积和重量。

直流串励式电动机的低速扭矩较大,可以使内燃机在较短的时间内达到需要的启动转速。但是,由于启动电流大,在短期内多次连续启动会对蓄电池带来损害;在低温环境下,由于蓄电池的容量和电压会减小,使电动机的扭矩减小,不利于启动。

3. 压缩空气启动

压缩空气启动是利用压缩空气的能量推动活塞而驱动曲轴旋转的装置,其能产生较大的启动力矩,对外界环境温度不敏感,可在-30℃情况下可靠启动。

压缩空气启动装置的结构如图12-1所示,通过空气启动器,依次将3~6.5 MPa的压缩空气分配给气缸盖上的启动阀,并送入膨胀冲程开始时的气缸,压缩空气在缸内膨胀,并推动活塞使曲轴转动,从而启动柴油机。在夏季时,空气瓶的最低气压不低于4.5 MPa,容量应可启动10~12次;在冬季时,空气瓶的最低气压不低于6.5 MPa,容量应可启动6~8次。

由于启动过程中高压空气的消耗量较大,因此作为主启动设备时,应在车内安装气泵;作为备用启动设备时,通常不带气泵,用车外气源充气。

压缩空气启动装置结构较复杂,体积较大,空气启动阀需要布置在结构拥挤的气缸盖上,启动过程中压缩空气在缸内的膨胀会使缸温下降、气缸磨损增大,因此,目前主要应用于大缸径的柴油机上。

4. 惯性启动

惯性启动是通过人力驱动能量储存器旋转达到一定的转速,然后通过大减速比的传动机构与内燃机的曲轴相连,能量储存器储存的动能传给曲轴,并克服阻力矩使

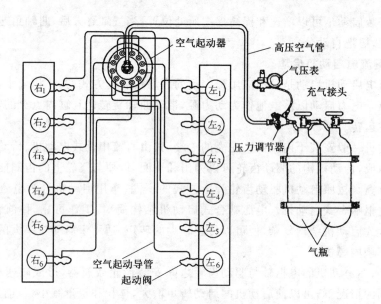

图 12-1 柴油机的压缩空气启动装置

内燃机启动。

目前,只有一些简单的农用柴油机采用手动惯性启动。

5. 液力马达启动

液力马达启动是利用 10~20 MPa 的高压油推动液压马达来带动曲轴旋转,以使内燃机启动。液力马达的启动转矩大,而且受温度影响小,可在 -40 ℃ 的环境中可靠启动。液力马达启动可用于中、大功率的柴油机上。

6. 辅助汽油机启动

辅助汽油机启动是利用单缸或双缸的小汽油机来启动中、大功率的柴油机。由于汽油机的启动性能好,可以先启动汽油机。将汽油机的冷却系附属在柴油机的冷却系中,可对柴油机冷却液进行加热;将汽油机的排气管通过柴油机的进气管,可对柴油机进气进行预热。因此,在 -40℃ 的环境下,也能可靠启动。

对于辅助汽油机启动系统,汽油机的功率约为柴油机功率的 10%~20%;从辅助汽油机曲轴到柴油机曲轴之间应有离合器、变速箱以及自动分离机构等传动机构;应备两种燃料。因此,启动系的结构复杂,体积和质量都较大,适用于在严寒条件下工作的中、大功率柴油机。

12.1.2 启动系的设计参数

1. 最低启动转速 n_{st}

最低启动转速是在一定条件下保证内燃机可靠启动时最低的曲轴转速。启动转速低时,燃气压缩时的漏气损失和传热损失增加,这会使压缩终了压力和温度下降;启动转速低时,进气系统中气流速度低,燃料雾化不良,混合不好。它们都会使启动困难。

对于汽油机,在环境温度 0~20 ℃时的最低启动转速为 35~40 r/min,为了在更低的环境温度下也能顺利启动,最低启动转速应为 60~100 r/min。对于柴油机,燃气压缩终了温度应高于燃料自燃温度 200 ℃以上,在 0 ℃以上的环境中启动时,一般直喷式燃烧室柴油机的最低启动转速为 100~150 r/min;分隔式燃烧室柴油机的最低启动转速为 200~300 r/min;当环境温度较低时,有些内燃机需要采用辅助启动装置。

2. 启动阻力矩 M_{st}

为了迅速可靠地启动内燃机,启动系必须克服内燃机的启动阻力矩,使曲轴由静止状态过渡到最低启动转速。内燃机的启动阻力矩包括机械运动件的摩擦力和机油的黏性力产生的摩擦阻力矩、缸内工质初始压缩阻力产生的初压缩阻力矩、运动件加速产生的惯性阻力矩。

(1) 摩擦阻力矩 M_f

$$M_f = \frac{0.318 p_f i V_h}{\tau} \times 10^{-3} \tag{12-1}$$

式中,M_f 的单位为 N·m;i 为气缸数;V_h 为单缸工作容积,单位为 L;τ 为冲程数,四冲程内燃机为 4,二冲程内燃机为 2;p_f 为启动摩擦力的等效平均压力,单位为 Pa,可按下面的经验公式估算:

对于四冲程内燃机 $p_f = 59 \times 10^5 \sqrt[4]{\nu}$

对于二冲程内燃机 $p_f = 38.4 \times 10^5 \sqrt[4]{\nu}$

式中,ν 为机油在启动温度下的运动黏度,单位为 m^2/s。

(2) 初压缩阻力矩 M_c

$$M_c = T_{max} R \tag{12-2}$$

式中,T_{max} 为没有燃烧时垂直于曲柄的最大切向力,单位为 N;R 为曲柄半径,单位为 m。

如果启动时采用减压措施,则 $M_c = 0$。

(3) 惯性阻力矩 M_j

假设,内燃机在 t_{st} 时间内从静止状态均匀加速到启动转速 n_{st},则加速所造成的惯性阻力矩为

$$M_j = \frac{I_0 \omega_{st}}{t_{st}} = \frac{I_0 \pi n_{st}}{30 t_{st}} \tag{12-3}$$

式中,I_0 为内燃机中所有运动件换算到曲轴上的转动惯量,单位为 kg·m^2,通常 I_0 为飞轮转动惯量的 1.2~1.4 倍;ω_{st} 为启动转速时的曲轴角速度,单位为 s^{-1};n_{st} 为启动转速,单位为 r/min;t_{st} 为内燃机转速从零加速到 n_{st} 所需时间,单位为 s。

(4) 总的启动阻力矩 M_{st}

$$M_{st} = M_f + M_c + M_j \tag{12-4}$$

3. 启动机功率 N_{st}

$$N_{st} = \frac{\pi n_{st} M_{st}}{30 \eta_{st}} \times 10^{-3} \qquad (12-5)$$

式中，η_{st} 为启动齿轮副的效率，一般为 0.85～0.90；N_{st} 的单位为 kW。

12.2 辅助启动装置

汽油机的启动性能较好，低温启动不困难。但是，柴油机启动转速高，运动件的质量大，并且采用压燃点火，因此低温启动困难。为了改善内燃机的启动性能，或者使内燃机在严寒条件下仍能可靠启动，许多内燃机装有可以提高低温启动性能的装置。

改善启动性能有两种途径：一种是减小启动阻力矩，使曲轴易于转动；另一种是改善启动时的工作条件，使燃油易着火。

12.2.1 减小启动阻力矩的方法

1. 启动减压装置

启动减压装置是在启动着火前用来打开柴油机的进气门（或排气门）的装置。如图 12-2 所示，在内燃机启动前，通过旋转减压杆使调整螺钉旋转并下压摇臂，气门略微开启 1～1.25 mm，初压缩阻力矩为零，使曲轴容易转动，从而提高启动转速。当曲轴达到一定转速后，将减压杆扳回原来的位置，发动机即可顺利启动。

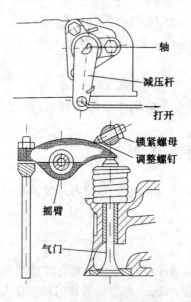

图 12-2 启动减压装置

多缸柴油机各缸气门的减压装置有联动机构。中、小型柴油机的联动机构一般为同步式，即各减压气门同时打开，同时关闭。大功率柴油机减压装置的联动机构一般为分级式,即启动前各减压气门同时打开,启动时各减压气门分级关闭,先关闭的部分气缸进入正常工作,待发动机预热后,其余各缸再转入正常工作状态。

由于排气门减压会将碳颗粒吸入气缸,加速气缸磨损。因此,实际设计中,多采用进气门减压。

2. 加温装置

对柴油机的润滑系加热,降低机油黏度,减小启动摩擦阻力矩。

12.2.2 改善启动工作条件的方法

1. 局部加热

在中、小功率柴油机上,可采用燃油的进气预热器对进气管进行预热,提高可燃混合气的温度,使内燃机容易着火;或采用装在气缸盖上的电热塞,利用蓄电池供给的能量对燃烧室局部加热,使气缸内的空气温度升高,以利燃料着火。

2. 启动加浓

在较冷的环境温度下,启动时可适当增加供油量(约比正常供油量多50%),由此改善启动性能。内燃机着火后,恢复到正常供油状态。

3. 启动时增大压缩比

在燃烧室内增设一附加容积,启动时利用阀门将此容积和燃烧室隔开,以增大启动压缩比,提高空气的压缩终了温度。启动后将阀门打开,压缩比回到正常值。

4. 采用易燃性燃料

低温启动时,通过启动液喷射装置(见图12-3),将易于着火的启动液喷射到柴油机的进气管,使它随吸入进气道的空气一起进入气缸,在较低的温度下燃烧,点燃喷入燃烧室的柴油。

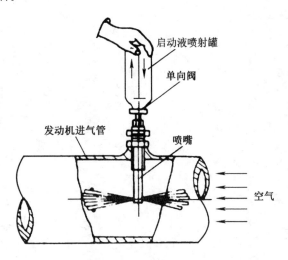

图12-3 启动液喷射装置

在实际情况下,上述的几种方法往往综合应用,以使内燃机顺利启动。

思考题

1. 要保证汽油机和柴油机最低起动转速的原因分别是什么？
2. 内燃机的启动阻力矩与什么因素有关？如何可以减小起动主力矩？改善发动机的低温启动性能可以采取哪些措施？

参考文献

[1] 吴兆汉,汪长民,林桐藩,等.内燃机设计[M].北京:北京理工大学出版社,1990.

[2] 肖永宁,潘克煜,韩国埏.内燃机热负荷和热强度[M].北京:机械工业出版社,1988.

[3] 张晴岚,潘士荣.组合活塞振荡冷却的改进[J].内燃机车,1982(05)

[4] 许道延,丁贤华.高速内燃机概念设计与实践[M].北京:机械工业出版社,2004,

[6] 俞小莉,郑飞,严兆大.内燃机气缸体内表面稳态传热边界条件的研究[J].内燃机学报,1987;05(04).

[7] 张保成,苏铁熊,张林仙.内燃机动力学[M].北京:国防工业出版社,2009.

[8] 林波,李兴虎.内燃机构造[M].北京:北京大学出版社,2008.

[9] 陈家瑞.汽车构造(上册)[M].5版.北京:人民交通出版社,2006.

[10] 张俊红.汽车发动机构造[M].天津:天津大学出版社,2006.

[11] 杨连生.内燃机设计[M].北京:中国农业机械出版社,1981.

[12] 周龙保.内燃机学[M].北京:机械工业出版社,1999.

[13] 万欣,林大渊.内燃机设计[M].天津:天津大学出版社,1989.

[15] H.梅梯格.高速内燃机设计[M].高宗英,译.北京:机械工业出版社,1981.

[16] 魏春源,张卫正,葛蕴珊.高等内燃机学[M].北京:北京理工大学出版社,2007.

[17] 姚仲鹏,王新国.车辆冷却传热[M].北京:北京理工大学出版社,2001.

[18] 朱大鑫.涡轮增压与涡轮增压器[M].北京:机械工业出版社,2011.

[19] 张翼,董小瑞,苏铁熊.150型柴油机气缸盖的有限元强度分析[J].华北工学院学报,2003(6):458-460.

[20] 杨世文,张翼,苏铁熊,等.重载柴油机气缸套变形分析及结构参数优化[J].内燃机工程,2003(2).

[21] 张翼,苏铁熊,杨世文,等.495型柴油机增压后机体的改进设计方法[J].内燃机工程,2004(2):71-74.

[22] 张翼,李洪武,苏铁熊.汽油机机体的热-结构耦合分析[J].车用发动机,2005(3):28-31.

[23] 张翼,高永胜,王建国,等.某高速柴油机曲轴结构研究[J].车辆与动力技术,2009(4):20-23.

[24] 郭一平,张翼.配气机构动力学仿真[J].内燃机与配件,2011(6):1-2,17.

[25] 张翼,刘晓勇,石志勇,等.加工偏差对连杆小头油孔疲劳安全性影响研究[J].内燃机工程,2014(3):52-56.
[26] 信松岭,张翼.基于真实变形缸套的活塞裙部设计[J].中国农机化学报,2015(6):184-186.